职业教育
数字媒体应用人才培养系列教材

U0262381

多媒体制作技术

戴敏利 刘畅 ◎ 主编　金益 田凤秋 ◎ 副主编

人民邮电出版社
北京

图书在版编目（CIP）数据

多媒体制作技术 ： 微课版 / 戴敏利，刘畅主编. -- 3版. -- 北京 ： 人民邮电出版社，2022.6
职业教育数字媒体应用人才培养系列教材
ISBN 978-7-115-58598-1

Ⅰ. ①多… Ⅱ. ①戴… ②刘… Ⅲ. ①多媒体技术－职业教育－教材 Ⅳ. ①TP37

中国版本图书馆CIP数据核字(2022)第018335号

内 容 提 要

本书主要介绍多媒体制作的实用技术，包括文本、图形、图像、声音、动画和视频等的实际处理与制作技术。全书共 7 章，第 1 章为多媒体技术概述；第 2 章以 Photoshop 2020 为工具，介绍图形图像素材的采集与制作；第 3 章以 Audition 2020 为工具，介绍声音素材的采集与制作；第 4 章以 Animate 2020 为工具，介绍动画素材的采集与制作；第 5 章以 Premiere Pro 2020 为工具，介绍视频素材的采集与制作；第 6 章介绍虚拟现实技术；第 7 章为多媒体制作项目实训。

本书适合作为高等职业院校“多媒体技术与应用”课程的教材，同时也可作为多媒体制作技术人员的参考书。

◆ 主　　编　戴敏利　刘　畅
副 主 编　金　益　田凤秋
责任编辑　王亚娜
责任印制　王　郁　焦志炜

◆ 人民邮电出版社出版发行　　北京市丰台区成寿寺路 11 号
邮编　100164　　电子邮件　315@ptpress.com.cn
网址　https://www.ptpress.com.cn
三河市中晟雅豪印务有限公司印刷

◆ 开本：787×1092　1/16
印张：13　　2022 年 6 月第 3 版
字数：328 千字　　2022 年 6 月河北第 1 次印刷

定价：49.80 元

读者服务热线：(010)81055256　印装质量热线：(010)81055316
反盗版热线：(010)81055315
广告经营许可证：京东市监广登字 20170147 号

第3版前言 PREFACE

《多媒体制作技术》为“十二五”江苏省高等学校重点教材，自 2010 年 5 月出版以来，受到了许多高等职业院校师生的欢迎。后于 2015 年结合多媒体制作技术的发展情况和广大读者的反馈意见，出版了第 2 版。本次修订在保留原书特色的基础上，对教材进行了全面更新，这次修订的主要内容如下。

- 对本书第 2 版存在的一些问题加以修正，对部分章节进行了完善。
- 将 Adobe 系列软件的版本升级为 2020 版本，删除了过时和较烦琐的内容。
- 采用任务驱动教学法，细致呈现任务完成的过程，提高学生的应用能力。
- 结合近年移动新媒体技术的发展特点，更新大量案例，案例更综合、更实用，效果更美观。
- 在更新实例的同时，进一步调整实践环节的内容，以提高学生的多媒体制作能力，达到与企业需求相一致的目标。

本书旨在通过真实的多媒体制作流程实例，使学生牢固掌握多媒体制作的方法和技能。书中每章开篇，都有“学习导航”内容，便于学生掌握每章重点内容；每个案例都整理出“分析思路”和详细的“操作步骤”，便于学生理清思路，熟悉操作要点；每章后的“本章习题”能够帮助学生在课后巩固已学知识，提高实战能力。本书作为校企合作教材，由苏州旭升影业有限公司工程技术人员和学校一线教师共同编写。

本书由周德富任总顾问，戴敏利、刘畅任主编，金益、田凤秋任副主编。参与本书编写工作的还有王海波、李宏丽等。第 1 章由周德富编写，第 2 章由田凤秋编写，第 3 章由刘畅编写，第 4 章由李宏丽编写，第 5 章由戴敏利编写，第 6 章由金益编写，第 7 章由田凤秋、王海波、李宏丽、戴敏利共同编写。

由于编者水平有限，书中难免存在不妥之处，恳请广大读者批评指正。

编者的联系方式：zdfcy2004@163.com。

编者

2021 年 10 月

目录 CONTENTS

第1章
多媒体技术概述 1

1.1 多媒体技术的定义和主要特性 2
1.1.1 多样性 2
1.1.2 集成性 2
1.1.3 交互性 2
1.2 多媒体关键技术 2
1.2.1 多媒体数据压缩技术 2
1.2.2 多媒体通信技术 3
1.2.3 超文本和超媒体技术 3
1.2.4 多媒体软件技术 3
1.2.5 流媒体技术 3
1.2.6 虚拟现实技术 3
1.3 多媒体素材 4
1.3.1 素材的分类 4
1.3.2 素材的准备 4
1.4 多媒体技术的应用 6
1.4.1 多媒体电子出版物 6
1.4.2 多媒体计算机辅助教学 7
本章习题 9

第2章
图形图像素材的采集与制作 10

2.1 图形图像的基础知识 11
2.1.1 图形图像的获取 11
2.1.2 图形图像的处理 12
2.1.3 Photoshop 2020 界面简介 12
2.2 案例1 设计化妆品平面广告 14
2.2.1 分析思路 14
2.2.2 操作步骤 15
2.3 案例2 设计咖啡产品包装及立体效果图 25
2.3.1 分析思路 25
2.3.2 操作步骤 26
阅读材料 41
本章习题 43

第3章
声音素材的采集与制作 45

3.1 声音素材的基础知识 46
3.1.1 声音文件的类型 46
3.1.2 声音文件的三要素 46
3.1.3 采样频率、位数和声道数 46
3.1.4 主要的声音文件格式 47
3.2 利用 Audition 2020 录制声音素材 48
3.2.1 Audition 2020 简介 48
3.2.2 Audition 2020 新增功能 48
3.3 编辑单个音频文件 49
3.3.1 在波形编辑器中编辑单个音频文件 49
3.3.2 在多轨编辑器中编辑单个音频文件 51
3.4 Audition 2020 效果器 53
3.5 免费音效素材的获取 54
3.6 案例1 用 Audition 2020 录制音频 55
3.6.1 分析思路 55
3.6.2 操作步骤 55
3.7 案例2 用 Audition 2020 对录制的音频进行降噪处理 56

CONTENTS

3.7.1 分析思路 56

3.7.2 操作步骤 56

3.8 案例 3 用 Audition 2020 对音频进行多轨混音处理 58

3.8.1 分析思路 59

3.8.2 操作步骤 59

阅读材料 61

本章习题 64

第 4 章

动画素材的采集与制作 65

4.1 动画素材的基础知识 66

4.1.1 动画的原理 66

4.1.2 二维动画制作软件 66

4.1.3 制作 Animate 动画 66

4.1.4 Animate 2020 界面简介 67

4.2 案例 1 制作逐帧动画——汉字“大”的显示 68

4.2.1 分析思路 68

4.2.2 操作步骤 69

4.3 案例 2 制作变形动画——吐泡泡的鱼 72

4.3.1 分析思路 72

4.3.2 操作步骤 73

4.4 案例 3 制作运动动画——旋转的风车 76

4.4.1 分析思路 76

4.4.2 操作步骤 77

4.5 案例 4 制作引导线动画——花瓣雨 80

4.5.1 分析思路 81

4.5.2 操作步骤 81

4.6 案例 5 制作遮罩动画——展开的画卷 86

4.6.1 分析思路 86

4.6.2 操作步骤 87

4.7 案例 6 制作交互动画——图片浏览器 90

4.7.1 分析思路 90

4.7.2 操作步骤 91

阅读材料 98

本章习题 99

第 5 章

视频素材的采集与制作 100

5.1 视频素材的基础知识 101

5.1.1 视频基础 101

5.1.2 视频素材的获取 102

5.1.3 视频素材的编辑 102

5.1.4 Premiere Pro 2020 简介 103

5.2 案例 1 定制并保存自己的工作区 107

5.2.1 分析思路 107

5.2.2 操作步骤 107

5.3 案例 2 创建电子相册 111

5.3.1 分析思路 111

5.3.2 操作步骤 111

5.4 案例 3 制作移动端竖幅电子相册 121

5.4.1 分析思路 121

5.4.2 操作步骤 121

目 录

5.5 案例 4 制作三屏同步播放的短视频 131

5.5.1 分析思路 131

5.5.2 操作步骤 131

阅读材料 143

本章习题 146

第 6 章

虚拟现实技术 147

6.1 虚拟现实技术的基础知识 148

6.1.1 虚拟现实技术的发展史 148

6.1.2 虚拟现实技术的概念 149

6.2 虚拟现实技术的特征 149

6.2.1 沉浸性 149

6.2.2 交互性 150

6.2.3 想象性 150

6.3 虚拟现实技术的应用领域 150

6.3.1 军事与航天 150

6.3.2 教育与训练 151

6.3.3 医学领域 152

6.3.4 商业领域 152

6.3.5 影视娱乐 153

6.4 虚拟现实技术的相关软件 153

6.4.1 UE4 界面简介 154

6.4.2 UE4 的安装 156

6.5 案例 用 UE4 实现可碰撞的门 158

6.5.1 分析思路 158

6.5.2 操作步骤 159

本章习题 167

第 7 章

多媒体制作项目实训 168

7.1 实训 1——制作旅游宣传海报 169

7.1.1 分析思路 169

7.1.2 操作步骤 169

7.2 实训 2——制作新年促销广告 176

7.2.1 分析思路 177

7.2.2 操作步骤 177

7.3 实训 3——制作三联屏视频封面 185

7.3.1 分析思路 186

7.3.2 操作步骤 186

01

第 1 章 多媒体技术概述

学习导航

本章将带领大家学习多媒体的定义、特性以及关键技术，熟悉多媒体素材在计算机中的表示，掌握电子出版物的相关信息，熟悉多媒体计算机辅助教学软件的特点等。本章内容与多媒体制作技术其他内容的逻辑关系如图 1-1 所示。

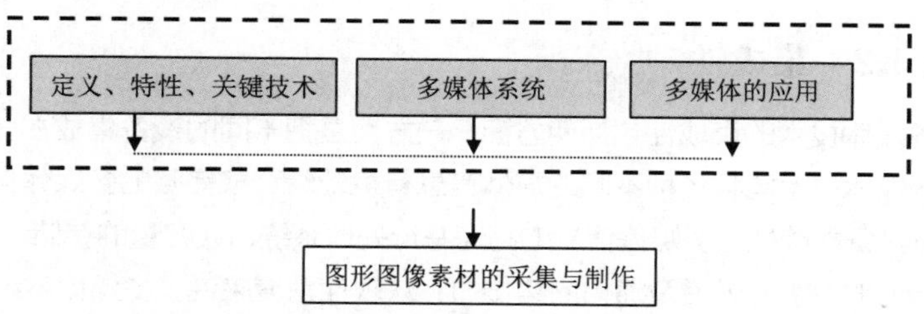

图 1-1　本章内容与多媒体制作技术其他内容的逻辑关系

1.1 多媒体技术的定义和主要特性

多媒体是多种媒体的综合表现形式，如可以涵盖文字、声音、图像、视频等多种媒体信息。多媒体技术是利用计算机技术综合处理文字、声音、图形、图像、动画、视频等多种媒体信息的技术。它可以将不同类型的媒体信息有机地组合在一起，并赋予其人机交互的功能，从而创造出集多种表现形式为一体的信息处理系统。人们常说的“多媒体”一般不是指“多媒体”本身，而是指处理和应用它的一整套技术。所以，“多媒体技术”常被简称为“多媒体”。

“多媒体”一词的核心是媒体（Media）。媒体在计算机领域有两种含义：一是指存储信息的实体，如光盘、存储器等，中文常译为存储介质；二是指传递信息的载体，如文字、声音、图形和图像等，中文译作媒介。计算机多媒体技术中的媒体是指后者。

多媒体技术主要具有多样性、集成性和交互性。

1.1.1 多样性

人类对信息的接收主要依靠5种感觉：视觉、听觉、触觉、嗅觉和味觉。其中前三者所获取的信息量占95%以上。多媒体技术目前只提供多维化信息空间中音频信息和视频信息的获取和表示方法，它使计算机中信息表达的方式不再局限于数字和文字，还可以广泛采用图形、图像、视频、音频等信息形式，使人类的思维表达有了更充分、更自由的方式。

1.1.2 集成性

多媒体技术的集成性包括两方面，一方面是把不同的设备集成在一起，形成多媒体系统；另一方面是多媒体技术能将各种不同的媒体信息有机地组合成完整的多媒体信息。从硬件角度来说，多媒体系统应具备能够处理多媒体信息的高速并行处理系统，大容量的存储设备，具有多媒体、多通道输入/输出能力的主机、外设及通信网络接口；从软件角度来说，多媒体系统应具有集成化的多媒体操作系统，以及适合多媒体信息管理和使用的软件系统等。在网络的支持下，多媒体系统可集成构造出应用广泛的信息系统。

1.1.3 交互性

所谓交互性，通俗地讲就是用户能控制多媒体设备的运行，编辑多媒体信息。没有交互性的多媒体作品是没有生命力的，正是有了交互性，用户才能更快、更有效地获取信息。

1.2 多媒体关键技术

1.2.1 多媒体数据压缩技术

视频信息和音频信息的数据量非常大，其中数据量较大的是视频。如果不经过数据压缩，音频信息和视频信息所需的存储容量、传输速率等都会给计算机的运行带来负担，因此，必须对数据进行压缩处理，减少存储容量，降低数据传输速率。

衡量压缩技术好坏的指标有 3 个：一是压缩比大小；二是算法的难易程度，压缩/解压缩速度快才能够满足实时性要求；三是压缩损失，即解压缩的效果是否良好。当三者不能兼顾时，就要综合考虑对这 3 个方面的需求。

1.2.2 多媒体通信技术

多媒体通信技术包含语音压缩、图像压缩及多媒体的混合传输技术。要想只用一根电话线同时传输语音、图像、文件等信号，就要采用复杂的多路混合传输技术，而且要采用特殊的约定来完成。

要充分发挥多媒体技术对多媒体信息的处理能力，还必须结合网络技术。特别是在电视会议、医疗会诊等某些特殊情况下，要求许多人共同对多媒体数据进行操作时，如果不借助网络就无法实现。

1.2.3 超文本和超媒体技术

多媒体系统中的媒体种类繁多且涉及的数据量巨大，各种媒体之间既有差别又有信息上的关联。处理大量多媒体信息主要有两种途径：一是利用多媒体数据库系统来存储和检索特定的多媒体信息，二是使用超文本和超媒体。选择第二种途径时一般采用面向对象的信息组织和管理形式，这是管理多媒体信息的一种有效方法。

超文本和超媒体允许依据事物的自然联系组织信息，实现多媒体信息之间的连接，从而构造出能真正表达客观世界的多媒体应用系统。超文本和超媒体由节点、链、网络三要素构成：节点是表达信息的单位，链将节点连接起来，网络是由节点和链构成的有向图。

1.2.4 多媒体软件技术

多媒体软件技术主要涉及多媒体操作系统、多媒体数据库管理技术、多媒体素材采集和制作技术、多媒体编辑与创作工具、多媒体应用开发技术等。现在的操作系统都包含了对多媒体的支持，用户可以方便地利用媒体控制接口（Media Control Interface，MCI）和底层应用程序接口（Application Program Interface，API）进行应用开发，而不必关心物理设备的驱动程序。

1.2.5 流媒体技术

流媒体技术就是将音频、视频等媒体信息经过处理后在网络中传输的技术，目前主要有下载和流式传输两种方式。使用下载方式时，用户必须等媒体文件下载完毕后，才能通过播放器欣赏节目；使用流式传输方式时，并不用下载整个媒体文件，而是先在客户端计算机上创建一个缓冲区，在播放媒体之前预先下载一段内容作为缓冲，然后边播放边下载。

1.2.6 虚拟现实技术

虚拟现实（Virtual Reality，VR）技术又称人工现实或灵境技术，它是在许多相关技术（如仿真技术、计算机图形学、多媒体技术等）的基础上发展起来的一门综合技术。VR 技术提供了一种完全沉浸式的人机交互界面，用户处在计算机产生的虚拟世界中，无论是看到的、听到的，还是感觉到的，都和真实世界里的一样。用户通过输入和输出设备还可以同虚拟现实环境进行交互。

1.3 多媒体素材

1.3.1 素材的分类

多媒体素材是构成多媒体系统的基础。根据媒体的不同性质，一般把素材分成文字、图形、图像、声音、动画、视频、程序等类型。在不同的开发平台和应用环境下，即使是同种类型的媒体，也有不同的文件格式。不同的文件格式，一般是通过不同的文件扩展名加以区分的，熟悉这些文件格式和扩展名，对后面的学习将大有帮助。表 1-1 列举了一些常见媒体素材的文件扩展名。

表 1-1 多媒体文件扩展名

媒体类型	扩展名	说明	媒体类型	扩展名	说明
文字	txt	纯文本文件	动画	gif	图形交换格式文件
	doc	Word 文件		flc	Autodesk 的 Animator 文件
	wps	WPS 文件		fli	Autodesk 的 Animator 文件
	wri	写字板文件		swf	Flash 动画文件
	rtf	Rich Text Format 格式文件		mmm	Microsoft Multimedia Movie 文件
	hlp	帮助信息文件		avi	Windows 视频文件
声音	wav	标准的 Windows 声音文件	图形、图像	bmp	Windows 位图文件
	mid	乐器数字接口的音乐文件		png	网络图像格式文件
	mp3	MPEG Layer III 声音文件		gif	图形交换格式文件
	au（snd）	Sun 平台的声音文件		jpg	JPEG 格式的位图文件
	aif	Macintosh 平台的声音文件		tif	标记图像格式文件
	vqf	NTT 开发的声音文件，比 MP3 压缩比还高		psd	Photoshop 的专用格式文件
视频	avi	Windows 视频文件	其他	exe	可执行程序文件
	mov	Quick Time 视频文件		wrl	VRML 的虚拟现实对象文件
	mpg	MPEG 视频文件		ram（ra，rm）	RealAudio 和 RealVideo 的流媒体文件
	dat	VCD 中的视频文件			

1.3.2 素材的准备

1. 文字素材的准备

文字素材是各种媒体素材中最基本的素材。文字素材的处理离不开文字的输入和编辑。文字在计算机中有多种输入方法，除了最常用的键盘输入法，还有语音识别输入、扫描识别输入及手写识别输入等方法。

目前，多媒体集成软件多以 Windows 系统为平台，因此准备文字素材时应尽可能采用 Windows 系统中的文字处理软件，如写字板、Word 等。选择文字素材的文件格式时要考虑多媒体集成软件是否能识别这些格式，以避免准备的文字素材无法插入多媒体集成软件中。尽量使用 TXT 和 RTF 格式，因为大部分的多媒体集成软件都支持这两种格式。

有些多媒体集成软件中自带文字编辑功能，但功能有限，因此大量的文字信息一般不在集成时输入，而是在前期就准备好所需的文字素材。

文字素材有时也以图像的形式出现在多媒体作品中，如排版后的文字可用图像的方式保存下来。这种图像化的文字保留了原始的风格（字体、颜色、形状等），并且用户可以很方便地调整尺寸。

2. 图形、图像素材的准备

生动的图形、图像比文字更能吸引他人的注意。图像可以分成矢量图和位图两种形式。

（1）矢量图以数字方式来记录图像，由软件制作而成。矢量图的优点是信息存储量较小、可以无限放大而不失真；缺点是用数学方式来描述图像，运算比较复杂，而且制作出的图像色彩比较单调，图像看上去比较生硬，不够柔和逼真。

（2）位图以点或像素的方式来记录图像，因此图像是由许许多多的小点组成的。位图的优点是色彩显示自然、柔和、逼真；缺点是图像在放大或缩小的转换过程中会失真，且随着图像精度的提高或尺寸的增大，其所占用的存储空间也会增大。

图像的采集途径如下。

（1）从正规渠道购买。

（2）用扫描仪扫描。

（3）用数码相机拍摄。

（4）用软件创作。

（5）从视频中捕捉。

（6）用数字化仪输入。

3. 声音素材的准备

多媒体作品中声音素材的采集和制作可以有以下 4 种方式。

（1）从正规渠道购买。

（2）通过计算机中的声卡，利用麦克风采集语音生成 WAV 文件。制作多媒体作品中的解说词就可采用这种方法。

（3）利用专门的软件抓取计算机或光盘中的声音，再利用音频编辑软件对声源素材进行剪辑和合成，最终生成所需的声音文件。

（4）通过计算机中声卡的 MIDI 接口，从带 MIDI 输出的乐器中采集音乐，形成 MIDI 文件；或用连接在计算机上的 MIDI 键盘创作音乐，形成 MIDI 文件。

声音文件除 WAV 和 MIDI 格式外，还有 MP3 等其他高压缩比的格式。如果所使用的多媒体集成软件不支持选用的声音文件格式，可以用音频编辑软件对声音文件进行格式转换。

4. 动画素材的准备

不论是二维还是三维动画，相比平面作品都能更直观、更翔实地表现事物变化的过程。常用的动画制作软件有 Ulead GIF Animator（二维动画）、Flash（二维动画）和 3ds Max（三维动画）等。在网页制作中，使用较多的是 GIF 动画和 Flash 动画，它们的一大优点是文件体积很小，较适合网络传输。

在动画制作软件中，还有一些是专门用于某一方面的特技工具，如专门制作文字动画的 Ulead

COOL 3D，专门制作物体变形的 PhotoMorph；专门连接静态图片使其成为动画的 Ulead GIF Animator 等。

5. 视频素材的准备

视频信息由一连串连续变化的画面组成，每一幅画面叫作一“帧”，这样一帧接一帧在屏幕上快速呈现，就形成了连续变化的影像。视频信息的主要特征是声音与动态画面同步。数字化的视频信息表现力较强。但由于处理视频信息对计算机的运行速度要求较高，且视频信息的存储量过大，所以在一定程度上限制了它的使用。

视频素材可通过视频压缩卡采集，把模拟信号转换成数字信号，然后通过专门用于视频创作和编辑的软件把图像、动画和声音有机地结合成视频文件。Adobe 公司的 Premiere 是功能强大的专业级视频处理软件，颇受多媒体创作者的喜爱。

1.4 多媒体技术的应用

1.4.1 多媒体电子出版物

电子出版物是指以数字代码的方式将图、文、声、像等信息存储在电子介质上，通过计算机或者具有类似功能的设备阅读使用，可用来表达思想、普及知识和积累文化，并可复制、发行的大众传播媒体。

1. 电子出版物的分类

多媒体电子出版物包括电子图书、电子期刊、电子新闻报纸、电子手册与说明书、电子公文或文献、电子图画、广告、电子声像制品等。

电子出版物有以下 3 种形式。

（1）联机数据库：它目前发展得较为成熟，主要通过主机、联机网络，以及检索终端提供信息。

（2）电子报刊：它是网络出版的一种重要形式。传统的电子报刊是指印刷版报刊的电子版，现在已逐渐向纯粹的电子报刊演变。其生产、出版和发行都在网络化环境中进行，审稿、编辑、排版，以及检索和阅读都通过电子设备进行，读者也可以用电子邮件的方式投递稿件。

（3）电子图书：它是目前电子出版物的主要类型，电子图书中存储的信息与印刷型图书中存储的信息类似，且具有存放、携带方便，保存时间长等优点，费用也较低，很受大众欢迎。

2. 电子出版物的特点

电子出版物能较好地满足信息时代人们对获取、积累，以及使用信息的要求，它具体有以下 5 个特点。

（1）从信息载体看，电子出版物具有容量大、体积小、成本低，易于复制和保存，以及消耗资源少和环境污染较少等特点。

（2）从信息结构看，电子出版物能用超媒体技术将不同的媒体信息表现方式进行有机的立体组合，并能把音频和视频信息集成在一起。

（3）从交互性看，应用多媒体技术，教育、娱乐题材的电子出版物能建立起良好的交互环境。

（4）从检索手段看，电子出版物利用计算机的处理能力，提供科学和快速的检索、查找和追踪功能，帮助读者在信息的海洋中迅速查找需要的内容。

（5）从发行方式看，电子出版物的出现和迅速发展，不仅将改变传统图书的出版、阅读、收藏、发行和管理方式，还会对人们传统的文化观念产生巨大的影响。

3. 电子出版物的制作

电子出版物的面市一般要经过选题、编写脚本、准备媒体素材、系统制作、调试、测试、优化、产品生产和发行等几个阶段。

电子出版物实质上属于多媒体应用软件，具有软件系统的特性，但电子出版物更侧重于表现。

制作电子出版物应在制作人员组成、制作工具和技术支持方面等做好准备。

（1）制作人员组成：总体设计、视频编辑、音频编辑、文本编辑、图形图像编辑、动画制作、程序设计、语言文字翻译、美工等。

（2）制作工具：制作媒体素材的各种工具，如文字制作工具、音频制作工具、视频制作工具、动画制作工具和图像制作工具等。

（3）技术支持：多媒体技术、超媒体技术和全文检索技术等。

1.4.2 多媒体计算机辅助教学

多媒体计算机辅助教学（Multimedia Computer-Assisted Instruction，MCAI）是多媒体技术应用的热点之一。它利用多媒体的集成性和交互性，把文字、声音、图像和动画有机地集成在一起，并把结果综合地表现出来。随着多媒体技术的日益成熟，其在教育领域的应用也越来越普遍。

1. MCAI 软件的特点

（1）具有丰富的教学表现形式

MCAI 软件不仅可以利用文字和图形呈现教学内容，还可以通过动画、声音等手段加强表现效果、体现教学内容，使教学内容更丰富、生动。

（2）具有灵活的交互功能

MCAI 软件的人机对话功能克服了传统线性结构的缺陷，让学生能主动调整自己的学习次序、学习内容、学习进度，计算机能及时地反馈有关学习信息和相关的评价，提供相应的指导。

（3）趣味性强

MCAI 软件有丰富的图形动画功能，美丽的图像画面、美妙的音乐与配音、多种多样的表现手段，可以使学生在轻松的环境中学习。

MCAI 比传统的计算机辅助教学（Computer Aided Instruction，CAI）在表现形式和教学形式方面更形象、直观、生动、活泼。随着多媒体产品的大众化，MCAI 的应用范围会更加普及，多媒体教学系统的商品化、社会化将进一步提高教学质量。

2. 不同模式的 MCAI 软件的基本模式

（1）课堂演示模式

课堂演示模式的 MCAI 软件是为了解决某一学科的教学重点与教学难点而开发的：应用多媒体计算机的功能，将教学内容以多媒体的形式，形象、生动地呈现出来，既有形象逼真的图像、动画，又有悦耳的音乐，其影像可与电影、电视媲美，而且可以控制自如，能与学生交互。运用计算机可以演示那些用语言难以表达的、变化过程复杂的或者肉眼看不到的教学内容。另外，该模式的 MCAI 软件还可结合优秀教师的教学经验，用形象直观的动画，配以清晰的讲解，促进学生的思考和理解。

课堂演示模式的 MCAI 软件注重对学生的启发、提示并反映问题解决的全过程，主要用于课堂演示教学，要求画面要直观，能按教学思路逐步深入地呈现。

（2）个别化交互模式

个别化交互模式的 MCAI 软件是让计算机扮演教师的角色，进行个别化教学活动，使教学效果更佳。该模式的 MCAI 软件具有完整的知识结构，能反映一定的教学过程和教学策略，在教学过程中，计算机要分析并得出学生不明白的知识点是什么，设法将知识点讲得更透彻。计算机可以将教学内容分解成许多教学单元，将知识分解成许多相关的知识片段，形象生动地逐步讲解演示，做到边讲边练、逐步展开、逐步深入。此外，该模式的 MCAI 软件还提供相应的练习供学生进行学习和巩固，并设计许多友好的界面让学生进行人机交互，让学生在个别化的教学环境下自主地进行学习。

这种模式要求 MCAI 软件把一个完整的概念从具体实例入手，从正反两方面、从具体到抽象逐步展开。在对话过程中讲透知识点的关键是要有交互，与学生对话，根据学生的理解情况，将学生不明白的知识点讲得更详细一些，多举一些例子。

（3）训练复习模式

某种技能的掌握通常需要较长的时间、较大的训练量。由于教学时间有限，以计算机代替人工进行这样的训练较为经济、方便，并能取得较好的效果。训练复习模式的 MCAI 软件让学生通过大量的反复操作与练习，较好地掌握所学的知识。

这种模式的 MCAI 软件一般是由计算机提出问题，然后学生来作答，最后再由计算机判断学生的回答是否正确。用计算机进行训练，可以方便地收集数据、记录训练的过程。收集并分析这些数据，可完善训练和改进教学。训练复习模式有 3 种方式：提问方式、应答方式和反馈方式。提问方式用于是非题、选择题或填空题；应答方式要求一题一答，适当给予提示，使学生答题时有较高的正确率，对应答结果的判断应与评分结合；反馈方式是对学生的应答，根据不同的情况分别做出“指出错误”“要求重答”“给出答案”“辅导提示”等不同形式的反馈。按这样的方法，让学生回答一组难度渐增的问题，可以达到巩固所学知识和掌握基本技能的目的。

该模式的 MCAI 软件可根据教学目标和教学内容设计练习题，对学生进行考核，从而了解学生对内容的掌握程度，起到强化和矫正的作用。这种模式涉及题目的编排、学生回答信息的输入、判断回答、反馈信息、记录学生成绩等内容。该模式的 MCAI 软件应有比较完善的操练系统，题库在设计时要保证具有一定比例的知识点覆盖面，以便全面地训练和考核学生的能力和水平；应能按学生情况组卷，并能统计分析学生的学习情况，方便教师了解学生的学习情况。

另外，考核目标要分为不同等级，并根据每级目标设计题目的难易程度。利用计算机，实现训练的自动化。

（4）资料查询模式

资料查询模式的 MCAI 软件提供某类教学资料或某种教学功能，并不反映具体的教学过程。它包括各种工具书、电子字典，以及各类语音库、图形库和动画库等。该模式的 MCAI 软件可供学生在课外进行资料查阅，也可根据教学需要事先选定有关片段，配合教师讲解，在课堂上进行辅助教学。

（5）教学游戏模式

教学游戏模式的 MCAI 软件常常用于打造一种竞争性的学习环境，游戏的内容和过程都与教学目的联系起来。该模式的 MCAI 软件把科学性、趣味性和知识性融为一体，寓教于乐，以游戏的形式让学生掌握学科的知识，并引发学生对学习的兴趣。对这种模式的教学软件进行设计时，应该做到趣味性强、游戏规则简单等。

3. MCAI软件的设计与制作

MCAI 软件的设计与制作包括需求分析、编写脚本和制作软件 3 个过程。

（1）需求分析

要进行软件设计，先要进行需求分析，确定软件要达到的目标、测试指标、软件的使用对象、运行的环境、开发所需的时间、人力和经费等。

（2）编写脚本

编写脚本是 MCAI 软件开发中的一项重要内容。规范的 MCAI 软件的脚本，对保证软件质量、提高软件开发效率都能起到积极的作用。

（3）制作软件

① 合理选择与设计媒体信息。由于多媒体技术可以将文本、图形、图像、动画、视频和音频等多媒体信息进行综合处理，因此在设计 MCAI 软件时，应根据教学内容和教学目标，以及各种媒体信息的特性，选择合适的媒体信息，把它们作为要素分别安排在不同的信息单元中。

② 多媒体素材的准备。根据设计要求，需要收集、采集、编排和制作 MCAI 软件所需的多媒体素材。利用多媒体软件开发工具包中的各种工具软件可以处理各种媒体素材。

③ 集成制作。选择合适的多媒体制作工具，制作、调试、测试 MCAI 软件。

4. 制作MCAI软件应注意的问题

为了提高 MCAI 的水平，帮助学生提高解决问题的能力，在研制开发 MCAI 软件时应注意以下 6 点。

（1）重视 MCAI 软件脚本的设计。

（2）选择合适的多媒体制作工具。

（3）发挥多媒体的优势。

（4）强调交互性。

（5）使用超文本结构。

（6）开发友好的人机界面。

本章习题

1. 多媒体有哪些特性？
2. 多媒体关键技术有哪些？
3. 电子出版物有什么特点？
4. 多媒体素材包括哪些？

02 第 2 章 图形图像素材的采集与制作

学习导航 

第 1 章介绍了多媒体素材的准备，其中一个重要的工作就是图形图像素材的处理与制作。本章主要介绍对已有图像素材的处理和图形图像素材的采集与制作。通过本章的学习，学生可以了解图像的类型及常见的图像格式，熟悉图形图像素材的一般获取方法，掌握图形图像的一般处理方法和技巧，能制作符合设计要求的图形图像素材。本章内容与多媒体制作技术其他内容的逻辑关系如图 2-1 所示。

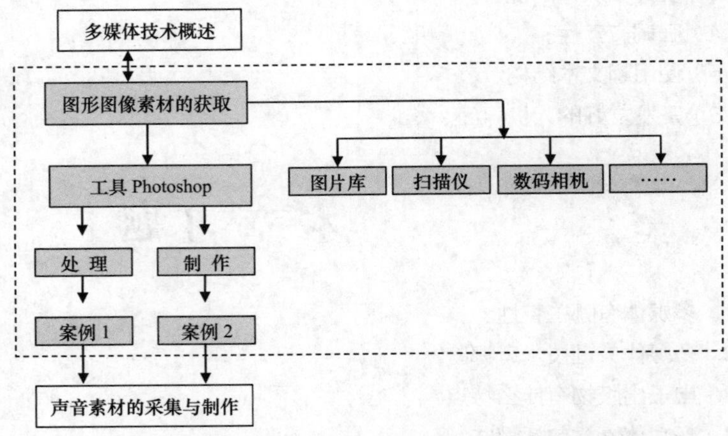

图 2-1　本章内容与多媒体制作技术其他内容的逻辑关系

丰富的图形图像素材是多媒体制作不可或缺的元素，它可以美化多媒体作品，给人以视觉美感，具有文本和声音无法比拟的优点。加工处理已有的图形图像素材，或依据需要设计制作图形图像素材是制作高质量多媒体作品的必要技能。

2.1 图形图像的基础知识

在加工、处理图形图像素材之前，先要清楚什么是图形，什么是图像。

图形一般指用计算机绘制的各种形状及其组合，如直线、曲线、圆、图表等。图形的最大优点是可以分别控制、处理图中的各个部分，在屏幕上对图形进行移动、旋转、放大、缩小、扭曲等操作而不会出现失真的情况。图形占用的磁盘空间较小，但表现的色彩不够丰富。

图像是指由输入设备（如数码相机、扫描仪等）捕捉的实际场景画面，或以数字化形式存储的任意画面。静止的图像由一些排列成行列的点组成，这些点称为像素点。对图像进行放大、旋转、移动等操作时，图像会失真。图像占用的磁盘空间较大，但能表现丰富的色彩。

提示

图形与图像的区别

（1）数据来源不同：图形源于主观世界，较难表示自然景物；图像源于客观世界，易于表示自然景物。

（2）获取方式不同：图形可利用 AutoCAD、3ds Max、CorelDRAW 等绘图工具绘制；图像可通过扫描仪、数码相机等数字化采集设备获得，或使用 Photoshop 等软件绘制。

（3）可操作度不同：对图形进行任意缩放、旋转等操作不会引起失真；对图像进行缩放、旋转等操作会引起失真。

（4）用途不同：图形常用于展现精细的图案或商标，以及一些美术作品、三维建模等，其在网络、工程计算中被大量应用；图像常用于展现自然景物、人物、动植物等真实事物，尤其在对色彩丰富度要求较高的场景。

2.1.1 图形图像的获取

1. 从现有图片库中获取图形图像

从正规渠道购买的图片库包括的图片种类很多，如自然风光、城市建筑、人物与动植物、材质素材、边框花边等。

2. 利用扫描仪输入图形图像

照片、画报、杂志等印刷品上的图形图像可以通过扫描仪方便地输入计算机中。扫描仪通过光电转换原理将图像数字化，形成图像文件进行存储。

3. 利用绘图软件绘制图形图像

人们也常用绘图软件绘制图形图像，以更好地表达自己的感受。目前 Windows 环境下的大部分图像编辑软件都具有一定的绘图功能，可以利用鼠标、画笔，以及数字画板来绘制各种图形，并进行色彩、纹理、图案等的填充和加工处理。用于绘制图形图像的绘图软件有很多，例如，可以用 Ulead COOL 3D 制作三维字体，用 Kai's Power Goo 对图像进行变形处理，还可以用 3ds Max 制作静止的帧图像。

4．利用数码设备拍摄实物图像

用数码设备获取的图像是一种数字化的图像，可以通过串行接口（USB 或 IEEE 1394 接口）或 SCSI 将其输入计算机中。

5．利用抓图工具获取图像

还可以利用抓图软件从屏幕上抓取图像素材，如利用键盘上的“Print Screen”键从屏幕上截取画面，将其作为备用素材保存起来。常见的抓图软件有 HprSnap6.13、MyCatchScreen、HyperSnap-DX 等。

2.1.2 图形图像的处理

图形图像的处理指的是对图形、图像进行的移动、裁剪、变形、叠加、翻转、变色、平滑、添加文字等操作。图形图像处理软件有很多，常见的有 Photoshop、CorelDRAW、Illustrator 等。这些软件大都支持多种格式的图像文件处理，具备接收、扫描、输入图像，以及编辑图像、变换优化处理、打印输出等基本功能。

2.1.3 Photoshop 2020 界面简介

Photoshop 2020 是 Adobe 公司发布的一款功能强大的图片处理软件，其用户界面简洁，功能完善，性能稳定，广泛应用于广告、出版、平面设计等行业。

Photoshop 2020 的工作界面如图 2-2 所示。

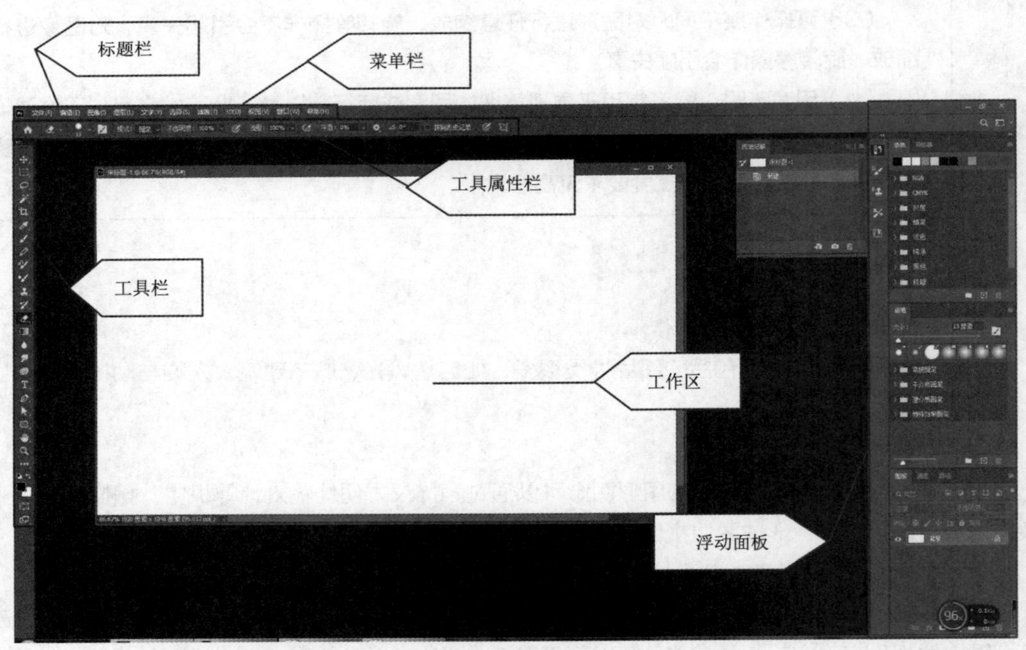

图 2-2 Photoshop 2020 工作界面

Photoshop 2020 的界面主要由标题栏、菜单栏、工具属性栏、工具栏、浮动面板和工作区（画布）组成。其中，Photoshop 2020 的工具栏如图 2-3 所示，浮动面板如图 2-4 所示，工具栏中的各工具如表 2-1 所示。

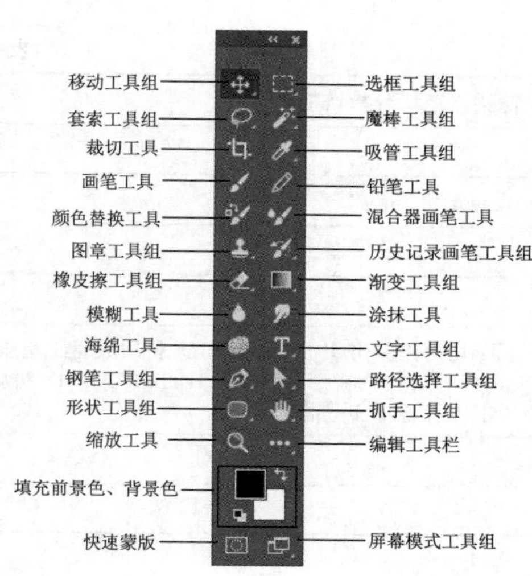

图 2–3　工具栏

历史记录
色板
导航器
画笔设置
画布
仿制源
图层
工具预设
通道
库
路径

图 2–4　浮动面板

表 2-1　工具栏中的各工具

	移动工具|画板工具
	矩形选框工具|椭圆选框工具
	套索工具|多边形套索工具
	对象选择工具|快速选择工具|魔棒工具
	裁剪工具
	吸管工具|颜色取样器工具
	画笔工具
	铅笔工具
	颜色替换工具
	混合器画笔工具
	仿制图章工具|图案图章工具
	历史记录画笔工具|历史记录艺术画笔工具
	橡皮擦工具|背景橡皮擦工具|魔术橡皮擦工具
	渐变工具|油漆桶工具
	模糊工具
	涂抹工具
	海绵工具
	横排文字工具|直排文字工具

续表

	钢笔工具|自由钢笔工具|弯度钢笔工具|添加锚点工具|删除锚点工具|转换点工具
	路径选择工具|直接选择工具
	矩形工具|圆角矩形工具|椭圆工具|多边形工具|直线工具|自定形状工具
	抓手工具|旋转视图工具
	缩放工具
	单行选框工具|单列选框工具|磁性套索工具|透视裁剪工具|切片工具|切片选择工具|3D 材质吸管工具|标尺工具|注释工具|计数工具|污点修复画笔工具|修复画笔工具|修补工具|内容感知移动工具|红眼工具|3D 材质拖放工具|锐化工具|减淡工具|加深工具|直排文字蒙版工具|横排文字蒙版工具|图框工具
	设置前景色和背景色
	以快速蒙版模式编辑
	标准屏幕模式|带有菜单栏的全屏模式|全屏模式

2.2 案例 1 设计化妆品平面广告

本案例要求设计一则化妆品平面广告，效果如图 2-5 所示。

图 2-5 案例效果图

2.2.1 分析思路

本案例的编辑过程主要包括以下操作环节。

（1）图像色彩调整。

（2）滤镜的使用。

（3）利用通道抠图。
（4）利用钢笔工具绘制路径。
（5）图层的混合模式。
（6）文字处理。
（7）图层样式的使用。

2.2.2 操作步骤

1. 素材处理

（1）打开素材文件（素材：\第 2 章\素材\素材 2-1），如图 2-6 所示。

（2）选择“图像”→“调整”→“曲线”命令，在弹出的“曲线”对话框中拖动鼠标指针综合调整图像的亮度、对比度，参数设置如图 2-7 所示，设置好后单击“确定”按钮，调整后效果如图 2-8 所示。

图 2-6　素材文件

知识点

图像的颜色

颜色：也称彩色，是可见光的基本特征。通常用色调、亮度和饱和度来描述颜色。

亮度：光作用于人眼时所引起的明亮程度的感觉，它与被观察物体、光源及人的视觉特性有关。

饱和度：颜色的纯度，即掺入白光的程度，或者说颜色的深浅程度。对于同一色调的彩色光，饱和度越高，颜色越鲜艳。

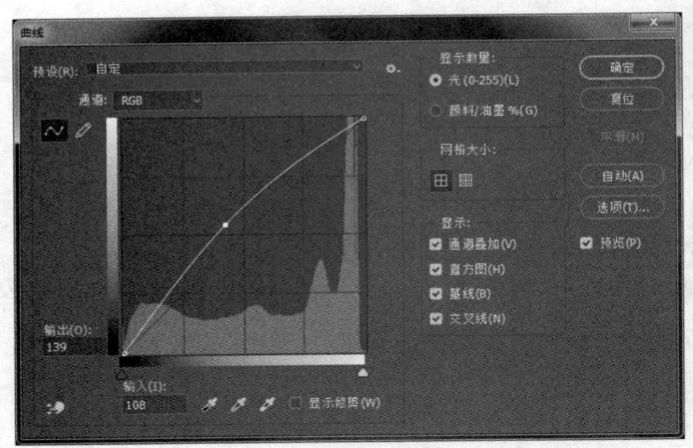

图 2-7 “曲线”对话框

图 2-8 调整“曲线”后效果

知识点

“曲线”命令

通过“曲线”命令，可以调节全体或单独通道的对比度、调节任意局部的亮度、调节颜色。

（3）选择“滤镜”→“杂色”→“减少杂色”命令，弹出“减少杂色”对话框，设置参数如图 2-9 所示，单击“确定”按钮，此时图中人物的皮肤会变得光洁、细腻。

图 2-9 “减少杂色”对话框

2. 利用通道抠图

（1）选择“通道”面板，查看文件的红、绿、蓝 3 个通道，如图 2–10 所示。选择背景色与头发颜色反差比较大的“蓝”通道，将其拖动到“通道”面板底部的“新建”按钮上，复制“蓝”通道，如图 2–11 所示。

图 2–10 “通道”面板

图 2–11 复制“蓝”通道

提示

通道

通道以灰度方式表示“透明分布”和“色彩分布”，通道可以表示选择区域、墨水强度、不透明度。

通道的种类有复合通道（不包含任何信息，是同时预览并编辑所有颜色通道的快捷方式）、颜色通道（把图像分解成一个或多个色彩成分）、专色通道（指定用于专色油墨印刷的附加印版）、Alpha 通道（可将选区存储为灰度图像）等。

（2）选择“图像”→“调整”→“反相”命令，或按“Ctrl+I”组合键，将“蓝”通道反相显示，如图 2–12 所示。

（3）选择“图像”→“调整”→“色阶”命令，或按“Ctrl+L”组合键，弹出“色阶”对话框，参数设置如图 2–13 所示，单击“确定”按钮。

图 2–12 反相后的图像

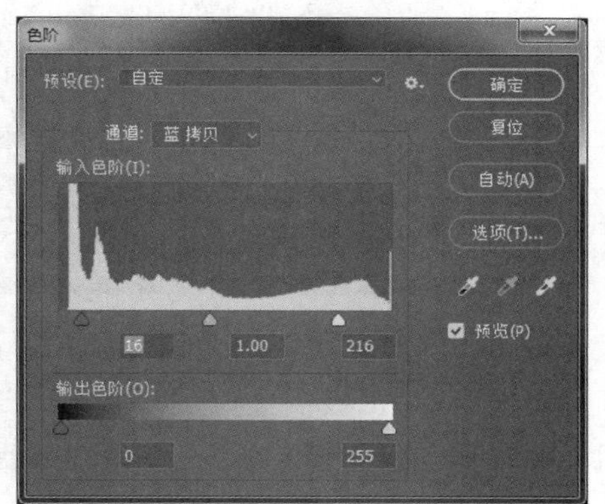

图 2–13 “色阶”对话框

（4）单击“通道”面板底部的“将通道作为选区载入”按钮，或按住“Ctrl”键不放，单击“蓝拷贝”通道的缩略图，载入选区，如图 2-14 所示。

图 2-14 载入选区

（5）单击“RGB”通道，回到“图层”面板，图像的部分区域被选取出来，效果如图 2-15 所示。按“Ctrl+J”组合键复制图层，“图层”面板如图 2-16 所示。按“Ctrl+D”组合键取消选区，人物的头发部分就被抠出来了。

图 2-15 带选区的图像

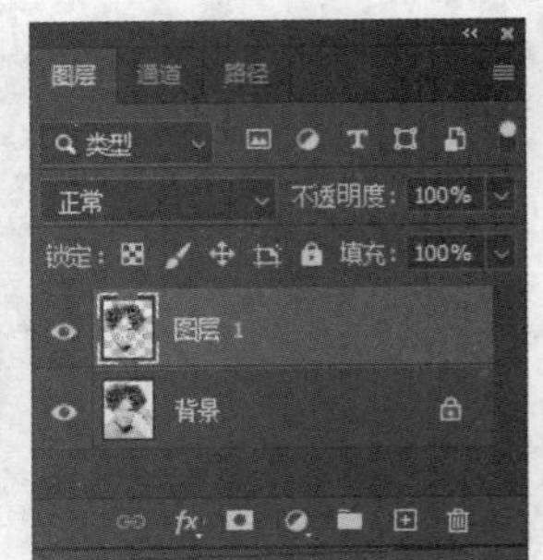

图 2-16 “图层”面板

（6）选择“图层”面板中的“背景”图层，选择工具栏中的钢笔工具，沿着人物轮廓绘制路径，利用直接选择工具和转换点工具对路径进行细致调整，效果如图 2-17 所示。

（7）切换至“路径”面板，如图 2-18 所示。单击“路径”面板底部的“将路径作为选区载入”

按钮 ，或按"Ctrl+Enter"组合键，将路径转换为选区，按"Ctrl+J"组合键复制图层，按"Ctrl+D"组合键取消选区。

图 2-17 绘制路径

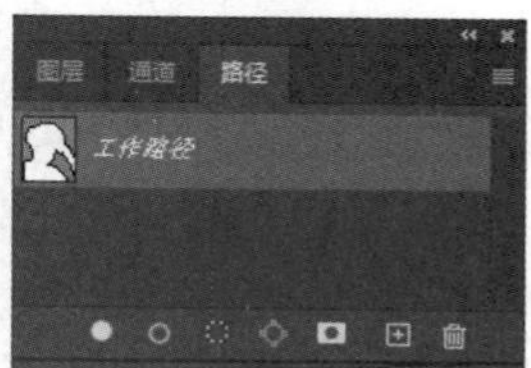

图 2-18 "路径"面板

知识点

路径

路径由一个或多个直线段或曲线段组成，路径的形状由锚点控制，锚点标记路径的端点。利用路径功能，可以绘制线条或曲线，并可对绘制的线条进行填充和描边，完成一些绘画工具无法完成的工作。路径可以是闭合的，也可以是开放的。

（8）隐藏"背景"图层，"图层"面板如图 2-19 所示，抠出的图像如图 2-20 所示。

图 2-19 "图层"面板

图 2-20 抠出的图像

（9）单击“图层”面板的调整菜单按钮，在弹出的菜单中选择“合并可见图层”命令，或按“Ctrl+Shift+E”组合键，将新合成的图层重命名为“抠图”，选择工具栏的“编辑工具栏”中的加深工具，加深边缘发丝的颜色，最终效果如图 2-21 所示。

图 2-21　最终效果

3. 美化图像

（1）新建一个图层，将其重命名为“唇彩”，通过前景色拾色器定义前景色为“R:141，G:30，B:8”。

（2）选择工具栏中的钢笔工具，沿着人物唇形绘制路径，单击“路径”面板底部的“将路径作为选区载入”按钮，或按“Ctrl+Enter”组合键将路径转换为选区，按“Alt+Delete”组合键用前景色填充选区，按“Ctrl+D”组合键取消选区，效果如图 2-22 所示。

（3）更改“唇彩”图层的图层混合模式为“叠加”，合并可见图层，将图层重命名为“人物”。使用模糊工具柔化边缘唇，使其看起来更自然，效果如图 2-23 所示。

提示

为图层重命名的方法

（1）双击图层名称，此时图层名称处于可编辑状态。

（2）单击调整菜单按钮，在弹出菜单中选择“图层属性”命令，在弹出的对话框中对图层进行重命名。

（3）单击调整菜单按钮，在弹出菜单中选择“新建图层”命令，在“新建图层”对话框中输入新图层的名称。

（4）选择“图层”→“图层属性”命令，在弹出的对话框中对图层进行重命名。

（5）选中需重命名的图层，对其右击，在弹出的快捷菜单中选择“图层属性”命令，在弹出的对话框中对图层进行重命名。

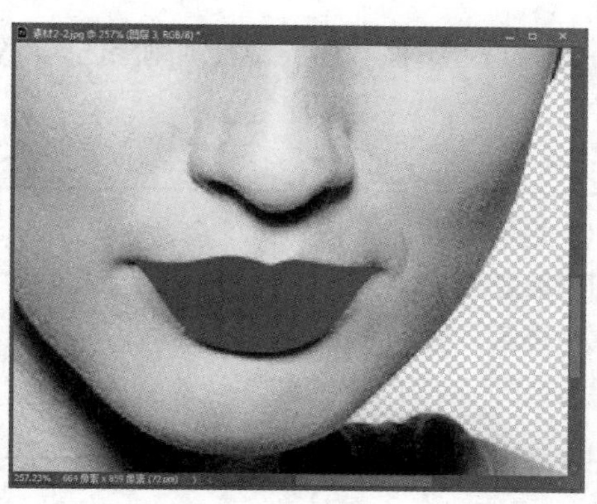
图 2-22　填充前景色

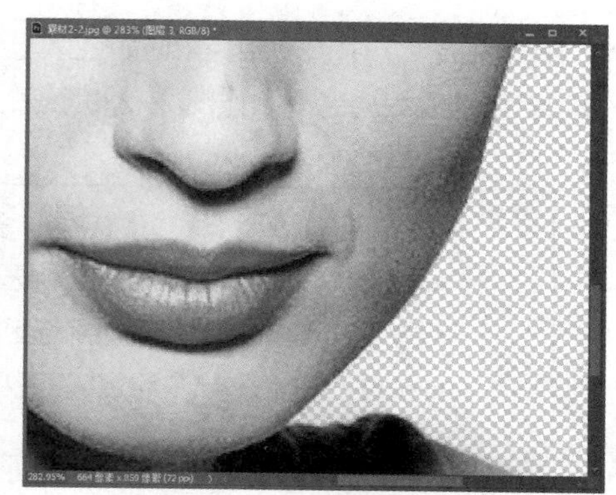
图 2-23　更改混合模式并柔化边缘

4. 广告设计

（1）打开素材文件（素材：\第 2 章\素材\素材 2-2），如图 2-24 所示。

（2）将“人物”图层拖动到“素材 2-2”文件中，系统会自动生成一个新图层“图层 1”，调整人物位置，如图 2-25 所示。

图 2-24　素材文件

图 2-25　拖动图层到文件

（3）新建“图层 2”，选择矩形选框工具，绘制一个矩形选区，填充白色，调整图层的不透明度为 70%，按“Ctrl+D”组合键取消选区，效果如图 2-26 所示。

知识点

选择类工具

在 Photoshop 2020 中，对图片的编辑、修改等操作都是在特定的选区范围内进行的，工具栏提供的选择类工具有以下几种。

- 选框工具组：包括矩形选框工具、椭圆选框工具、单行选框工具和单列选框工具。
- 套索工具组：包括套索工具、多边形套索工具和磁性套索工具。
- 魔棒工具组：包括快速选择工具和魔棒工具。
- 钢笔工具组：利用钢笔工具绘制路径，再将路径变为选区，也可精确选取目标区域。

（4）在“图层 2”中，利用矩形选框工具绘制一矩形选区，按“Delete”键删除选区内容，按“Ctrl+D”组合键取消选区，制作图 2-27 所示的效果。

多选区快捷操作

- 按住“Shift”键不放，绘制选区可增加选区。
- 按住“Alt”键不放，绘制选区可减少选区。
- 按住“Shift+Alt”组合键不放，绘制选区可得到交叉的选区。

图 2-26　更改图层不透明度

图 2-27　删除选区内容

（5）打开素材文件（素材：\第 2 章\素材\素材 2-3），如图 2-28 所示，将素材拖动到文件中的适当位置，按“Ctrl+T”组合键调整素材大小，按“Enter”键结束变换，效果如图 2-29 所示。

图 2-28　素材文件

图 2-29　添加素材图像

自由变换

- 快捷键：“Ctrl+T”组合键。
- 命令：“编辑”→“自由变换”。
- 功能键：“Ctrl”“Shift”“Alt”。“Ctrl”键控制自由变化，“Shift”键控制方向、角度和等比例放大与缩小，“Alt”键控制中心对称。

自由变换可实现缩放、旋转、斜切、扭曲、透视、变形、翻转等变换状态。

5. 文字设计

（1）选择工具栏中的横排文本工具，在工作区中输入文字“MAYBELLINE”，系统会自动生成一个文本图层。选择该文本图层，单击文本工具属性栏的“切换字符和段落面板”按钮，设置文本的“字体”为“Broadway”，“字号”为“72”，“颜色”为“R：185，G：36，B：37”，单击工具属性栏中的“提交”按钮，结束文本编辑，效果如图 2-30 所示。

图 2-30　输入文字

（2）选择文本图层，单击“图层”面板底部的“添加图层样式”按钮，弹出“图层样式”对话框，为文字添加投影，参数设置如图 2-31 所示。单击”确定”按钮，效果如图 2-32 所示。

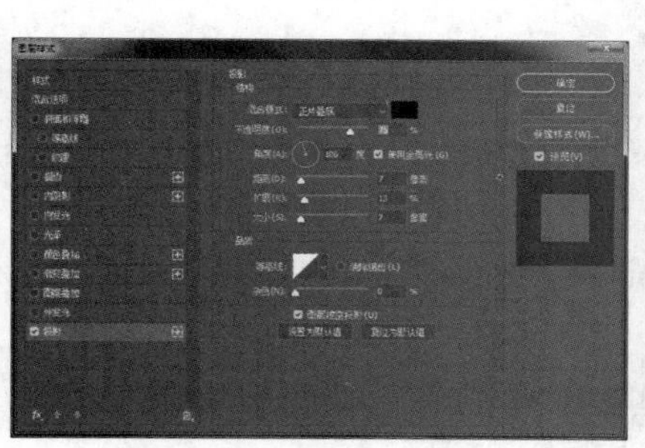

图 2-31　“图层样式”对话框

图 2-32　文字投影效果

（3）依照上述操作，输入文字“NEW YORK”，并设计文本的“字体”为“Colonna MT”，“字号”为“36”，“颜色”为“白色”，再添加投影，效果如图 2-33 所示。

图 2-33　添加文字

（4）制作装饰图案。新建图层，选择工具栏中的椭圆选框工具，按住“Shift”键在工作区中绘制一个圆，通过前景色拾色器定义前景色为“R：203，G：95，B：44”，按“Alt+Delete”组合键为选区填充前景色，如图 2-34 所示。采用同样的操作，在工作区中绘制一个圆选区，按“Delete”键删除选区内容，按“Ctrl+D”组合键取消选区，效果如图 2-35 所示。

图 2-34　绘制并填充选区

图 2-35　删除选区内容

（5）将步骤（4）制作的装饰图案放在画面的适当位置，调整图层顺序，通过“Ctrl+T”组合键调整图案大小。选择工具栏中的“移动工具”，按“Alt”键的同时移动图案以复制图案，在“图层”面板更改图层的不透明度。以同样的方法制作多个装饰图案，并修改它们的颜色，不透明度，效果如图 2-36 所示。

（6）选择“文件”→“存储为”命令，或按“Ctrl+Shift+S”组合键，在弹出的对话框中设置文件的保存路径、类型及名称，单击“确定”按钮，最终效果如图 2-37 所示。

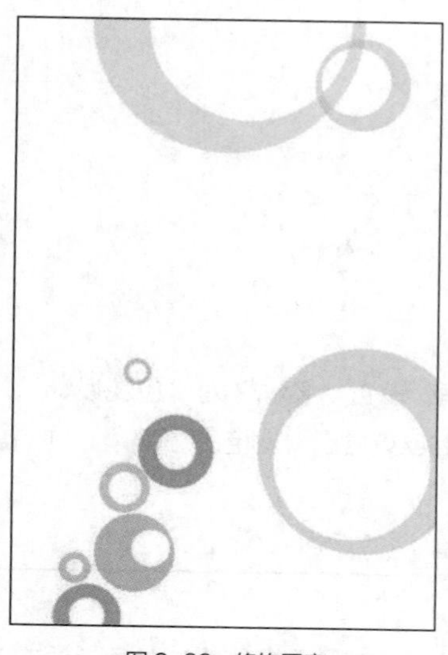
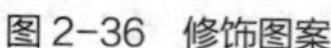

图 2-36　修饰图案

图 2-37　最终效果

2.3　案例 2　设计咖啡产品包装及立体效果图

本案例要求制作“香浓”咖啡的产品包装及立体展示效果图，如图 2-38 所示。

图 2-38　案例效果图

2.3.1　分析思路

本案例的编辑过程主要包括以下操作环节。

（1）图层蒙版的使用。

（2）“液化”滤镜的使用。

（3）艺术效果滤镜的使用。

（4）艺术效果文字的制作。

（5）图层样式的综合使用。

（6）加深、减淡工具。

（7）自由变换的综合运用。

2.3.2 操作步骤

1. 包装袋设计

（1）选择“文件”→“新建”命令，弹出“新建文档”对话框，设置“名称”为“包装设计”，“宽度”为“10 厘米”，“高度”为“8 厘米”，“分辨率”为“300 像素/英寸”，“颜色模式”为“RGB”，“背景内容”为“白色”，设置完成后单击“确定”按钮。

色彩模式

在数字图像中，将图像中各种不同的颜色组织起来的方式称为色彩模式。色彩模式决定着图像以何种方式显示和打印。常见的色彩模式有位图模式、灰度模式、RGB 模式、CMYK 模式、索引模式、HSB 模式、Lab 模式、双色调、多通道等模式。

（2）新建“图层 1”，选择工具栏中的矩形选框工具，绘制一矩形选区，通过前景色拾色器，设置前景色为“R：226，G：113，B：55”，按“Alt+Delet”组合键用前景色填充选区，按“Ctrl+D”组合键取消选区，如图 2-39 所示。

（3）新建“图层 2”，选择工具栏中的矩形选框工具，绘制一矩形选区，如图 2-40 所示。通过拾色器，设置前景色为“R:90，G:7，B:2”，背景色为“R：255，G：173，B：67”。

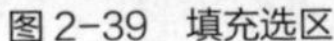

图 2-39 填充选区

图 2-40 创建选区

选择工具栏中的渐变工具，在工具属性栏选择“线性渐变”，按“Shift”键为选区填充垂直的线性渐变，按“Ctrl+D”组合键取消选区，效果如图 2-41 所示。

图 2-41　填充渐变

（4）打开素材文件（素材：\第 2 章\素材\素材 2-4），如图 2-42 所示，使用移动工具将素材拖动到“包装设计”文件，系统会自动生成一个新的图层“图层 3”，按“Ctrl+T”组合键进行自由变换，调整素材位置和大小，按“Enter”键应用自由变换，效果如图 2-43 所示。

图 2-42　素材文件

图 2-43　自由变换图像

（5）在“图层”面板中选择“图层 3”，单击“图层”面板底部的“添加图层蒙版”按钮，为“图层 3”添加一个图层蒙版，“图层”面板如图 2-44 所示。

单击图层蒙版缩略图，通过拾色器设置前景色为白色，背景色为黑色。选择工具栏中的渐变工具，在工具属性栏选择“线性渐变”，按“Shift”键为蒙版填充垂直的线性渐变，“图层”面板如图 2–45 所示，应用图层蒙版后的效果如图 2–46 所示。

图 2–44　添加图层蒙版

图 2–45　为蒙版填充渐变

知识点

图层蒙版

图层蒙版实际上就是对某一图层起遮盖效果的在实际中并不显示的一个遮罩。它在 Photoshop 2020 中表示为一个通道，用来控制图层的显示区域、不显示区域及透明区域。图层蒙版是灰度图像，因此用黑色绘制的区域，其下方的内容将会被隐藏；用白色绘制的区域，其下方的内容将会显示；而用灰色绘制的区域，其下方的内容将以各级透明度显示。

图 2–46　填充蒙版后效果

（6）打开素材文件（素材：\第 2 章\素材\素材 2–5），如图 2–47 所示，将素材拖动到“包装设计”文件中，系统会自动生成一个新的图层“图层 4”，调整素材位置和大小，如图 2–48 所示。

（7）打开素材文件（素材：\第 2 章\素材\素材 2–6），将素材拖动到“包装设计”文件中，系统会自动生成一个新的图层“图层 5”，调整素材位置和大小，如图 2-49 所示。

图 2-47　素材文件

图 2-48　导入素材图像

（8）编辑文字。

① 选择工具栏中的横排文本工具，在工作区中输入文字“Coffee”，系统会自动生成一个文本图层。选择文本，单击文本工具属性栏的“切换字符和段落面板”按钮，设置文本的“字体”为“Gill Sans Utra Bold”，“字号”为“18”，“颜色”为“白色”，单击工具属性栏中的“提交”按钮，结束文本编辑，如图 2-50 所示。

图 2-49　继续导入素材图像

图 2-50　添加文字

② 选择文本图层，单击“图层”面板底部的“添加图层样式”按钮，弹出“图层样式”对话框，为文字添加投影，参数设置如图 2-51 所示。单击”确定”按钮，效果如图 2-52 所示。

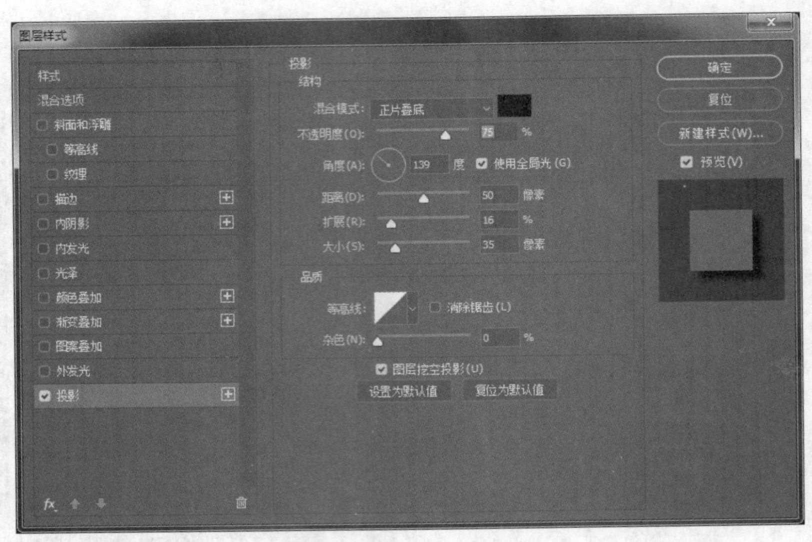

图 2-51 “图层样式”对话框

③ 依照步骤①，输入文字“香浓咖啡”，并设置文本的“字体”为“方正粗倩简体”，“字号”为“12”，“颜色”为“白色”。按“Ctrl+T”组合键对文字进行自由变换，通过控制手柄将文本逆时针旋转 45 度，按“Enter”键结束自由变换，调整文字位置，效果如图 2-53 所示。

图 2-52 文字投影效果

图 2-53 输入并调整文字

④ 使用工具栏中的横排文本工具 T 选择文字，选择“文字”→“文字变形”命令，弹出“变形文字”对话框。在“样式”下拉列表框中选择“旗帜”，参数设置如图 2-54 所示，单击“确定”按钮，效果如图 2-55 所示。

⑤ 回到“图层”面板，隐藏“背景”图层，单击调整菜单按钮 ≡，在弹出菜单中选择“合并可见图层”命令，将新合成的图层重命名为“包装封皮”。选择“文件”→“存储为”命令，弹出“另存为”对话框，设置“文件名”为“图案”，“保存类型”为“PNG”，单击“保存”按钮。

变形文字
样式(S): 旗帜
确定
取消
水平(H) 垂直(V)
弯曲(B): +50 %
水平扭曲(O): 0 %
垂直扭曲(E): 0 %

图 2-54 “变形文字”对话框

图 2-55 文字变形效果

PNG格式

PNG 图像文件格式用于在网页制作上无损压缩和显示图像。该格式支持 24 位图像，产生透明背景且没有锯齿边缘。PNG 格式支持透明性，可使图像中某些部分不显示出来，可以用来创建一些有特色的图像。

（9）复制“包装封皮”图层，生成“包装封皮 拷贝”图层。选择“包装封皮 拷贝”图层，选择工具栏中的矩形选框工具，绘制一矩形选区，如图 2-56 所示。按“Ctrl+Shift+I”组合键进行反选，按“Delete”键删除多余部分，按“Ctrl+D”组合键取消选区。

图 2-56 创建选区

（10）选择“包装封皮 拷贝”图层，单击“图层”面板底部的“添加图层样式”按钮，在弹出的菜单中选择“斜面和浮雕”命令，弹出“图层样式”对话框，参数设置如图 2-57 所示。单击“确定”按钮，合并可见图层，效果如图 2-58 所示。

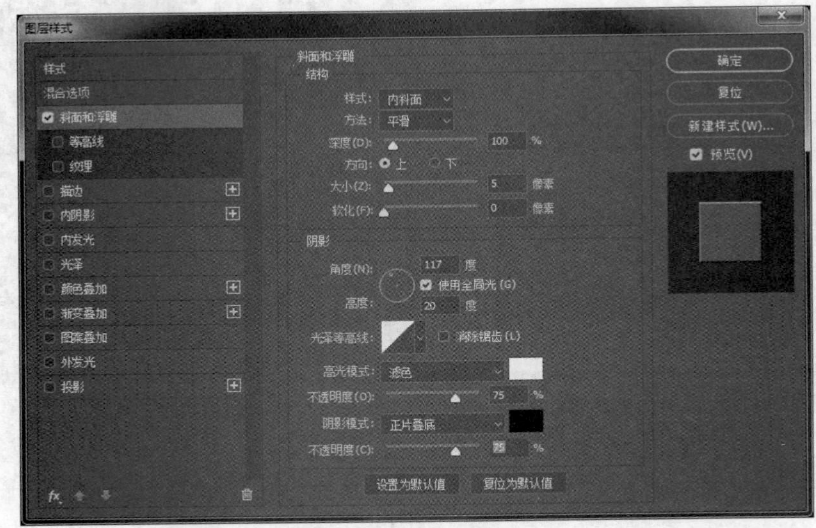

图 2-57 “图层样式”对话框

图 2-58 设置斜面和浮雕后的效果

（11）选择“滤镜”→“液化”命令，弹出“液化”对话框，选择向前变形工具，调整画笔大小，在图像上涂抹，形成塑料包装的褶皱效果，如图 2-59 所示。选择膨胀工具，调整画笔大小，在图像中央部位拖动，形成塑料包装中间的膨胀效果，调节好后单击“确定”按钮，效果如图 2-60 所示。

（12）选择工具栏“编辑工具栏”中的加深工具，在图像中涂抹，以调整包装的暗部，效果如图 2-61 所示。

图 2-59 “液化”对话框

图 2-60 “液化”效果

图 2-61 调整暗部

（13）选择工具栏的“编辑工具栏”中的减淡工具，在图像中涂抹，以调整包装的高光，效果如图 2-62 所示。

（14）选择“滤镜”→“滤镜库”→“艺术效果”→“塑料包装”命令，弹出“塑料包装”对话框，参数设置如图 2-63 所示，调节好后单击“确定”按钮，效果如图 2-64 所示。

（15）单击“图层”面板底部的“添加图层样式”按钮，弹出“图层样式”对话框，为图层添加投影，单击“确定”按钮，效果如图 2-65 所示。

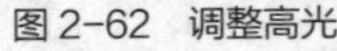

图 2-62　调整高光

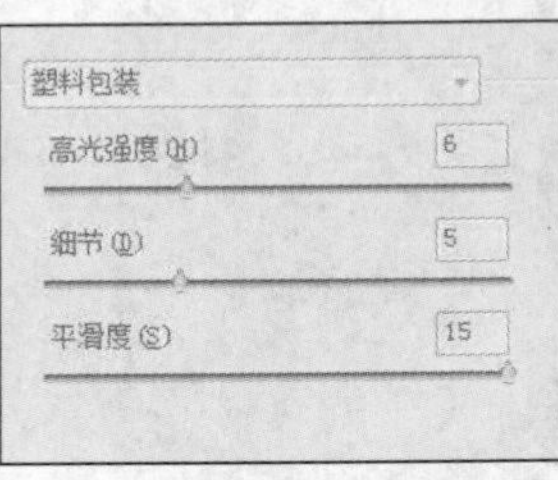

图 2-63　“塑料包装”对话框

图 2-64　使用滤镜后的效果

（16）按“Ctrl+J”组合键复制图层，复制出一个“包装袋 拷贝”，按“Ctrl+T”组合键对该副本进行自由变换，右击该副本，在弹出的快捷菜单中分别选择“扭曲”和“变形”命令，改变包装袋副本的形状，调整好后按“Enter”键结束自由变换。调整包装袋副本的位置，合并可见图层，将图层重命名为“包装袋”，效果如图 2-66 所示。

图 2-65　添加投影

图 2-66　自由变换效果

2. 包装盒设计

（1）新建“图层 1”，选择工具栏中的矩形选框工具，绘制一矩形选区，通过前景色拾色器，设置前景色为“R：226，G：113，B：55”，按“Alt+Delete”组合键用前景色填充选区，按“Ctrl+D”组合键取消选区，如图 2-67 所示。

（2）按照制作包装袋的方法添加图片素材，单击图层面板底部的“添加图层蒙版”按钮，添加一个图层蒙版。通过拾色器，设置前景色为白色、背景色为黑色。选择工具栏中的渐变工具，在工具属性栏选择“线性渐变”，按“Shift”键为蒙版填充垂直的线性渐变，效果如图 2-68 所示。

图 2-67 填充颜色

图 2-68 添加图层蒙版

提示

路径与选区

利用矩形工具绘制出来的图形为矢量路径。在 Photoshop 2020 中，用路径定义轮廓。路径是用户绘制出来的一系列点连接起来的曲线或线段。通过绘制路径可以获得较为精确的选区。

（3）按照制作包装袋的方法，添加其他图片素材和文字效果，合并可见图层，将图层重命名为“包装盒”，效果如图 2-69 所示。

图 2-69 包装盒正面效果图

3．Logo 设计

（1）新建图层并将其重命名为“Logo 外观”，选择工具栏中的钢笔工具，在工具属性栏中设置其属性，如图 2-70 所示。用钢笔工具绘制路径后，利用直接选择工具和转换点工具，对路径进行细致调整，效果如图 2-71 所示。

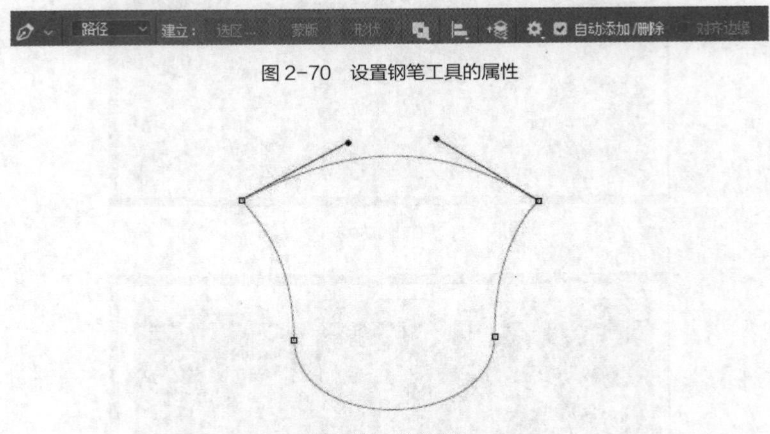

图 2-70　设置钢笔工具的属性

图 2-71　绘制路径

（2）切换至“路径”面板，单击“路径”面板底部的“将路径作为选区载入”按钮，或按“Ctrl+Enter”组合键，将路径转换为选区。选择“编辑”→“描边”命令，弹出“描边”对话框，参数设置如图 2-72 所示。按“Ctrl+D”组合键取消选区，效果如图 2-73 所示。

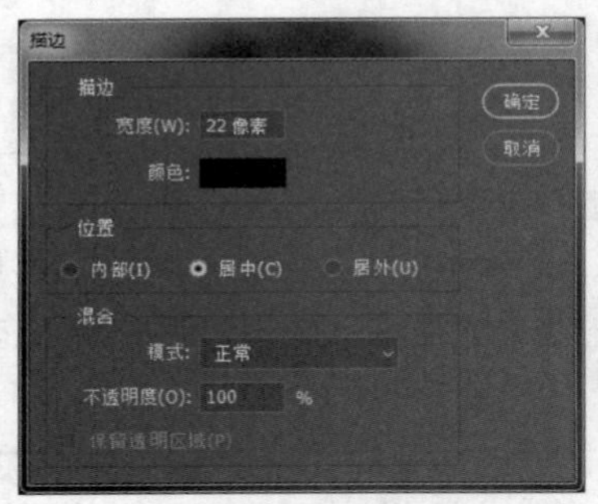

图 2-72　“描边”对话框

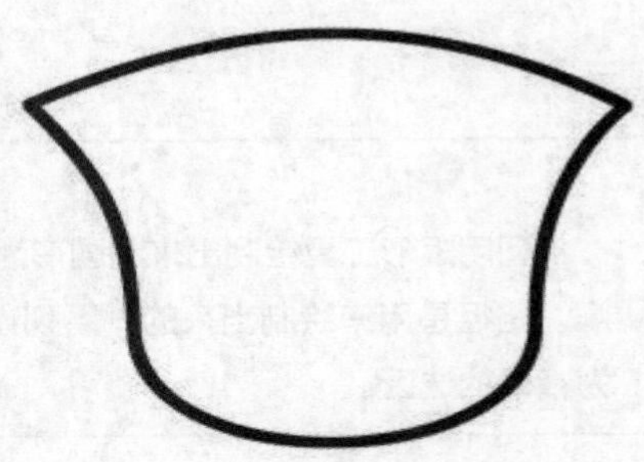

图 2-73　描边效果

（3）使用工具栏中的横排文本工具输入文字“香浓”，并设计文本的“字体”为“方正粗倩简体”，“字号”为“12”，颜色与 Logo 边框颜色一致，如图 2-74 所示。使用钢笔工具绘制路径，制作文字的艺术效果，使用移动工具调整文本的位置，效果如图 2-75 所示。

图 2-74　制作文字的艺术效果

图 2-75　调整文字位置

（4）选择“Logo外观”图层，使用工具栏里的魔棒工具单击空白区域，为形成的选区填充前景色“R：192，G：136，B：1”，按“Ctrl+D”组合键取消选区，效果如图2-76所示。

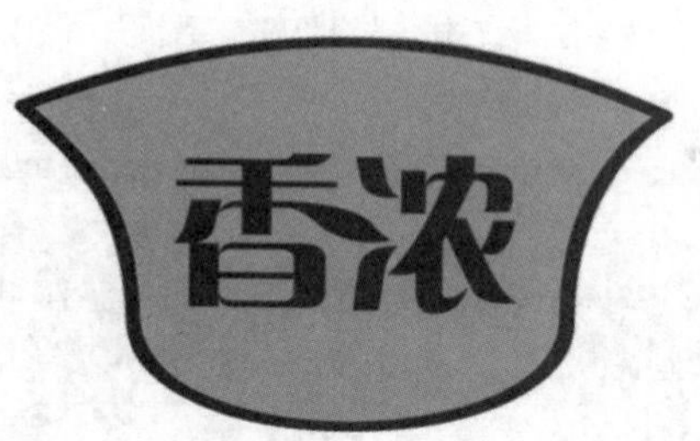

图2-76　Logo效果图

魔棒工具

魔棒工具是Photoshop 2020中提供的一种可以快速创建选区的工具，对于颜色边界分界明显的图片，能够一键创建选区，方便快捷。

魔棒工具能根据色彩选取图像中色彩相同或相近的区域。

- ：分别为创建新选区、增加选区、减少选区及交叉选区。
- 取样大小：取样点：可以设置工具取样的最大像素数目。
- 容差：32：用于控制颜色的范围，数值越大，可选的颜色范围就越广。
- 消除锯齿：用于消除选区边缘的锯齿。
- 连续：选中该复选框，可以只选取相邻的图像区域；未选中该复选框时，可将不相邻的区域也加入选区。
- 对所有图层取样：当图像中含有多个图层时，选中该复选框，将对所有可见图层的图像起作用；没有选中时，只对当前图层起作用。

4. 立体效果图设计

（1）显示“包装盒”图层，按“Ctrl+T”组合键对其进行自由变换，右击该图层，在弹出的快捷菜单中分别选择“缩放”“斜切”“透视”命令。通过控制手柄对该图层进行调整，形成包装盒正面的透视效果，调整好后按“Enter”键结束自由变换，效果如图2-77所示。

图2-77　包装盒正面

（2）新建图层，将该图层命名为“包装盒侧面”，选择工具栏中的矩形选框工具，绘制矩形选区，参照包装袋的制作方法，对侧面的图案进行设计，按“Ctrl+T”组合键对其进行自由变换，右击该图层，在弹出的快捷菜单中分别选择“缩放”“斜切”“透视”命令。通过控制手柄进行调整，形成包装盒侧面的透视效果，效果如图2-78所示。

图2-78 包装盒侧面

（3）依照步骤（2）中的方法，绘制包装盒的顶面，最终效果如图2-79所示。

图2-79 立体包装盒

（4）选择工具栏中的加深工具和减淡工具，为包装盒设置暗部和高光。使用自由变换制作包装盒的“翘边”效果，合并制作包装盒的所有图层，将合并图层重命名为“包装盒”，并添加“投影”图层样式，包装盒的最终效果如图2-80所示。

图2-80 最终效果

5. 设置背景

（1）隐藏所有图层，新建一个图层，图层名称为“背景效果”，选择工具栏中的矩形选框工具，绘制一矩形选区，为选区填充一个径向渐变（见图 2-81），效果如图 2-82 所示。

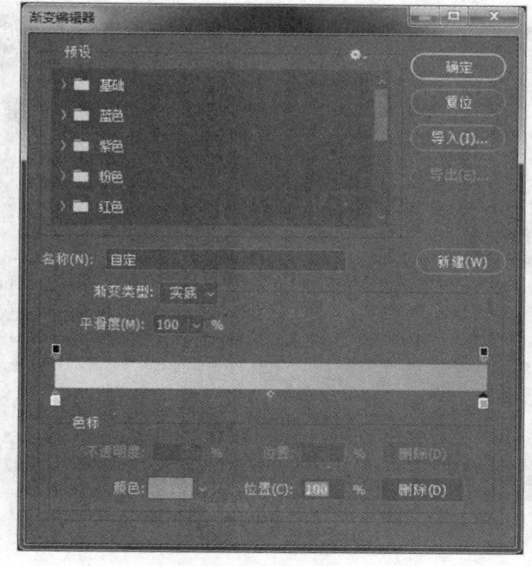

图 2-81 “渐变编辑器”

图 2-82 制作渐变背景

（2）按“Ctrl+Shift+I”组合键进行反选，为选区填充颜色，如图 2-83 所示，按“Ctrl+D”组合键取消选区，效果如图 2-84 所示。

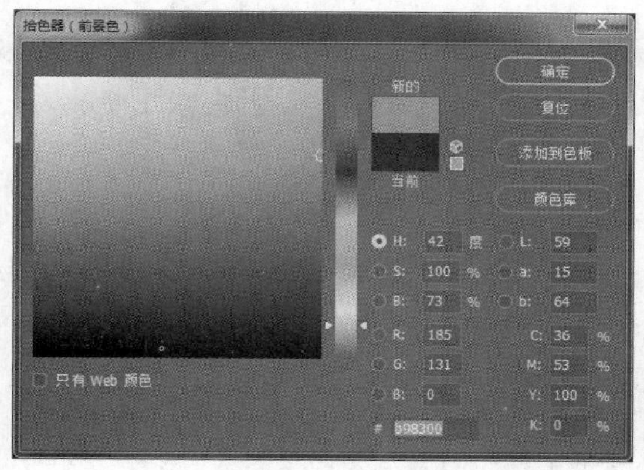

图 2-83 设置前景色

图 2-84 制作镜面效果

（3）显示“包装盒”图层，选择工具栏中的移动工具，按住“Alt”键的同时移动包装盒以复制“包装盒”图层，系统会自动生成“包装盒 拷贝”图层。按“Ctrl+T”组合键进行自由变换，对副本图层进行垂直翻转，如图 2-85 所示。单击“图层”面板底部的“添加图层蒙版”按钮，为“包装盒 拷贝”图层添加一个图层蒙版，通过拾色器设置前景色为白色，背景色为黑色。选择工具栏中的渐变工具，在工具属性栏选择“线性渐变”，按“Shift”键为蒙版填充垂直的线性渐变，调整图层的不透明度，效果如图 2-86 所示。

（4）使用钢笔工具绘制路径，如图 2-87 所示，切换至“路径”面板，单击“路径”面板底部的“将路径作为选区载入”按钮，或按“Ctrl+Enter”组合键，将路径转换为选区，按“Alt+Delete”组合键为选区填充“红色”，按“Ctrl+D”组合键取消选区。使用工具栏中的横排文本工具输入文字“新品上市”，并设计文本的字体为“方正粗倩简体”，按“Ctrl+T”组合键对文字进行自由变换，通过控制手柄将文本逆时针旋转，按“Enter”键结束自由变换，调整文字位置，效果如图2-88所示。

图2-85　垂直翻转

图2-86　设置不透明度

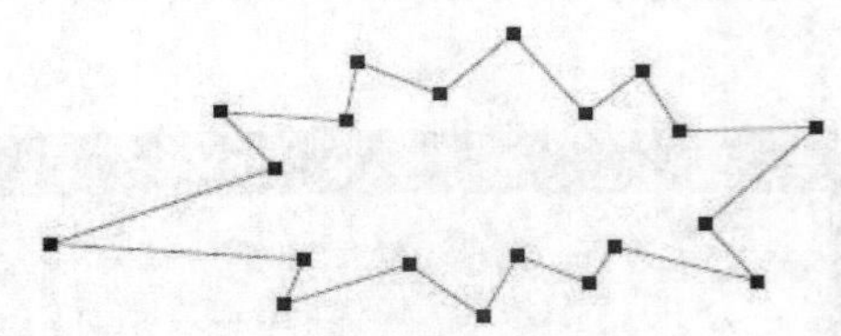

图2-87　绘制路径

图2-88　添加文字

（5）显示所有图层，将“背景效果”图层置于“背景”图层之上，调整包装袋和包装盒的大小与位置关系，最终效果如图2-89所示。

图2-89　最终效果

阅读材料

1. 图形、图像的格式

常见的图形、图像格式如下。

（1）TIFF 图像格式：扩展名是 tif，全名是 Tagged Image File Format。它是一种非失真的压缩格式（最高也只能做到 2 倍至 3 倍的压缩比），能保持原有图像的颜色及层次，但占用空间很大。

（2）BMP 图像格式：这是 Windows 操作系统中的标准图像文件格式，能够被多种 Windows 应用程序支持。这种格式的特点是包含的图像信息较丰富，几乎不压缩，但占用磁盘空间过大。

（3）GIF 图像格式：扩展名是 gif，它在压缩过程中，图像的像素资料不会被丢失，丢失的是图像的色彩。GIF 格式最多只能储存 256 色，所以通常用来显示简单图形及字体。GIF 格式的特点是压缩比高，磁盘空间占用较少，所以这种图像格式迅速得到了广泛的应用。

（4）PDF 图像格式：这种格式是由 Adobe 公司推出的专为线上出版而制定的，可以覆盖矢量图和点阵图，并且支持超链接，是网络上经常使用的文件格式。

（5）PNG 图像格式：这是一种可携式网络图像格式。PNG 格式不仅能储存 256 色以下的 index color 图像，还能储存 24 位真彩图像，甚至最高可储存 48 位超强色彩图像。PNG 格式的图像文件能压缩到很小以利于网络传输，但又能保留所有与图像品质有关的信息。

（6）PSD 图像格式：这是 Adobe 公司的图像处理软件 Photoshop 的专用格式。

（7）JPG 图像格式：扩展名是 jpg，其全称为 Joint Photograhic Experts Group。它利用一种失真式的图像压缩方式将图像压缩在很小的储存空间中，其压缩比率通常在 10:1～40:1 之间，这样可以使图像占用较小的空间，所以很适合应用在网页的图像中。JPEG 格式的图像主要压缩的是高频信息，对色彩的信息保留较好，因此也普遍应用于需要连续色调的图像中。

2. 色彩模式

在数字图像中，将图像中各种不同的颜色组织起来的方法称为色彩模式。色彩模式决定着图像以何种方式显示和打印。制作各种精美的图像或者用于各种输出的稿件时，选择正确的色彩模式是至关重要的。各种色彩模式之间存在一定的通性，可以很方便地相互转换；但它们之间又存在各自的特性，不同的色彩模式对颜色的组织方式有各自的特点。色彩模式除了会决定图像中可以显示的颜色数目外，还会直接决定图像的通道数量和图像的大小。

（1）位图模式

位图模式用两种颜色（黑和白）来表示图像中的像素。位图模式的图像也叫黑白图像。由于位图模式只用黑白色来表示图像的像素，因此在将图像转换为位图模式时会丢失大量细节。

（2）灰度模式

在灰度模式的图像中，每个像素能负载 256 种灰度级别，范围值从 0（黑色）至 255（白色）。其表现方式为油墨的覆盖浓度，0%为白色，100%为黑色。当彩色图像转换成灰度模式后，图像会去掉颜色信息，以灰度显示图像，类似黑白照片的效果。图像的单色通道实际上也可以看作是一张灰度图片，灰度模式的图像只有一个灰色通道。

（3）RGB 模式

RGB 是彩色光的色彩模式。R 代表红色，G 代表绿色，B 代表蓝色，3 种色彩叠加形成了其他的色彩。因为3种颜色都有256个亮度水平级，所以3种色彩叠加就形成了1670多万种颜色，也就是真彩色，通过它们足以再现绚丽的世界。

在RGB模式中，通过红色、绿色、蓝色相叠加可以产生其他颜色，因此该模式也叫加色模式。所有显示器、投影设备及电视机等许多设备都是依赖于这种加色模式来实现的。

（4）CMYK模式

CMYK模式是一种印刷模式。其中4个字母分别指青（Cyan）、洋红（Magenta）、黄（Yellow）、黑（Black），在印刷中代表4种颜色的油墨。CMYK模式在本质上与RGB模式没有什么区别，只是产生色彩的原理不同，在RGB模式中由光源发出的色光混合生成颜色，而在CMYK模式中由光线照到有不同比例C、M、Y、K油墨的纸上，部分光被吸收后，反射到人眼的光产生颜色。由于C、M、Y、K在混合成色时，随着C、M、Y、K这4种成分的增多，反射到人眼的光会越来越少，光线的亮度会越来越低，所以CMYK模式产生颜色的方法又被称为色光减色法。

（5）索引模式

索引模式是网上和动画中常用的图像模式，当彩色图像转换为索引模式的图像后会包含近256种颜色，索引模式的图像包含一个颜色表。如果原图像中的颜色不能用256色表现，则Photoshop会从可使用的颜色中选出最相近的颜色来模拟这些颜色，这样可以减小图像文件的尺寸。颜色表用来存放图像中的颜色并为这些颜色建立颜色索引，颜色表可在转换的过程中定义或在生成索引图像后修改。

（6）HSB模式

HSB模式只在色彩汲取窗口中出现。H表示色相，即纯色，是组成可见光谱的单色。红色在0度，绿色在120度，蓝色在240度，它基本上是RGB模式全色度的饼状图。S表示饱和度，指色彩的纯度。白色、黑色和灰色都没有饱和度。每一色相的饱和度最大时，具有最纯的色光。B表示亮度，指色彩的明亮度。黑色的亮度为0，亮度最大时的色彩最鲜明。

（7）Lab模式

Lab模式是唯一不依赖外界设备而存在的一种色彩模式。它由L（亮度）通道、a通道和b通道组成，其中L的范围为0～100，a代表从绿色到红色，b代表从蓝色到黄色，a和b的颜色值范围都是-120～120。这3种通道包括了所有的颜色信息。

（8）双色调

双色调相当于用不同的颜色来表示灰度级别，其深浅由颜色的浓淡来实现。只有灰度模式能直接转换为双色调模式。当它用双色、三色、四色来混合形成图像时，其表现原理就像“套印”。双色调模式支持多个图层，但它只有一个通道。

（9）多通道

多通道模式对有特殊打印要求的图像非常有用。例如，如果图像中只使用了一两种或两三种颜色时，使用多通道模式可以减少印刷成本并保证图像颜色的正确输出。

3. 图层混合模式

在进行图层操作时，“图层”面板上有一个能影响图层叠加效果的选项——混合模式（Blending Mode），它决定了当前图层与下一图层颜色的合成方式。另外，在其他许多控制板（如画笔工具）中也有类似的混合模式，而此时混合模式决定了绘图工具的着色方式。灵活运用混合模式，不仅可以创作出丰富多彩的叠加及着色效果，还可以获得一些意想不到的特殊结果。

常见的图层混合模式有：正常模式、溶解模式、变暗模式、正片叠底模式、颜色加深模式、线性加深模式、深色模式、变亮模式、滤色模式、颜色减淡模式、线性减淡模式、浅色模式、叠加模式、柔光模式、强光模式、亮光模式、线性光模式、点光模式、实色混合模式、差值模式、排除模式、色相模式、饱和度模式、颜色模式、明度模式等。

4. 颜色深度

颜色深度指图像中的每个像素的颜色（或亮度）信息所占的二进制数位数，用“位/像素”表示，它决定了构成图像的每个像素可能出现的最大颜色数。颜色的深度值越高，显示的图像色彩越丰富。

本章习题

一、选择题

1. 在Photoshop中，为选区填充背景色的快捷键是（ ）。
   A. “Alt+Delete”　　B. “Shift+Delete”
   C. “Ctrl+Delete”　　D. “Ctrl+Enter”
2. 在Photoshop中，将闭合路径变为选区的快捷键是（ ）。
   A. “Alt+Enter”　　B. “Shift+Enter”
   C. “Ctrl+Alt+Delete”　　D. “Ctrl+Enter”

二、填空题

1. 对____________图像，无论将其放大或缩小多少倍，其质量都不会改变。
2. 颜色具有3个特征：____________、____________、____________。
3. 描述颜色深浅程度的物理量称为____________。
4. Photoshop的源文件格式是____________。

三、实战题

1. 制作“螃蟹”代金券，效果如图2-90所示。

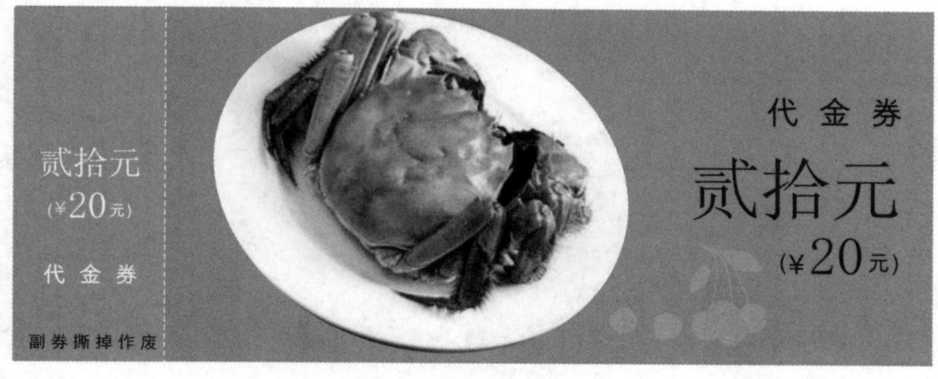

图2-90 “螃蟹”代金券

2. 制作图 2-91 所示的产品宣传海报（效果图源文件：素材\第 2 章\效果和源文件\习题 2）。

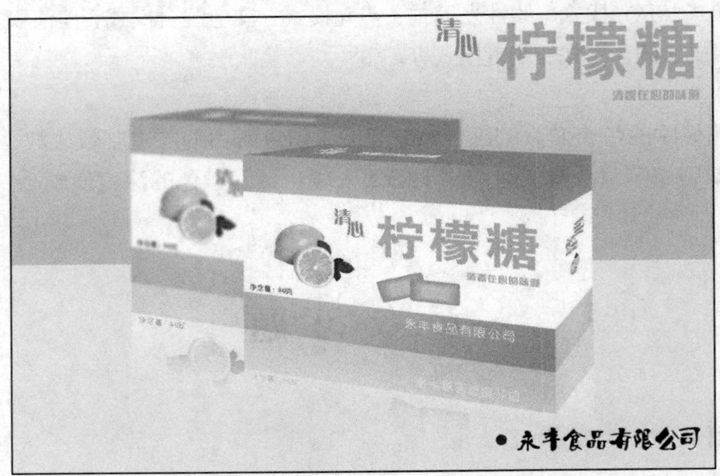

图 2-91 产品宣传海报

03 第 3 章 声音素材的采集与制作

学习导航

前面介绍了多媒体素材的准备，其中一个重要工作就是声音素材的采集与制作，本章主要介绍这方面的内容。通过本章的学习，学生可以了解声音文件的类型及常见的文件格式，掌握利用 Audition 2020 录制声音素材的方法，掌握利用 Audition 2020 处理和编辑声音素材的方法。本章内容与多媒体制作技术其他内容的逻辑关系如图 3-1 所示。

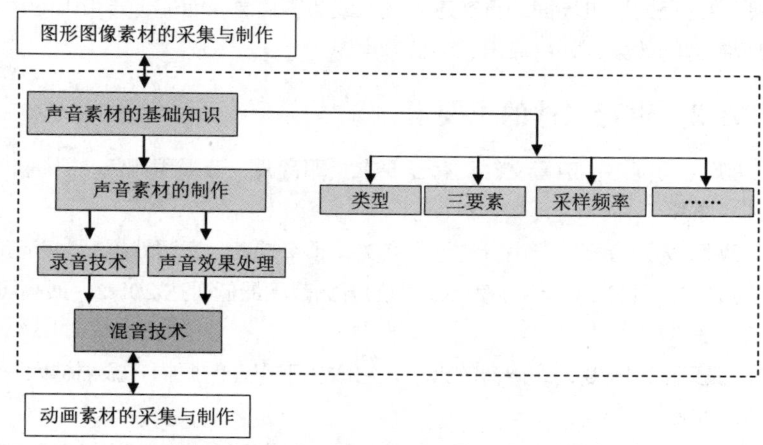

图 3-1　本章内容与多媒体制作技术其他内容的逻辑关系

在多媒体制作中，声音素材有文字、图像、动画等素材无法替代的作用。通过语音的输入和输出，能清晰地表达语意；通过音乐，能调节环境气氛，引起听者的注意。所以在多媒体制作中，声音素材是不可缺少的。

3.1 声音素材的基础知识

声音是携带信息的重要媒体，它与图像、视频、字幕等有机地结合在一起，共同承载着制作者所要表达的思想、感情，因此多媒体音频技术是多媒体技术的一个重要分支。在多媒体应用系统中可以通过声音直接表达或传递信息、制造某种效果和气氛、演奏音乐等。只要为计算机装上“耳朵”（麦克风），就能让计算机听懂、理解人们的讲话，实现语音识别；为计算机安上“嘴巴”（扬声器），就能让计算机讲话和奏乐。

3.1.1 声音文件的类型

声音是由物体震动引发的一种物理现象。在多媒体技术中，人们通常将处理的声音媒体分为3类。

1. 背景音乐

背景音乐广泛存在于录音带、录像带、光盘及各种计算机文件中，利用Windows系统自带的录音机及各种录音程序即可录制所需格式的音乐文件，如WAV格式。多媒体作品配上感情特点相一致的背景音乐，对于作品本身而言，视觉形象能暗示音乐的内涵，音乐又能传达视觉形象中难以言表的内容，因此视觉形象之外的思想内容很容易传递给学习者。对于学习者而言，视觉、听觉等共同作用于同一个目标，既符合认识规律，也满足人的情感需要，让人产生积极的学习愿望，从而达到较好的学习效果。

2. 解说词

解说词可以通过语气、语速、语调携带比文本更加丰富的信息。这些信息往往可以通过特殊的软件进行抽取，所以人们把它作为一种特殊的媒体单独研究。

3. 音效

音效是指为增进场面的真实感、气氛或戏剧信息，而加于声带上的声音。简单地说，音效就是指声音所制造的效果，如马蹄声、手机铃声等。

3.1.2 声音文件的三要素

从听觉角度讲，声音文件具有三要素，即音调、音强和音色。

1. 音调

音调又称为音高，与声音的频率有关，频率越高，音调就越高。声音的频率是指每秒钟声音信号变化的次数，用Hz（赫兹）表示。人的听觉范围最低可达20Hz，最高可达20kHz。

2. 音强

音强又称为响度，即声音的大小，它取决于声音的振幅。振幅越大，声音就越响亮。

3. 音色

音色是由混入基音的泛音所决定的，每个基音都有其固有的频率和不同音强的泛音，因此每个声音都具有特殊的音色效果。例如，钢琴、提琴、笛子等各种乐器发出的声音不同，这是由它们各自的音色决定的。

3.1.3 采样频率、位数和声道数

数字音频质量的好坏主要取决于采样频率、采样位数和声道数。

1. 采样频率

采样频率又称为取样频率，它是指将模拟声音波形转换为数字声音时，每秒钟抽取声波幅度样本的次数。采样频率越高，则经过离散数字化的声波越接近于其原始的波形，也就意味着声音的保真度越高，声音的质量越好，但相应的数据量就越大。目前，通用的标准采样频率有 11.025 kHz（一般称为“电话质量”）、22.05kHz（一般称为“FM 质量”）和 44.1 kHz（一般称为“CD 音质”）。

2. 采样位数

采样位数是指每个采样点能够表示的数据范围，是记录每次采样值数值大小的位数。采样位数通常有 8 位和 16 位两种。采样位数越大，所能记录声音的变化程度就越细腻，相应的数据量就越大。实际中经常要在波形文件的大小和声音的回放质量之间进行权衡。

3. 声道数

采样的声道数是指处理的声音是单声道还是立体声。单声道在声音的处理过程中只有单数据流，而立体声则需要左、右声道的两个数据流。显然，立体声的效果要好，但相应的数据量要比单声道的数据量大。表 3-1 所示为各种声音文件的数据量。

表 3-1 各种声音文件的数据量

采样频率/kHz	采样位数	声道数	数据量（MB/min）	采样频率/kHz	采样位数	声道数	数据量（MB/min）
11.025	8	单	约 0.66	22.05	8	单	约 1.32
	8	双	约 1.32		8	双	约 2.64
	16	单	约 1.32		16	单	约 2.64
	16	双	约 2.64		16	双	约 5.29
44.1	8	单	约 2.52				
	8	双	约 5.05				
	16	单	约 5.29				
	16	双	约 10.58				

无论质量如何，声音的数据量都非常大。如果不经过压缩，声音的数据量可由下式推算：

数据量=（采样频率×每个采样位数×声道数）÷8（B/s）

3.1.4 主要的声音文件格式

1. 波形声音

对声音进行数字化处理所得到的结果就是数字化音频，又称为波形声音。当需要时，可以将这些离散的数字量转变为连续的波形。不管是音乐还是声音，都能按波形声音采样、存储和再现。

波形声音是最基本的一种声音格式，几乎所有的多媒体集成软件都支持这种格式的声音文件，这是它最大的优点。波形声音文件最大的缺点是数据量大。

波形声音文件的扩展名为 wav。

2. MIDI

MIDI 是指乐器数字接口（Musical Instrument Digital Interface），它规定了不同厂家的电子乐器和计算机连接的电缆和硬件，以及设备间数据传输的协议，MIDI 是数字音乐的国际标准。

MIDI 文件主要用于记录乐器的声音，它的制作方式类似于记谱，因此它最大的优点是数据量小，但它的缺点是不能处理除了乐器外的一般声音，如人的声音等。大多数多媒体集成软件都支持 MIDI 音乐。

MIDI 文件的扩展名为 mid。

3. MP3 音乐

随着互联网的普及，MP3 格式的音乐越来越受到人们的欢迎。这是一种压缩格式的声音文件，音质好、数据量小是它最大的优点。

MP3 是一种数据音频压缩标准方法，全称为 MPEG-Layer 3，是 VCD 影像压缩标准 MPEG 的一个组成部分。用该压缩标准制作存储的音乐称为 MP3 音乐。MP3 可以将高保真的 CD 声音以 12 倍的比率压缩，并可保持 CD 出众的音质。因此，MP3 音乐现在已成为传播音乐的一种重要形式。

因为 MP3 是经过压缩产生的文件，因此需要一套 MP3 播放软件将其还原，比较出色的软件如 Winamp。另外，许多硬件生产厂商也生产了许多小巧玲珑的数字 MP3 播放机，可供用户下载及播放 MP3 音乐。

MP3 文件的扩展名是 mp3。

4. ASF/ASX/WAX/WMA 格式文件

ASF/ASX/WAX/WMA 格式文件都是 Microsoft（微软）公司开发的同时兼顾保真度和网络算术传输的新一代网上流式数字音频压缩技术。以 WMA 格式为例，它采用的压缩算法使声音文件比 MP3 文件小，而音质上却毫不逊色，更远胜于 RA 格式文件的音质。它的压缩率一般可以达到 1:18，现有的 Windows 操作系统中的媒体播放器或 Winamp 都支持 WMA 格式，Windows Media Playe 7.0 还增加了直接把 CD 格式的音频数据转换为 WMA 格式的功能。

3.2 利用 Audition 2020 录制声音素材

许多多媒体作品中都包含语音解说，这一类素材一般只能自己创建。常用的方法是利用专业音频编辑软件 Audition 2020 进行录制。

3.2.1 Audition 2020 简介

Audition 2020 专为在照相室、广播和后期制作等地方工作的音频和视频专业人员设计，可提供先进的音频混合、编辑、控制和效果处理功能，可混合 128 个声道，可编辑单个音频文件，可创建回路并使用 45 种以上的数字信号处理效果。Audition 2020 是一个完善的多声道录音室，可提供灵活的工作流程并且使用简便。无论是录制音乐、无线电广播，还是为录像配音，Audition 2020 中的恰到好处的工具都可以帮助用户创造高质量的丰富、精致的作品。

Audition 2020 界面介绍

3.2.2 Audition 2020 新增功能

1. 变调器功能

使用变调器功能（选择“效果”→“时间与变调”→“变调器”命令）可随着时间改变节奏以改变音调。此效果横跨整个波形的关键帧编辑包络，类似于淡化包络和增益包络效果。

项目文件的基本操作

2. 咔嗒声/爆音消除器功能

使用咔嗒声/爆音消除器功能（选择“效果”→“降噪/恢复”命令）可去除麦克风的爆音、轻微的嘶声和噼啪声。这种噪声在老式黑胶唱片和现场录音之类的录制中比较常见。“效果”对话框保持打开可以调整选区，并修复多个咔嗒声，而无须重新多次打开。

3. 生成噪声

从应用程序菜单中选择“效果”→“生成”→“噪声”命令可以生成噪声。Audition 2020 可以生成各种颜色（白色、粉色、棕色和灰色）的随机噪声。用户可以修改噪声的参数，例如样式、延迟时间、强度、持续时间及 DC 偏移。噪声的功率谱密度显示为预览。如果时间轴上有一个选区，则新添加的噪声会替换或重叠选定的音频。多轨视图中还支持生成噪声函数，并且噪声在生成之后将自动插入音轨中。

4. 立体声扩展器功能

使用新的立体声扩展器（选择“效果”→“立体声声像”→“立体声扩展器”命令）可定位并扩展立体声声像，也可以将其与效果组中的其他效果相结合。在多轨视图中，用户可以通过使用自动化通道随着时间的推移改变效果。

5. ITU 响度表

Audition 2020 具有“TC 电子响度探测计”增效工具，在波形和多轨视图中均可使用。它提供了有关峰值、平均值和范围级别的信息。“雷达”扫描视图同样可供使用，其同时提供了响度随时间变化的极佳视图。选择“效果”→“特殊”→“响度探测计”命令即可打开该工具。

6. 声音移除功能

使用新的“声音移除”功能（选择“效果”→“降噪/恢复”命令）可从录制中移除不需要的音频源。此功能会分析录制的选定部分，并生成一个声音模型，生成的模型可以使用表示其复杂性的参数进行修改。高复杂性声音模型需要更多的改进次数，以便提供更加准确的结果，可以保存声音模型供以后使用。该功能还包括一些常用预设以便更好地处理声音，例如警报器和响铃手机。

7. 科学滤波器功能

科学滤波器功能（选择“效果”→“滤波与均衡”命令）在 Audition 2020 中作为实时效果被提供，可使用此功能对音频进行高级操作，也可以从“效果组”查看波形编辑器中各项资源的效果，或者查看多轨编辑器中音轨和剪辑的效果。

8. 音高换挡器功能

使用音高换挡器功能（选择“效果”→“时间与变调”→“音高换挡器”命令）可改变音乐的音调。它是一个实时效果，可与母带处理组或效果组中的其他效果相结合。在多轨视图中，用户可以通过使用自动化通道随着时间改变音调。

9. 其他增强功能

软件界面对布局进行了细微的更改以使功能用起来更为方便。要关闭所有打开的“效果”对话框，可选择“视图”→“隐藏所有组合效果窗口”命令，也可以按“Shift+Ctrl+H”组合键（Windows）或“Shift+Command+H”组合键（macOS）。

3.3 编辑单个音频文件

在波形编辑器中编辑单个音频文件

3.3.1 在波形编辑器中编辑单个音频文件

通过录音得到的声音文件往往不能直接使用，还需要对声音素材进行编辑加工。如根据需要对声音进行剪辑，或进行特殊的效果处理，以确保达到最佳品质。下面介绍对录制好的声音文件进行简单编辑的操作方法。

1．选取波形

在选择区域的开始时间处拖动鼠标指针，拖到某一位置松开鼠标左键后，呈现出高亮效果的波形部分就是被选取的波形。若要调整选择区域，可以用拖动鼠标指针的方法移动“选取区域边界调整点”，使选区达到满意效果，如图3-2所示。

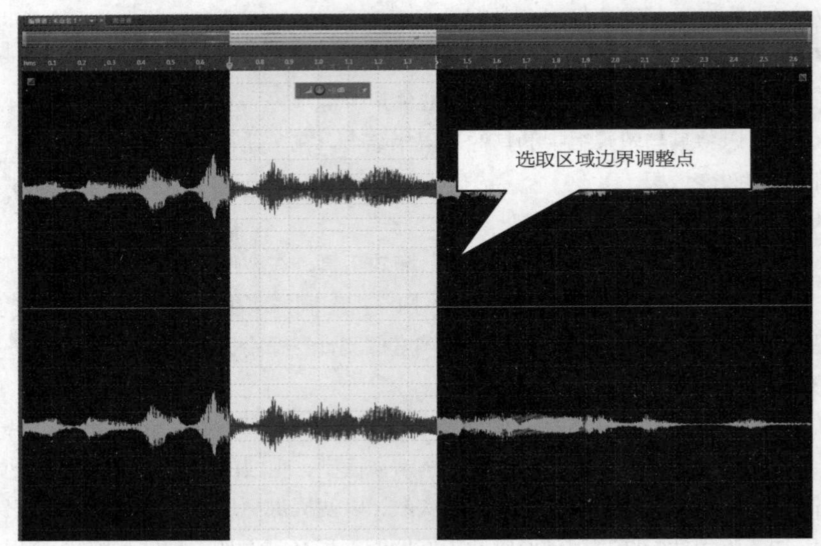

图3-2 选取一段波形

2．复制与粘贴波形

（1）复制波形：首先选取一段波形，然后对其右击，在弹出的快捷菜单中选择“复制”命令，如图3-3所示。

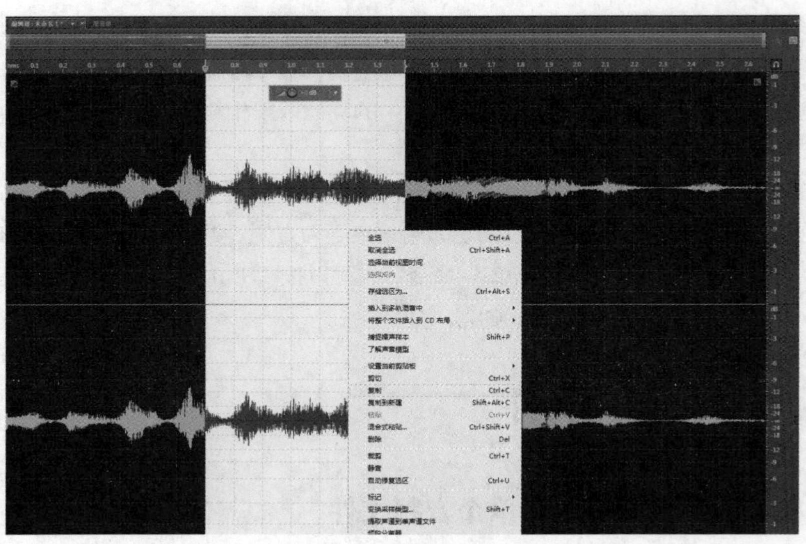

图3-3 复制波形

（2）粘贴波形。首先复制好一段波形，然后在某处单击以确立新的播放头，最后对其右击，在弹出的快捷菜单中选择“粘贴”命令，如图 3-4 所示，剪贴板中的波形就被粘贴到新的区域了。

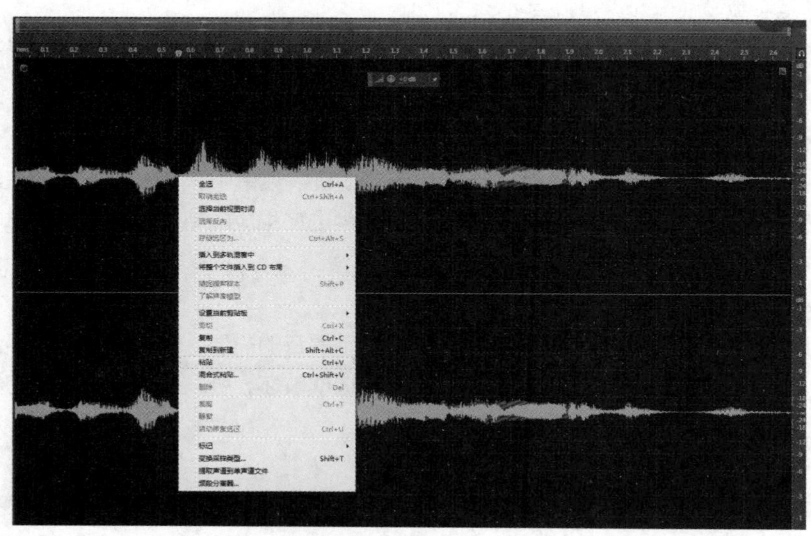

图 3-4　粘贴波形

3. 删除波形

选择要删除的波形，按“Delete”键即可将其删除，如果误删除，可以按“Ctrl+Z”组合键来撤销操作。

4. 调整音量大小

如果要整体提升、降低音量，可以使用 HUD 浮动窗口进行调整，如图 3-5 所示。在 HUD 中，单击数字，输入要变更的分贝值即可调整音量大小，例如想增加 3 分贝就输入“3”，想减少 6 分贝就输入“-6”

图 3-5　波形编辑器中的 HUD

5. 为声音添加淡入/淡出效果

如果想在音频的开头和结尾渐渐增大或减小音量，可以在波形编辑器中使用“淡入”和“淡出”功能来实现。

在音频文件开始的位置，按住鼠标左键拖动“淡入”即可制作音量渐渐增大的效果，拖动距离的长度决定了整个音量渐变的持续时间。相反，如果想在结尾有音量渐渐减小的效果，则拖动音频文件结束位置的“淡出”即可。

6. 保存文件

在波形编辑器中选择“文件”→“保存”命令，会直接更改硬盘上的原文件，最好选择“文件”→“另存为”命令，将编辑过的音频另存为一个独立的文件，这样就可以同时保存原文件和编辑后的文件。

3.3.2　在多轨编辑器中编辑单个音频文件

在多轨编辑器中编辑单个音频文件

1. 新建多轨会话

打开 Audition 之后，选择“文件”→“新建”→“多轨会话”命令，即可弹出新建窗口。在该窗口中可以对工程名称、工程文件夹位置、采样率、位深度等进行设置。位深度越高，则能产生更大的动态范围、更高的保真度。采样率越高，音频文件就能够记录更高的频率。

2. 导入音频文件

选择一个音轨之后，选择“文件”→“导入”命令，或者直接将音频文件拖动到相应的音频轨道上，导入的音频文件的起始位置会位于当前播放指针所处的位置。

3. 音轨的增加和删除

Audition 中针对音轨的大部分操作命令都位于“多轨”菜单中，其中“轨道”子菜单中包含了新建命令。如果要删除某个轨道，需要先在多轨编辑器中选择相应的轨道，然后在菜单中选择“删除所选轨道”命令。

4. 音频块编辑

在多轨合成界面中，可以修剪或延长音频块，以满足混音的需要。因为多轨合成界面中对声音的编辑是无损的，对音频块的编辑并不会对声音波形本身造成破坏，所以处理过的音频仍然可以随时恢复到最初状态。

（1）拆分音频块。

使用切割工具可以拆分音频块，切割工具分为“切割选中素材”和“切割所有素材工具”，两种工具可以切换，方法是长按切割工具，然后在弹出的工具选项中进行切换。“切割选中素材”只能切割所在轨道的音频块，“切割所有素材工具”能同时切割所有轨道某一时刻的音频块。

（2）删除音频块。

选择要删除的音频块，按“Delete”键，这时被删除的部分会在时间轴上留有一段空白。如果要让波形部分被删除后在时间轴上不留空白，那么选择“编辑”→“波纹删除”→“已选中素材内的时间选区”命令即可。

（3）扩展和收缩音频块。

将鼠标指针放到音频块的左边界或右边界，当鼠标指针显示为拖动标志的时候，拖动鼠标指针即可扩展或收缩音频块。但当音频块标记扩展到开头或结尾时，则不能进行扩展，只能收缩。

（4）锁定和移动音频块。

如果某些音频块已经编辑完毕，为了避免由于误操作而遭破坏，可以将这些音频块锁定。被锁定的音频块不能进行移动等操作，由此可以减少很多误操作，并提高工作效率。

单机工具栏中的移动工具，然后按住音频块并拖曳鼠标指针，那么所选音频块就会在当前轨道中前后移动位置，或者在不同轨道间移动位置。

5. 添加淡入、淡出效果

与波形编辑器类似，在多轨编辑器中每个音频剪辑的左上角分别有淡入、淡出控件，使用这两个控件，即可快速为音频剪辑添加淡入和淡出效果。但与波形编辑器不同的是，在多轨编辑器中添加淡入、淡出效果只会改变回放时音量的大小，不会对原文件进行更改。

6. 保存多轨会话

选择“文件”菜单中的“保存”命令即可保存扩展名为.sesx 的当前多轨工程文件。选择“文件”→“导出”→“多轨”命令可以将编辑结果导出为音频文件。在“多轨混音”子菜单中，选择“整个会话”命令会将工程中的所有内容导出为音频文件。

3.4 Audition 2020 效果器

Audition 2020 的效果器包括波形振幅、降低噪声、添加延迟效果、时间拉伸、变速/变调等技术，效果器是数字音频编辑的重要技术，可以制作各种各样丰富而有趣的特效。本节主要介绍在 Audition 2020 软件的单轨编辑界面中如何为声音素材添加特效，并重点以降噪效果器为例，对一段录制的音频进行降噪处理。

选择“效果”命令，如图 3–6 所示，可以看到 Audition 2020 中所有的效果器功能。下面选择几种常用功能进行介绍。

1. 降噪

在录制声音的时候，周围的环境或话筒等都会产生一些噪音，因此录制完声音后的第一步就是降噪。可以在单轨模式下，选择“效果”→“降噪/恢复”→“降噪（处理）”命令，在弹出的“效果–降噪”对话框中进行降噪处理，如图 3–7 所示。

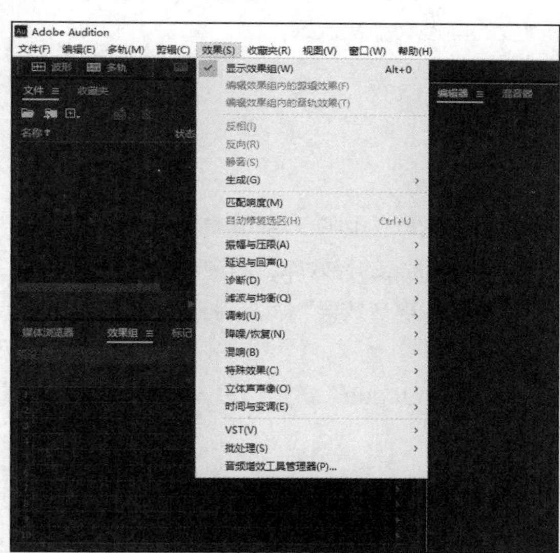

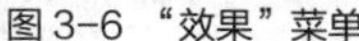
图 3–6 “效果”菜单

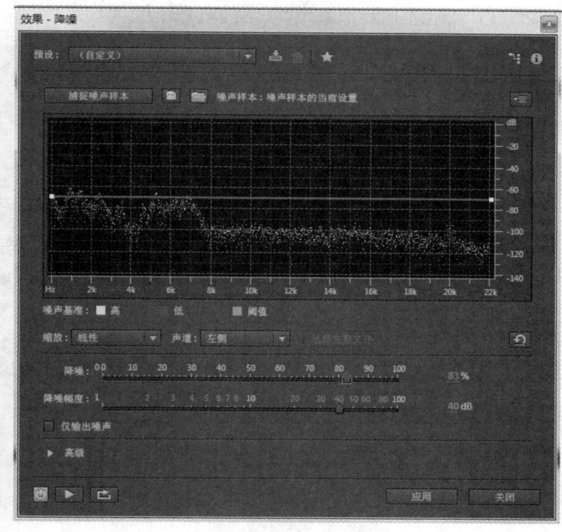

图 3–7 “效果–降噪”对话框

2. 滤波器

滤波器的功能就是允许某一部分频率的信号通过，而另外一部分频率的信号则受到较大的抑制。选择“效果”→“滤波与均衡”命令，在子菜单中选择需要的一种滤波器进行调整。

滤波器中，信号能够通过的频率范围称为通频带或通带；信号受到很大衰减或完全被抑制的频率范围称为阻带。通带和阻带之间的分界频率称为截止频率。理想滤波器在通带内的电压增益为常数，在阻带内的电压增益为 0，实际上滤波器的通带和阻带之间存在一定频率范围的过渡带。

3. 振幅与压限

通过压限处理能够将录制的声音从整体上调节得更均衡，不至于忽大忽小、忽高忽低。选择“效果”→“振幅与压限”命令，在子菜单中选择所需的效果器，并进行一些调节，单击“预览/停止”按钮，反复试听，直至调出最理想的效果后单击“确定”按钮。

4. 混响

混响处理可使声音不显得太干，变得更圆润些。选择“效果”→“混响”命令，在子菜单中选择所需的软件混响效果，并调节各种选项，单击“预览/停止”按钮，反复试听，直至调出令人满意的混响效果后单击“确定”按钮。

5. 变调/变速

选择“效果”→“变速/变调”→“伸缩与变调”命令，弹出图 3-8 所示的对话框，在预置栏中选择所需的软件预设效果，通过调节下方的滑块即可调节语调或语速。单击“预览”按钮即可进行试听。Audition 2020 提供的这一效果功能比较完善，不仅可以在保持音调不变的情况下加快或减慢速度，也可以在保持速度不变的情况下升高或降低音调，并且可以设置变化速度的渐慢与渐快效果。

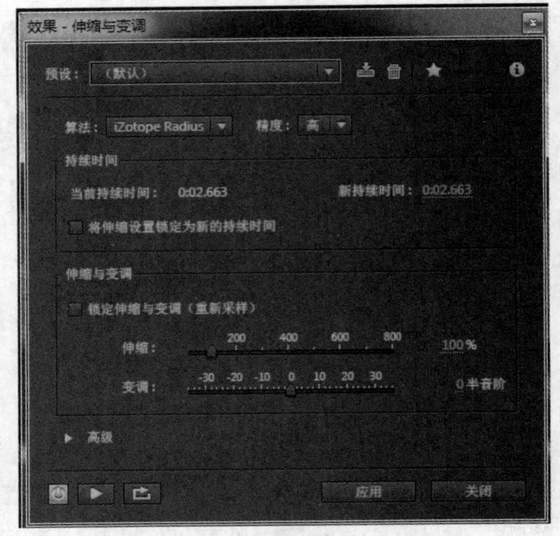

图 3-8 “效果-伸缩与变调”对话框

3.5 免费音效素材的获取

在混音的制作过程中，时常会用到各种音效，如脚步声、风声、虫鸣、鸟叫声等。一个高质量的音效库将会是一个非常有用的工具。Adobe 公司提供了一个高质量的音效库，用户可以免费使用。

（1）打开 Audition 2020，在菜单栏中选择“帮助”→“下载声音效果”命令，打开 Adition 2020 的免费音效下载页面。

（2）在页面中单击“Sound Effects”下方的“View Downloads”链接，进入音效下载页面，如图 3-9 所示。

图 3-9 音效下载页面

（3）在下载页面中，音效文件被按类型分为了不同的压缩包，单击“Download Now”链接即可下载。

其他音效素材的获取

国内的一些音效素材网也提供了大量的音效素材，只要搜索“音效素材”就可以直接下载。

3.6 案例 1 用 Audition 2020 录制音频

本案例要求用 Audition 2020 录制音频。

用 Audition 2020 录制音频 1

用 Audition 2020 录制音频 2

3.6.1 分析思路

本案例的编辑过程主要包括以下操作环节。

（1）准备好话筒。

（2）录音。

3.6.2 操作步骤

在 Audition 2020 中，既可以在单轨编辑界面中录制声音，也可以在多轨合成界面中录制声音。下面以录制来自话筒的声音为例，讲解如何在单轨编辑界面中录制声音。

（1）将话筒或音频线及外接设备与计算机声卡的 Microphone 接口相连接。

（2）启动 Audition 2020，选择“编辑”→“首选项”→“音频硬件”命令，在“首选项”对话框中选择“音频硬件”选项，设置录音选项，如图 3-10 所示。

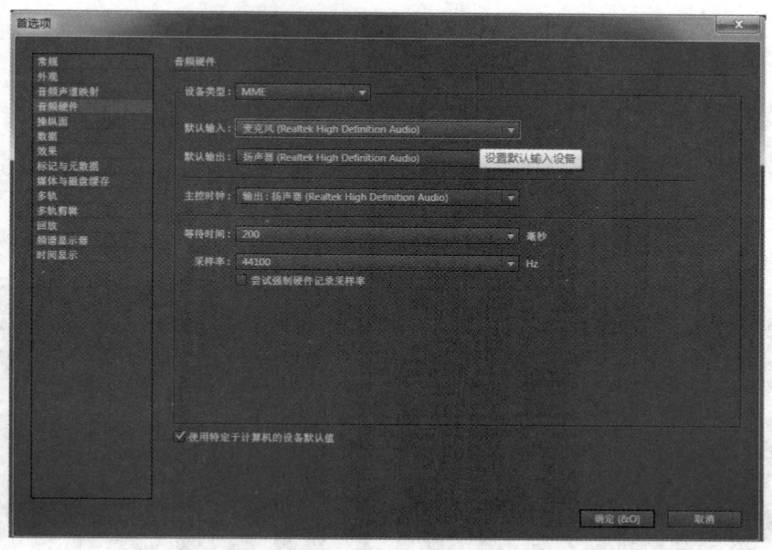

图 3-10 音频输入设置

（3）选择“文件”→“新建”→“音频文件”命令，弹出“新建音频文件”对话框，如图 3-11 所示，选择适当的采样率、声道和位深度。推荐设置为：44100Hz 的采样率、立体声和 16 位的位深度。

（4）单击红色的“录制”按钮就可以开始录音了，如图 3-12 所示。

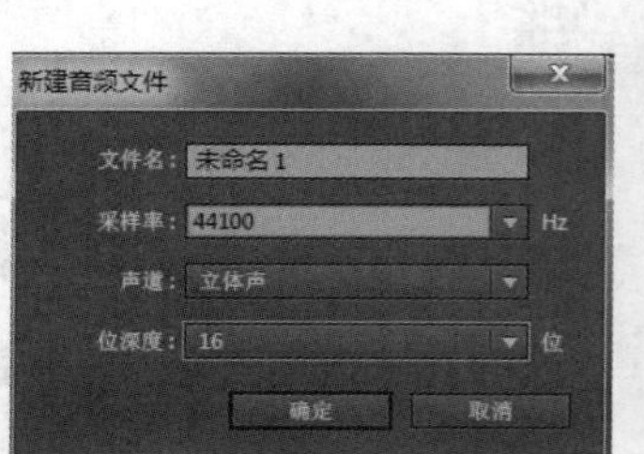

图 3-11 “新建音频文件”对话框

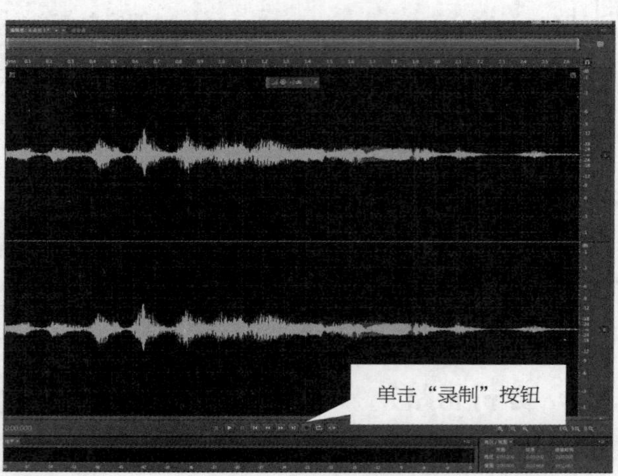

图 3-12 单击“录制”按钮录音

3.7 案例 2 用 Audition 2020 对录制的音频进行降噪处理

本案例要求用 Audition 2020 对录制的音频进行降噪处理。

3.7.1 分析思路

本案例的编辑过程主要包括以下操作环节。

（1）录制一段音频。

（2）进行降噪操作。

用 Audition 2020 对录制的音频进行降噪处理

3.7.2 操作步骤

（1）录制一段朗读的语音。一般情况下录制的声音中会或多或少地夹杂着一些噪声，如图 3-13 所示。

（2）放大波形，找到一段停顿的区域，创建选区，如图 3-14 所示。

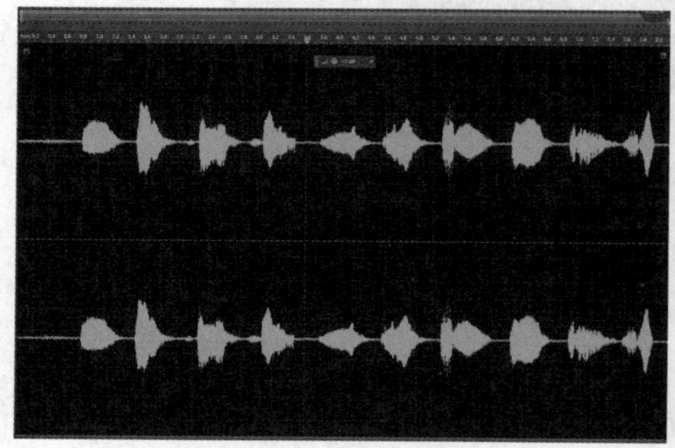

图 3-13 录制的波形

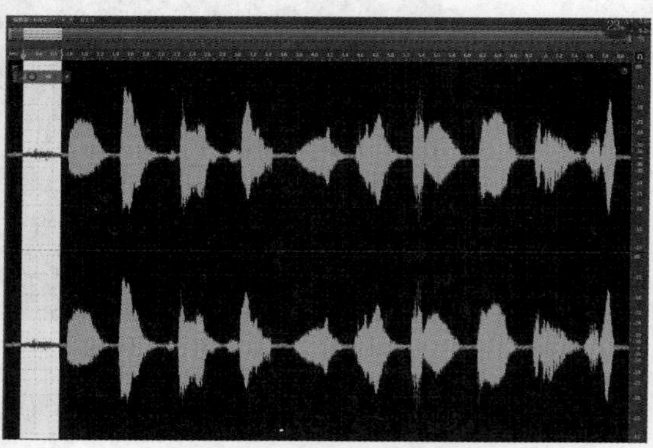

图 3-14 选择一段噪声波形

（3）单击“播放”按钮，试听声音内容，确定是否为一段噪声。如果是选区有误，那么就要重新创建选区，直到选区只包含噪声为止。

（4）选择“效果”→“降噪/恢复”→“捕捉噪声样本”命令，如图 3-15 所示。

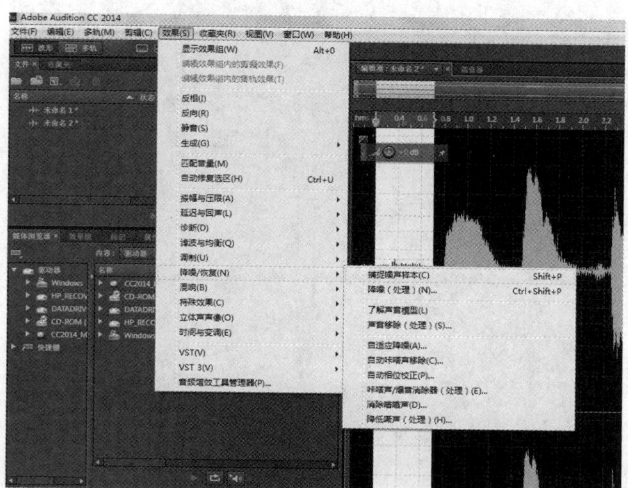

图 3-15　捕捉噪声样本

（5）选择全部波形，选择“效果”→“降噪/恢复”→“降噪（处理）”命令，如图 3-16 所示。

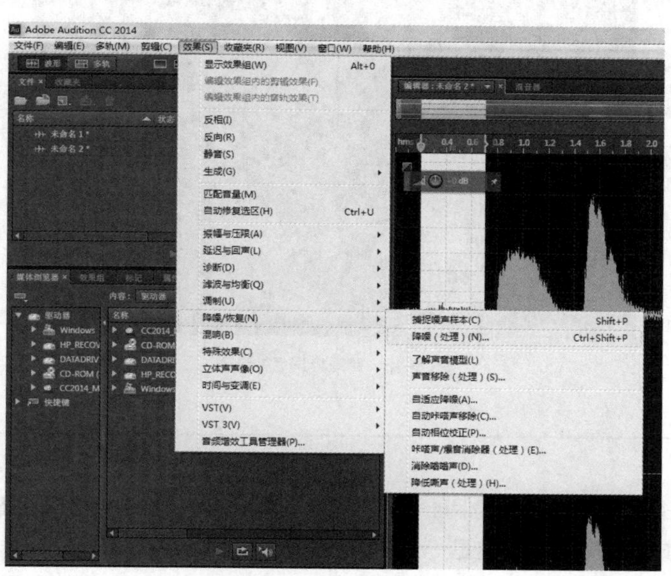

图 3-16　选择“降噪（处理）”命令

（6）弹出“效果-降噪”对话框，其中显示的是已经采集的噪声样本数据，单击“选择完整文件”按钮后，单击“应用”按钮，如图 3-17 所示。

（7）降噪处理后的波形中，有语音停顿的那些波形基本都变成了一条很细的直线，说明降噪成功，如图 3-18 所示。

（8）最后保存文件即可。

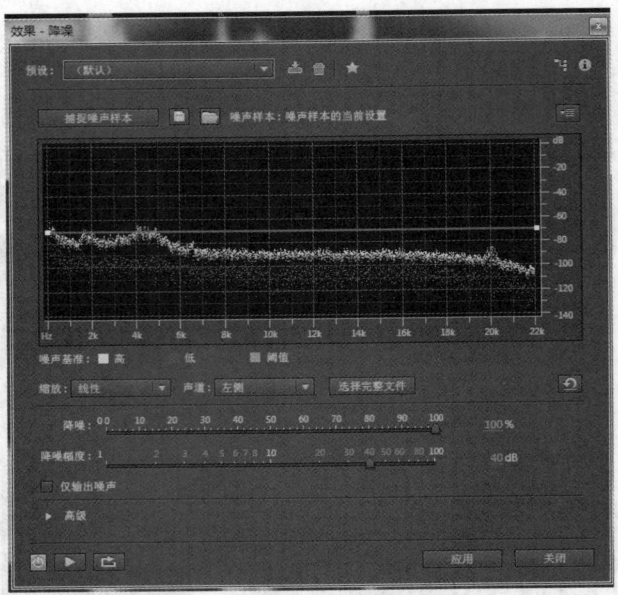

图 3-17 “效果-降噪”对话框

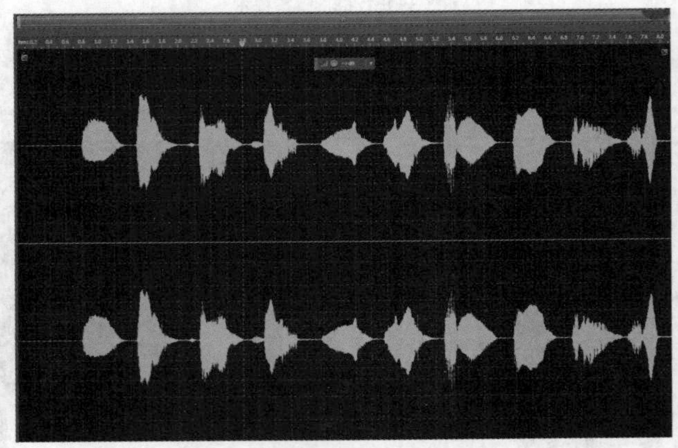

图 3-18 降噪处理后的波形

提示

获取环境噪声

在降噪过程中，为了保证采集到真实的噪声样本，录制人员可以在录音前保持静默，只录制一段环境噪声，这是一个良好的录音习惯。

3.8 案例3 用 Audition 2020 对音频进行多轨混音处理

在 Audition 2020 中，除了单轨编辑界面外，还有一个重要的界面——多轨编辑器界面，多轨合成界面能够支持多条轨道，能将各个轨道中的声音素材按照设置的参数合成并输出音频。本案例要求用 Audition 2020 录制配乐诗朗诵。

用 Audition 2020 对音频进行多轨混音处理

3.8.1 分析思路

本案例的编辑过程主要包括以下操作环节。

（1）准备好音乐伴奏和音效素材。

（2）录制人声。

（3）进行轨道混音操作。

3.8.2 操作步骤

（1）启动 Audition 2020，在单轨编辑界面里录制一段诗朗诵的音频文件（如梦令・春景），将其保存并命名为“诗朗诵”。

（2）选择“文件”→“新建”→“多轨会话”命令，进入多轨编辑器界面，如图 3-19 所示。

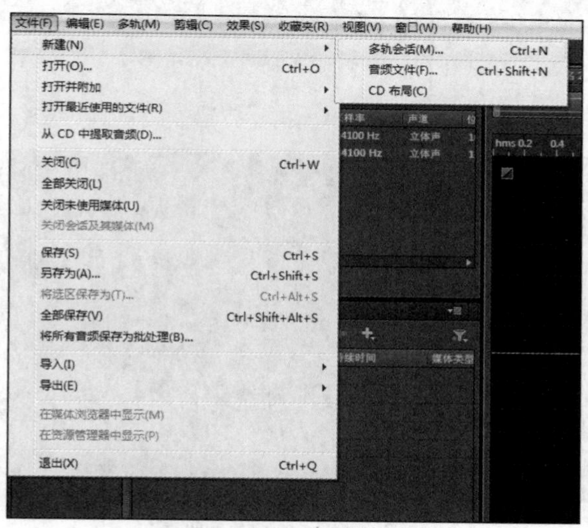

图 3-19 新建多轨混音项目

（3）在弹出的“新建多轨会话”对话框中，设置“会话名称”为“混音”、“采样率”为“44100Hz”、“位深度”为“16”位、立体声声道，单击“确定”按钮，如图 3-20 所示。

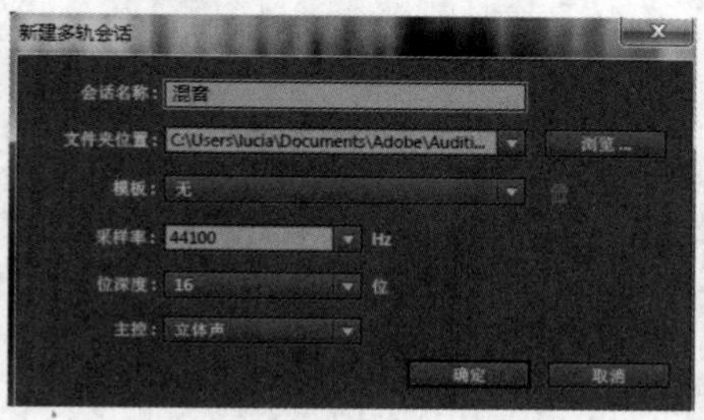

图 3-20 “新建多轨会话”对话框

（4）选择“文件”→“打开”命令，将录制好的“诗朗诵”和素材中的“轻音乐”“鸟叫声”文件导入，如图 3-21 所示。

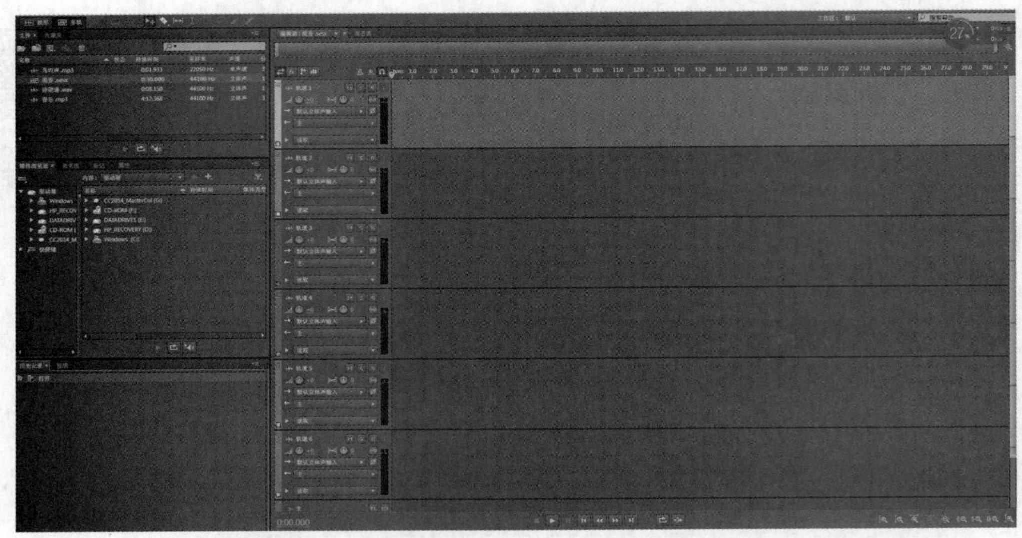

图 3-21　在多轨合成界面中导入音频素材

（5）将导入的 3 个素材分别拖动到“声轨 1”～“声轨 3”中，如图 3-22 所示。

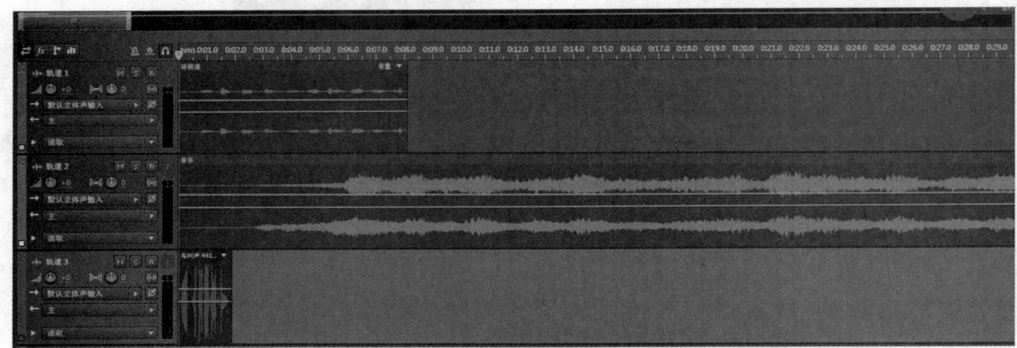

图 3-22　将导入的素材拖动到声轨

（6）调整各个音频块的位置，将“诗朗诵”向后移动一些，以留出前奏部分；将鸟叫声复制几次，在整个项目的适当位置粘贴，如图 3-23 所示。

图 3-23　复制并调整音频块

（7）轨道 2 上的音乐时长较长，可通过裁切将其调整到与诗朗诵的时间长短一致。选择工具栏中的切断所选剪辑工具，如图 3-24 所示，在轨道 2 音频上单击，将音轨 2 裁切成两段，删除后面的音频，使轨道 2 与轨道 1 上的音频时间长短一致，如图 3-25 所示。

图 3-24　切断所选剪辑工具

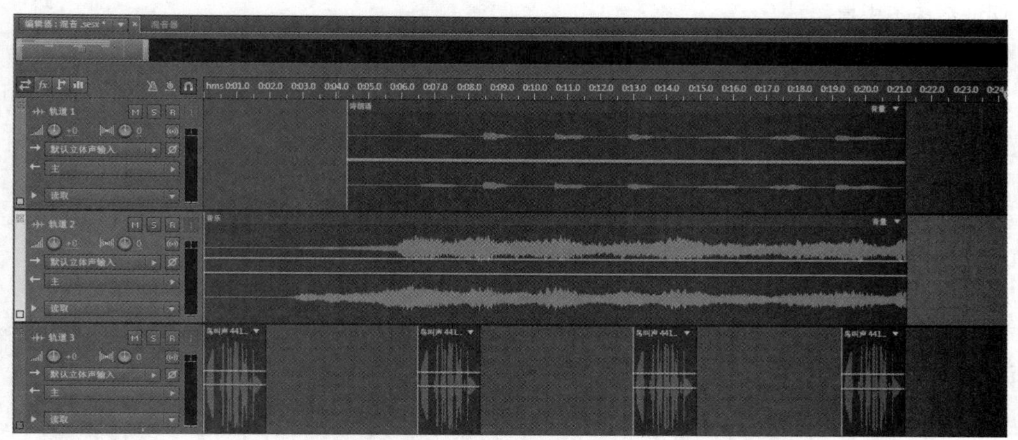

图 3-25　裁切删除波形

（8）此时，你可能会发现朗读音量偏低，配乐音量偏高，那么可以将轨道 2 的音量旋钮调整至-10，将轨道 2 上的配乐输出音量降低 10 分贝，如图 3-26 所示，将轨道 1 的旋钮调整至 + 10，将轨道 1 上的诗朗诵音频输出音量增加 10 分贝，如图 3-27 所示。

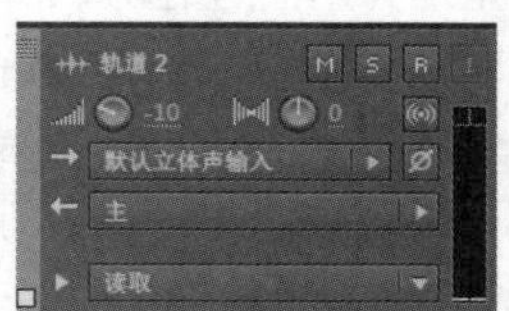

图 3-26　降低音量

图 3-27　提升音量

（9）完成了对人声、音乐和音效的处理后，将人声、音乐与音效合成并输出成一个文件。选择“文件”→“导出”→“多轨混音”→“整个会话”命令，在混音之前可以单击“播放”按钮来听一下效果。

阅 读 材 料

1. 声音的基本特点

声音媒体有其自己的特性，主要表现在以下 4 个方面。

（1）声音的连续时基性

声音是一种随时间变化的连续媒体，也称为连续时基性媒体。构成声音的数据前后之间具有强烈的相关性。另外，声音还具有实时性，这对处理声音的硬件和软件提出了比较高的要求。

（2）声音的频谱

声音的频谱用于表示声音各组成频率的声压级分布，用以频率（或频带）为横坐标，声压级为纵坐标的频谱图表示。具有单一频率的声音，称为纯音，其频谱图为一直线段；由频率离散的若干个分量复合而成的声音，称为复音，其频谱图为线状谱。了解声音的频谱很重要，在噪声控制中，只有了解了噪声的各组成频率成分及其强度，才能有效地降低噪声。在音质设计中，应避免声音频谱发生畸变，保证音色不失真。

（3）声音有方向感

声音是以声波的形式进行传播的，人能够辨别声音到达左右耳的时差和强度，可以判断声音的来源方向。由于空间作用，声音会出现特殊立体感和空间感效果。

（4）数字化声音

为了用计算机表示和处理声音，必须把声音进行数字化，即用数字表示声波。从人与计算机交互的角度看，音频信号的处理包括3点。

① 人与计算机通信，即计算机接收音频信号，包括音频获取、语音的识别和理解。

② 计算机与人通信，即计算机输出音频，包括音乐合成、语音合成、声音定位，以及音频视频的同步。

③ 人—计算机—人通信，即人通过网络与异地的人进行语音通信。

2. 声卡技术指标

声卡的物理性能参数很重要，它体现着声卡的总体音响特征，直接影响着最终的播放效果。购买声卡之前，要对声卡的基本技术指标和功能有所了解。

（1）信噪比

信噪比是声卡抑制噪音的能力，单位是分贝（dB），其是指有用信号的功率和噪音信号功率的比值。信噪比的值越高说明声卡的滤波性能越好，一般的PCI声卡的信噪比都在90dB以上，有的甚至可以达到120dB。更高的信噪比可以将噪音减少到最低限度，保证音色的纯正优美。

（2）频率响应

频率响应是对声卡D/A与A/D转换器频率响应能力的评价。人耳的听觉范围为20Hz～20kHz，声卡就应该对这个范围内的音频信号响应良好，最大限度地重现声音信号。

（3）总谐波失真

总谐波失真是声卡的保真度，也就是声卡的输入信号和输出信号的波形吻合程度，完全吻合就是不失真，即100%地重现了声音（理想状态）。但实际上输入的信号经过了D/A（数、模转换）和非线性放大器之后，就会出现不同程度的失真，这主要是因为产生了谐波。总谐波失真代表失真的程度，并且把噪音计算在内，单位也是分贝，数值越低就说明声卡的失真越小，性能也就越高。

（4）复音数量

复音数量代表了声卡能够同时发出多少种声音。复音数量越大，音色就越好，播放MIDI时可以听到的声部就越多、越细腻。目前声卡的硬件复音数量不超过128位，但其软件复音数量可以很大，有的甚至达到1024位，不过都是以牺牲部分系统性能和工作效率为代价的。

（5）采样位数

计算机中声音文件都是数字信息，也就是“0”与“1”的组合。声卡的位数指的是声卡在采集与播放声音文件所使用数字信号的二进制的位数，该值反映了数字声音信号对输入的模拟信号描述的准确程度。目前有8位、12位和16位3种，位数越多，采样就越精确，还原质量就越高。通常所讲的64位声卡、128位声卡并不是指其采样位数为64位或128位，而指的是复音数量。

（6）采样频率

采样频率是指计算机每秒采集声音样本的数量。标准的采样频率有3种：11.025kHz（语音）、22.05kHz（音乐）、44.1kHz（高保真）。有些高档次声卡能提供从5～48kHz的连续采样频率。采样频率越高，记录声音的波形就越准确，保真度就越高，但采样产生的数据量也越大，要求的存储空间也就越多。44.1kHz是理论上的CD音质界限，但48kHz则更准确一些。

（7）波表合成方式及波表库容量。

现在的PCI声卡大量采用更加先进的DLS波表合成方式，其波表库容量通常是2MB、4MB或8MB，而像SB Livel声卡甚至可以扩展到32MB。

（8）多声道输出。早期的声卡只有单声道输出，后来发展到左右声道分离的立体声输出。随着3D环绕声效技术的不断发展和成熟，又出现了多声道输出声卡，高档声卡如SB Live，低档声卡如SB PCI 64/128。典型的声卡提供两对音箱接口、四声道输出，有的高档声卡甚至可以提供5.1声道数码同轴/光纤输出功能。

3. 数码录音笔

数码录音笔是数字录音器的一种，携带方便，拥有多种功能，如MP3播放等。与传统录音机相比，数码录音笔是通过数字存储的方式来记录音频的。数码录音笔常见接口为USB接口。

（1）工作原理

数码录音笔通过对模拟信号的采样、编码，并使用数模转换器将模拟信号转换为数字信号，进行一定的压缩后将其存储。数字信号即使经过多次复制，声音信息也不会受到损失，保持原样不变。

（2）录音时间

因为是录音设备，录音时间的长短自然是数码录音笔最重要的技术指标。根据不同产品之间闪存容量、压缩算法的不同，录音时间的长短有很大的差异。目前数码录音笔的录音时间都在20～1152小时，可以满足大多数人的需要。不过需要注意的是，如果很长的录音时间是通过高压缩率实现的，那么这往往会影响录音的质量。

（3）音质效果

通常数码录音笔的音质效果要比传统的录音机要好一些。录音笔通常标有HP/SP/LP等录音模式，HP的音质是最好的；SP表示短时间模式，这种方式压缩率不高，音质比较好，但录音时间短；LP表示LongPlay，即长时间模式，压缩率高，音质会有一定的降低。不同产品之间肯定有一定的差异，所以在购买数码录音笔时最好现场录一段音，然后仔细听一下音质。

（4）显示类型

显示屏即数码录音笔显示信息的“设备”，通过它可以了解当前数码录音笔的工作状态等。目前大部分的数码录音笔均带有一个液晶显示屏，一般液晶显示屏的尺寸根据数码录音笔的大小有所不同。液晶显示屏越大，可以显示的信息也就越多，但其价格也越贵。一些液晶显示屏较大的数码录音笔在产品的外观上更加像传统的录音机。好的显示屏显示的字体也比较精致、好看，一些显示屏还带有背光，显得比较时尚。

（5）相关功能

声控录音和电话录音功能是比较重要的。声控录音功能可以在没有声音信号时停止录音，有声音信号时恢复工作，延长了录音时间，也更省电，相当有用。电话录音功能则为电话采访及记事提供了方便。除此之外还有分段录音以及录音标记功能，其对录音数据的管理效率比较高，这也是相当重要的。另外，MP3、复读、移动存储等附加功能也会带来很大的方便，可根据需要选择。

（6）存储方式

数码录音笔都采用模拟录音，用内置的闪存来存储录音信息。闪存的特点是断电后，保存在上面的信息不会丢失，理论上可以经受上百万次的反复擦写，因此反复使用的成本是零。闪存可以说是数码录音笔中最贵的部件，当然容量越大，价格就越贵，录音时间也就越长。从现在的情况来看，内置的 512MB 闪存可以存储大约 136 小时的录音信息，内置的 1GB 闪存可以存储大约 272 小时的录音信息。

本 章 习 题

一、简答题

1. 在 Audition 2020 中如何设置录音选项？
2. 声音的三要素是什么？
3. 声音具有哪些特点？
4. 常用的音频文件格式有哪些？
5. 混音处理时，如果声音过大或过小应如何处理？

二、实战题

下载一首自己喜爱的歌曲的伴奏，并自行录制一首自唱歌曲。

04

第 4 章 动画素材的采集与制作

学习导航

前面的章节对图形、图像和声音素材的采集与制作内容进行了介绍，大家应该了解了对图形、图像和声音素材的一般获取方法及制作流程，同时也了解了它们在表现多媒体内容方面存在的不同的优势。本章主要对动画的形成原理和常见的动画种类进行介绍，并利用 Animate 详细演示制作各类动画的方法。本章内容与多媒体制作技术其他内容的逻辑关系如图 4-1 所示。

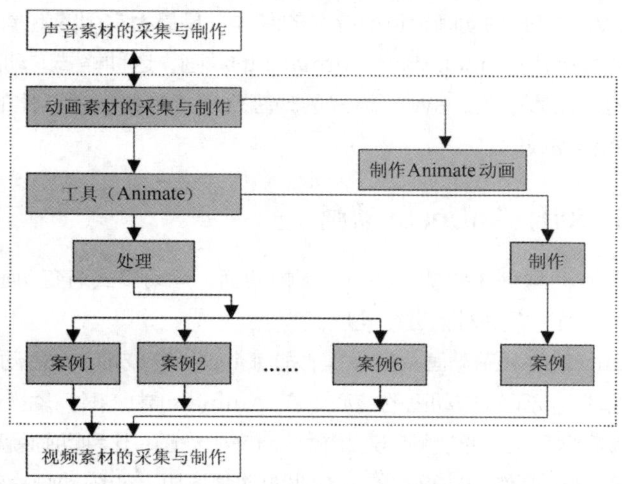

图 4-1　本章内容与多媒体制作技术其他内容的逻辑关系

4.1 动画素材的基础知识

4.1.1 动画的原理

动画利用了人类眼睛的“视觉暂留效应”，即人在看物体时，物体在大脑视觉神经中的停留时间约为 1/24s。如果每秒更替 24 个或更多的画面，那么前一个画面在人脑中消失之前，下一个画面就会进入人脑，从而形成连续的影像。它揭示了连续分解的动作在快速闪现时会给人一种动起来的感觉的原理。人们根据这个原理，发明了我们在日常生活中随处可见的电影和动画片。目前世界上的主流动画片分为 3 种类型：二维传统手绘动画、二维电脑动画和三维电脑动画。

随着动画的发展，除了动作的变化，还发展出颜色的变化、材料的变化、光线强弱的变化，这些因素都赋予了动画新的品质。

通常制作动画需要绘图软件与动画制作软件互相搭配，其中绘图软件负责图形的绘制或图片的扫描，而动画制作软件则负责整合这些图片的动作。

4.1.2 二维动画制作软件

根据具体制作格式的不同，有不同的对应的二维动画制作软件。

对于GIF格式的动画，目前有多种制作工具，如Photoshop、GIF Construction Set或Ulead GIF Animator 等。这些软件功能强大，操作简易，使用较为广泛。有些动画制作软件还可以连接到绘图软件，用于对图形进行编辑修改，使用它们来制作动画可以说是相当便利。此外这些动画制作软件不需要有任何图片的输入即可制作动画，如跑马灯的动画信息显示。另外只需要输入一张图片，有些软件即可自动将其分解成数张图片，制作出该图片特殊显示效果的动画。

对于 SWF 格式的动画，目前存在的制作工具最为常用的就是 Animate。利用 Animate 可以制作出扩展名为 swf（Shockwave Format）的动画，这种格式的动画图像能够用比较小的文件体积来表现丰富的多媒体形式。SWF 格式的动画是基于矢量技术制作的，目前有很多二维动画都是运用 Animate 制作完成的。

4.1.3 制作 Animate 动画

Animate 动画有 3 种基本类型：逐帧动画、运动模式渐变动画和形状渐变动画。在 Animate 软件中，制作动画主要是对帧进行处理。

Animate 就是利用动画片的原理，把每个画面分成帧，产生动画的最基本的元素就是这些帧，所以怎么生成帧就成了制作动画的核心。在 Animate 中，时间轴上的每个小格其实就是一个帧。如果把每个帧都填满画面，通过帧的连续播放而产生动画，这种动画就称为“逐帧动画”，如图 4-2 所示。“逐帧动画”可以制作一些真实的、专业的动画效果，传统动画片的制作就是采用的这种方式。另外一种动画称为“补间动画”，如图 4-3 所示。Animate 软件可以根据前一个关键帧和后一个关键帧的内容，自动生成其间的帧而不用人为添加。使用这种方法可以轻松地创建平滑过渡的动画效果，这一点正是 Animate 动画与传统动画的显著区别。

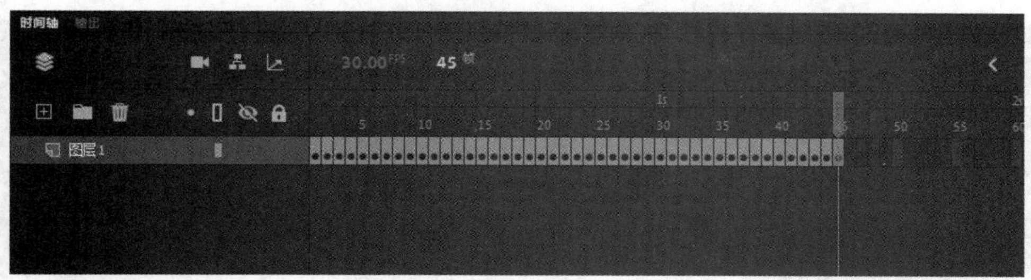

图 4-2 逐帧动画

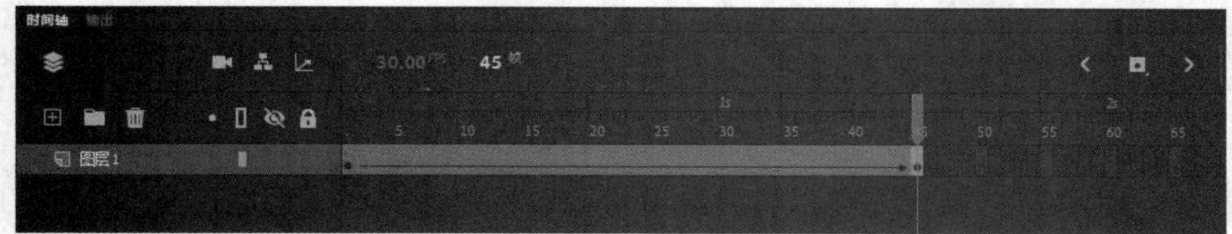

图 4-3 补间动画

“补间动画”这一名称源自这种动画的动作的特点以及动作创建的方式。术语补间（tween）是补足区间（in between）的简称。可以通过定义要为其制作动画的对象的起始位置和结束位置，然后让 Animate 计算该对象的所有补足区间位置来定义补间动画。使用这种方法，只需要设置要为其制作动画的对象的起始位置和结束位置，就可以创建平滑的动作动画。

在 Animate 中，运动补间动画、形状补间动画和逐帧动画是 3 种最基本的动画表达方式。在 Animate 动画中，无论画面多么复杂，都是由这 3 种基本方式组合而成的，它们是 Animate 动画的精髓。后面将通过案例，向大家详细讲述这几种动画表达方式的制作方法。

4.1.4 Animate 2020 界面简介

Animate 可以实现多种动画特效，它以便捷、完美、舒适的编辑环境，深受广大动画制作者的喜爱。

Animate 为创建数字动画、交互式 Web 站点、桌面应用程序及手机应用程序开发提供了功能全面的创作和编辑环境。Animate 广泛用于创建吸引人的应用程序，它们包含丰富的视频、声音、图形和动画。可以在 Animate 中创建原始内容或者从其他 Adobe 应用程序（如 Photoshop 或 Illustrator）导入素材，由此快速创建简单的动画。设计人员和开发人员可使用它来创建演示文稿、应用程序和其他允许用户交互的内容。Animate 可以包含简单的动画、视频内容、复杂演示文稿和应用程序，以及介于它们之间的任何内容。

Animate 2020 界面清新、简洁友好，用户能在较短的时间内掌握软件的使用。Animate 可以实现多种动画特效，它通过在短时间内连续播放一帧帧的静态图片来给人形成一种动态的视觉效果，能满足用户的制作需要。

Animate 2020 的工作界面如图 4-4 所示。

Animate 2020 的工作界面主要包括菜单栏、工具栏、时间轴、舞台、“属性”面板和浮动面板等。

Animate 是一个应用广泛的软件，在 Web 动画及其他各个方面的应用随处可见。Animate 应用的领域主要有娱乐短片、片头、广告、MTV、导航条、小游戏、产品展示、应用程序界面等。

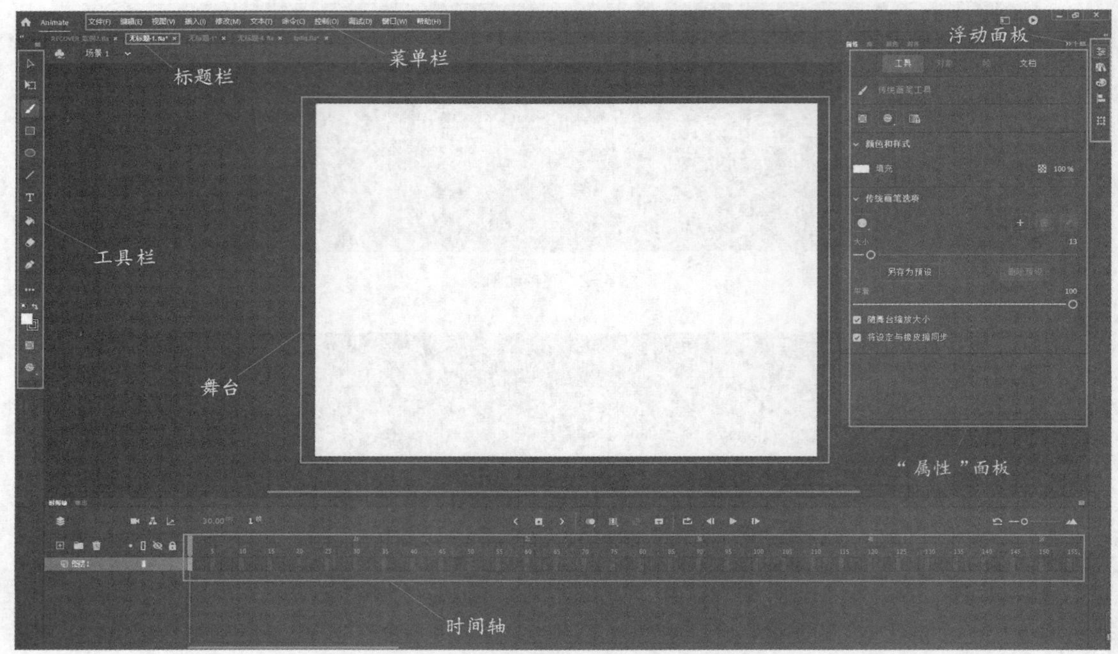

图 4-4 Animate 2020 的工作界面

4.2 案例 1 制作逐帧动画——汉字“大”的显示

本案例要制作逐帧显示“大”字的动画，效果如图 4-5 所示。

图 4-5 汉字“大”的显示作品预览效果

4.2.1 分析思路

逐帧动画是一种常见的动画手法，其原理就是在不同的关键帧上绘制或导入不同的图形或图像，并在这些关键帧中保持图形在大小、颜色、形状、位置等属性上的连贯变化，通过一定的速度连续播放这些关键帧内容就可形成不停变化的动画。

逐帧动画是最基本、最常见的动画方式，但由于逐帧动画的帧序列内容不一样，因此不但增加制作负担，而且最终输出的文件也很大。不过逐帧动作的描述方法对于表现很细腻的动画具有一定的优势。

在 Animate 中创建逐帧动画通常有以下几种方法。

（1）用导入的静态图片建立逐帧动画。

（2）绘制矢量逐帧动画。

（3）文字逐帧动画。用文字作为帧中的元件，实现文字跳跃、旋转等特效。

（4）导入序列图像。例如，可以导入 GIF 序列图像、SWF 动画文件，或利用第三方软件（如 Swish、Swift 3D）产生动画序列。

本案例的编辑过程主要包括以下操作环节。

（1）创建动画文件。

（2）准备所需素材（本案例所需素材：素材\第 4 章\案例 1）。

（3）创建文本，并分离文本。

（4）各关键帧内容制作。

（5）保存并发布动画。

1. 文本工具的使用及文字属性的设置

文本工具 T 主要用于动画中文字的输入和文本样式的设置。本案例主要用文本工具创建与修改文字。技术要点是无论是创建还是修改文本，都必须先选取文本工具，再进行必要的操作。

2. 文字的分离命令

文字分离命令用来将一组文字分离为单独的文字或将一个文字分离成散件，技术要点是选择文字后，选择“修改”→“分离”命令，或按“Ctrl+B”组合键。一次分离可以将一组文字分离成单个文字，两次分离可以将文字分离成散件，也就是说该文字将失去作为文本的性质，变成一个图形。

3. 关键帧的创建及各关键帧内容的修改

按照动画呈现内容的方式，分别修改相应关键帧的内容，主要通过橡皮擦工具来完成。

4.2.2 操作步骤

（1）启动 Animate 2020，选择“文件”→“新建”命令，在弹出的“新建文档”对话框中选择“AIR for Desktop”选项，进入新建文档舞台界面。文本属性使用默认设置。

Animate文件脚本语言

在 Animate 2020 中可以使用新的命令及语法结构，快速完成各种互动功能的创建与编辑。

（2）导入动画背景：选择“文件”→“导入”→“导入到舞台”命令，在弹出的“导入”对话框中选择“素材\第 4 章\案例 1”文件夹中的“背景.jpg”，单击“打开”按钮，完成导入。将背景图片与舞台对齐，如图 4-6 所示。

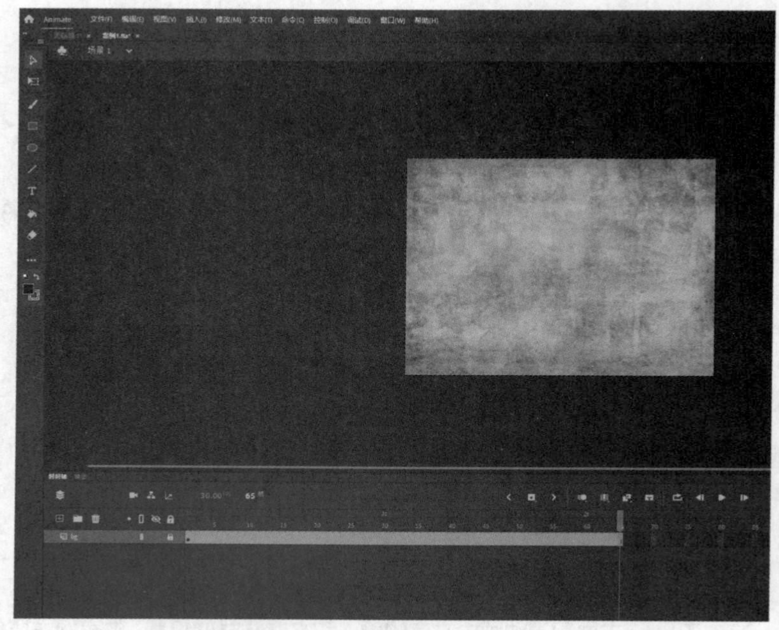

图 4-6　背景设置

（3）在时间轴上第 65 帧的位置右击，在弹出的快捷菜单中选择“插入帧”命令。

（4）单击“锁定”按钮，将“bg”图层锁定，避免后期误修改，如图 4-7 所示。

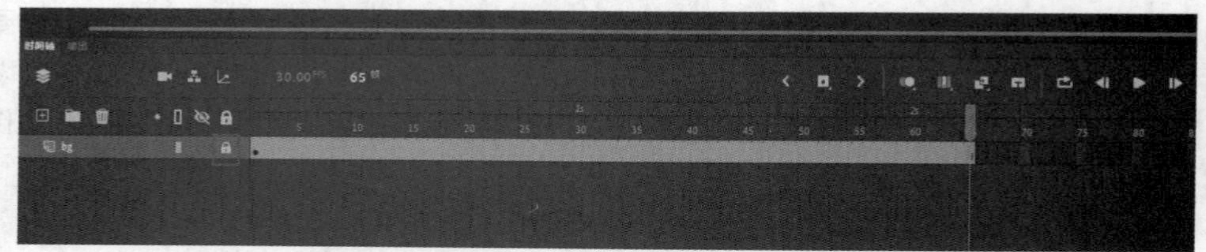

图 4-7　锁定“bg”图层

（5）单击时间轴上的“新建图层”按钮，新建“图层 2”，如图 4-8 所示。

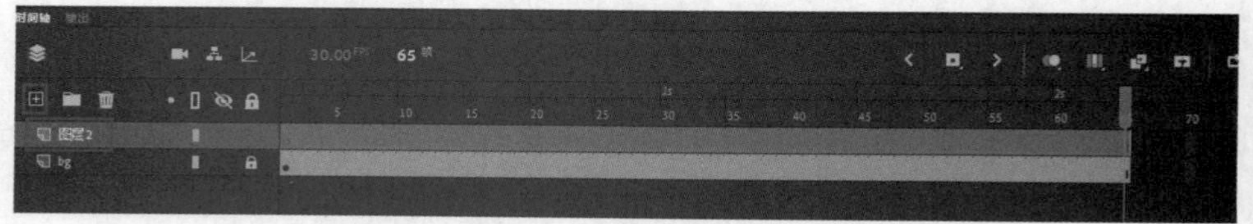

图 4-8　新建“图层 2”

（6）选择“图层 2”的第 1 帧，选择文本工具 T ，在舞台中心单击，输入文本“大”，如图 4-9 所示。

图 4-9　输入文本“大”

（7）打开“属性”面板将字体设置为“华文楷体”，字号“大小”设置为“300pt”，颜色设置为“黑色（#000000）”，其他选项使用默认设置，参数设置如图 4-10 所示。

（8）在场景中选择文本“大”，选择“修改”→“分离”命令，或者按“Ctrl+B”组合键将“大”字分离，如图 4-11 所示。

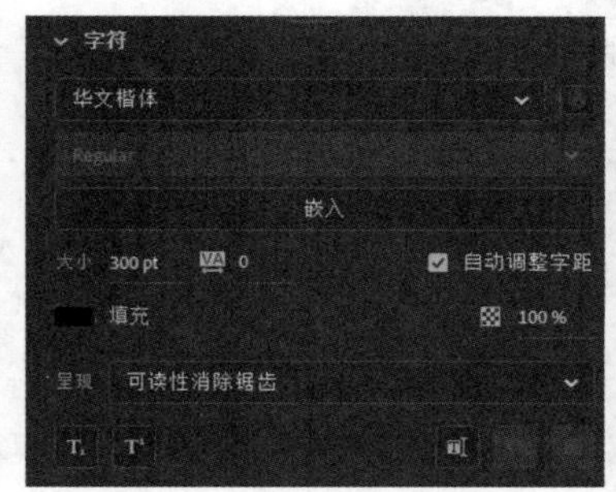

图 4-10　字体参数设置

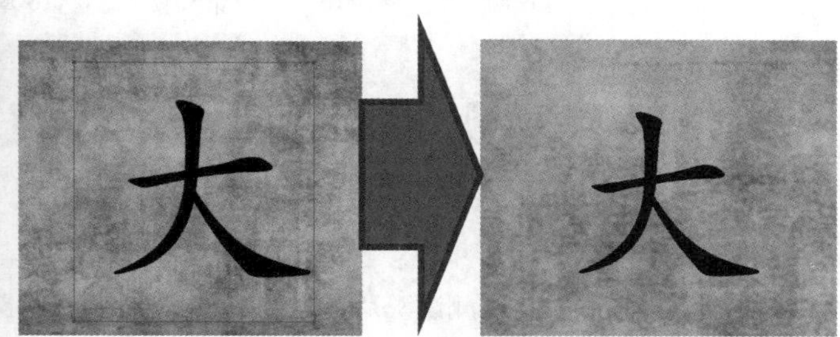

图 4-11　分离“大”字

（9）在时间轴中选择“图层 2”的第 2 帧，选择“插入”→“时间轴”→“关键帧”命令或按“F6”键创建和第 1 帧一样内容的关键帧，直到第 65 帧，如图 4-12 所示。

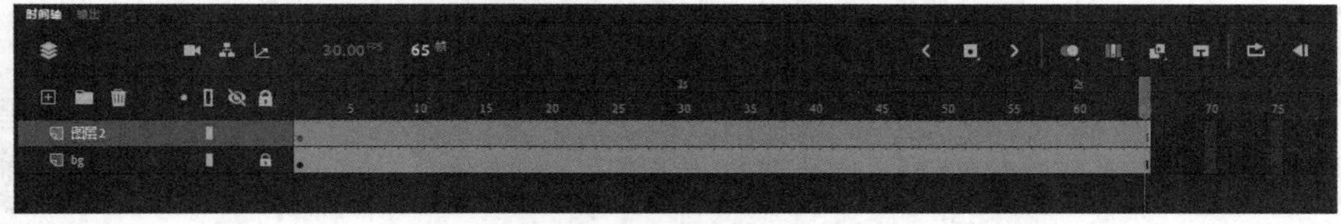

图 4-12　创建关键帧

（10）现在“图层 2”的每一帧都是相同的“大”字，接下来选择“图层 2”的第 64 帧，然后选择工具栏中的橡皮擦工具，擦除“大”字的最后一笔捺的一小部分。

（11）选择“图层2”的第63帧，再擦除比第64帧中擦除的更多一点部分。注意在删除文本时，不要改变文本的原始位置。

> **提示**
>
> Animate动画中帧的相关概念
>
> • 帧：指影像动画中最小单位的单幅影像画面，相当于电影胶片上的每一格镜头。一帧就是一幅静止的画面，连续的帧就形成了动画。
>
> • 关键帧：在 Animate 中，表示关键状态的帧叫作关键帧。关键帧是指时间轴中用以放置元件实体的帧，其中，实心圆表示已经有内容的关键帧，空心圆表示没有内容的关键帧，也叫作空白关键帧。关键帧中可以包含形状、剪辑、组等多种类型的元素或诸多元素。
>
> • 过渡帧：在两个关键帧之间，电脑自动完成过渡画面的帧叫作过渡帧。
>
> 关键帧和过渡帧的联系和区别：两个关键帧的中间可以没有过渡帧（如逐帧动画），但过渡帧前后肯定有关键帧，因为过渡帧附属于关键帧；关键帧可以修改该帧的内容，但过渡帧无法修改该帧内容。

（12）重复擦除操作，直到“图层2”的第1帧为空，如图4-13所示。

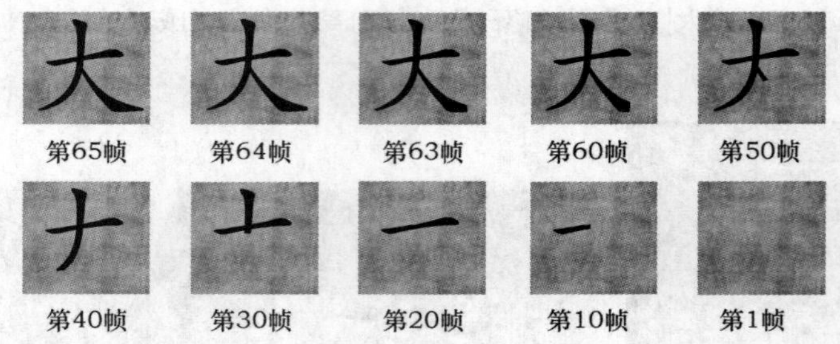

图4-13 制作逐帧动画

（13）选择“控制”→“测试影片”命令或按“Ctrl+Enter”组合键进行影片测试。如果效果不满意，可以再进行细微调整。

（14）选择“文件”→“保存”命令，将动画保存为“逐帧动画.fla”。

（15）选择“文件”→“发布”命令，进行发布。

4.3 案例2 制作变形动画——吐泡泡的鱼

本案例要求制作“吐泡泡的鱼”变形动画，效果如图4-14所示。

4.3.1 分析思路

变形动画也叫作“形状补间动画”，它是针对所选两个关键帧中的图形在形状、大小、色彩等方面发生变化而产生的动画效果。在形状补间动画中，两个关键帧的图形内容必须是处于分离状态下的矢量图形，它们可以是不同的图形。

图 4-14 “吐泡泡的鱼” 作品预览效果

形状补间动画可以实现两个图形之间颜色、形状、大小、位置的相互变化，其变形的灵活性介于逐帧动画和动作补间动画之间，使用的元素多为用鼠标或压感笔绘制出的形状，如果使用图形元件、按钮、文字，则必须先将其“分离”成散件再变形。将一个对象快速分离的方法是选择该对象，然后按“Ctrl+B”组合键，直到将其完全分离。

本案例的编辑过程主要包括以下操作环节。

（1）创建动画文件。

（2）准备所需素材（本案例所需素材：素材\第 4 章\案例 2）。

（3）绘制泡泡。

（4）制作泡泡的变形动画。

（5）复制出多个泡泡。

（6）保存动画。

4.3.2 操作步骤

（1）启动 Animate 2020，选择“文件”→“新建”命令，在弹出的“新建文档”对话框中选择“AIR for Desktop”选项，进入新建文档舞台界面。文本属性使用默认设置。

（2）导入动画背景：选择“文件”→“导入”→“导入到舞台”命令，在弹出的“导入”对话框中选择“素材\第 4 章\案例 2”文件夹中的“背景.jpg”，单击“打开”按钮，完成导入。将背景图片与舞台对齐。

（3）双击时间轴中的“图层 1”，将图层名称修改为“bg”，并在时间轴上第 90 帧的位置右击，在弹出的快捷菜单中选择“插入帧”命令。

（4）单击“锁定”按钮，将“bg”图层锁定，避免后期误修改。

（5）单击时间轴上的“新建图层”按钮，新建“图层 2”。双击“图层 2”，将图层重命名为“pp1”。

（6）在时间轴的“图层 1”中选择第 1 帧，然后选择椭圆工具，在“颜色”面板中设置笔触颜色为“淡绿色（#B4FFFF）”，填充颜色为“白色（#FFFFFF）”，“Alpha”为“60%”，在“属性”面板中将“笔触大小”设为“0.2”，其他选项使用默认设置，参数设置如图 4-15 所示。

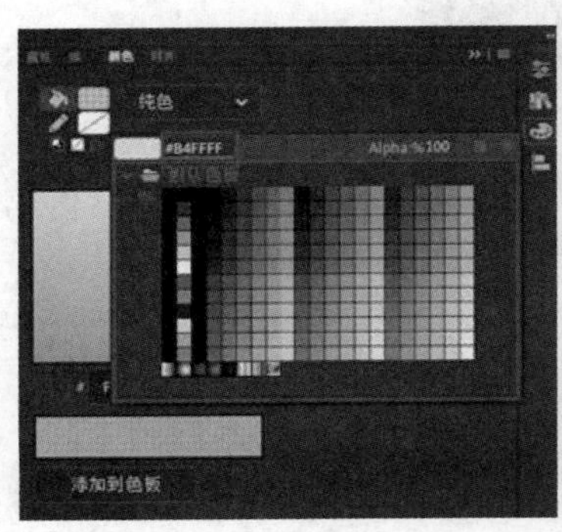

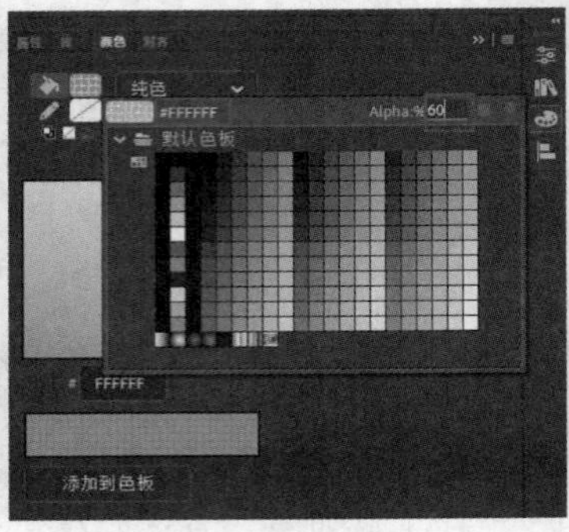

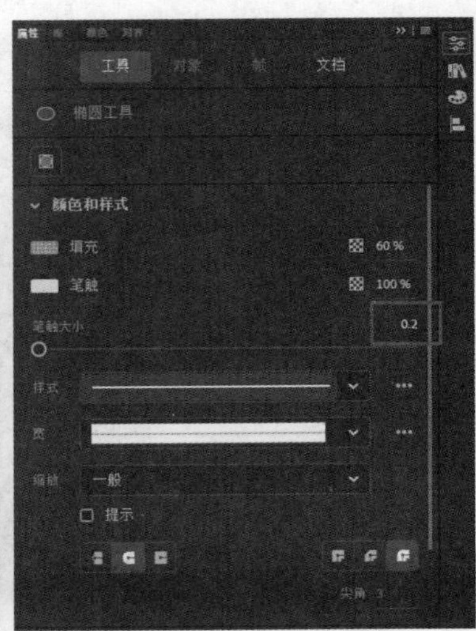

图 4-15　参数设置

（7）在时间轴的“pp1”图层中选择第 1 帧，在舞台合适的位置绘制一个椭圆的泡泡，此处的泡泡要画得略微小点。绘制过程中，可以结合选择工具对泡泡形状进行适当的调整，如图 4-16 所示。

（8）在时间轴的“pp1”图层的第 50 帧上右击，在弹出的快捷菜单中选择“插入关键帧”命令。用任意变形工具将泡泡变大，并将泡泡向上方移动一定距离，如图 4-17 所示。

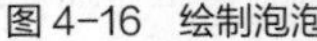
图 4-16　绘制泡泡

图 4-17　移动泡泡

（9）选择泡泡，在“颜色”面板中进行设置，将笔触和填充色的“Alpha”都设置为“0%”，如图 4-18 所示。

（10）在“pp1”图层的第 1 到 50 帧中任意位置右击，在弹出的快捷菜单中选择“创建补间形状”命令，效果如图 4-19 所示。

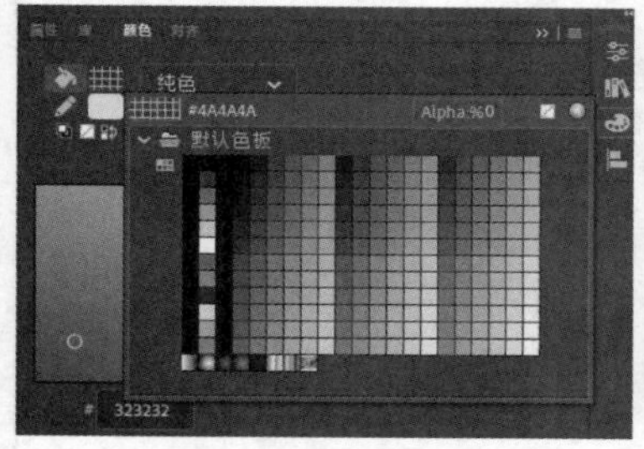

图 4-18 设置“Alpha”值

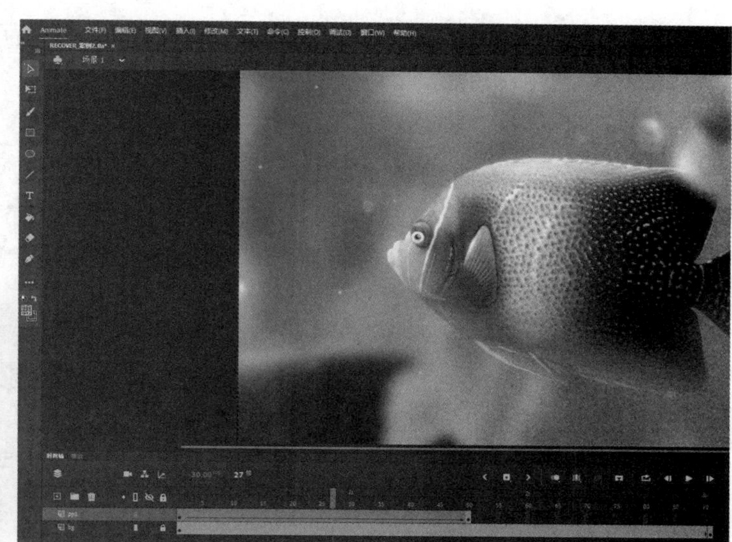

图 4-19 创建补间形状动画

（11）到这里，我们就完成了一个泡泡从鱼嘴巴吐出后上升变大，再逐渐消失的动画。为了让动画效果更真实，可以通过复制让鱼陆续吐出多个泡泡。具体做法是在“pp1”图层上右击，在弹出的快捷菜单中选择“复制图层”命令，时间轴中就会增加一个名为“pp1 复制”的图层，如图 4-20 所示。

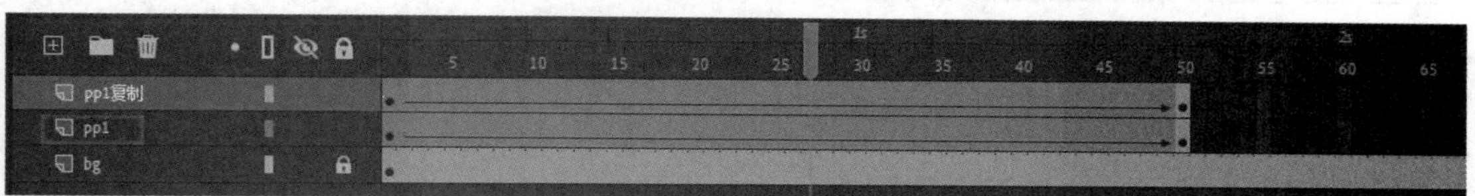

图 4-20 复制图层

（12）选择“pp1 复制”图层中的动画，按住鼠标左键将动画整体向右移动 20 帧，如图 4-21 所示。

图 4-21 移动动画

（13）重复步骤（11）和（12），再复制出一个图层并移动该图层中的动画，如图 4-22 所示。

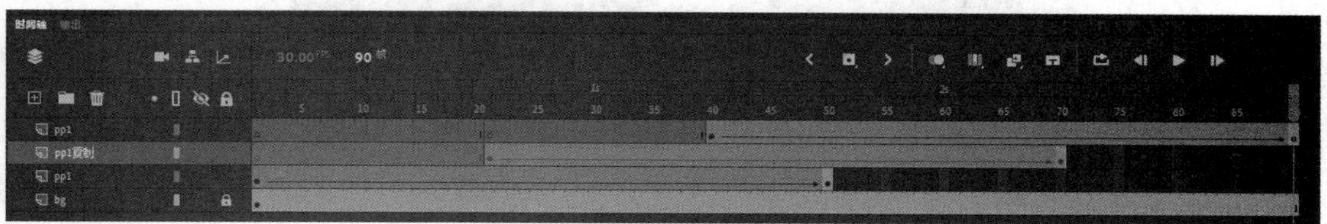

图 4-22 复制出第 3 个泡泡

（14）选择“文件”→“保存”命令，将动画保存为“鱼吐泡泡.fla”，选择“控制”→“测试影片”命令或按“Ctrl+Enter”组合键进行影片测试。

知识点

1. 绘图工具的使用

绘图工具可以创建矩形、椭圆、多角星形图形，通过设置绘图工具的相应属性可达到所要求图形的样式。本案例的技术要点是使用椭圆工具绘制椭圆，并利用选择工具调整形状。

2. 关键帧的创建

插入关键帧包括关键帧和空白关键帧。选择“插入”→“时间轴”→“关键帧”命令或按“F6”键，将会在该帧插入与它最近的关键帧相同的帧内容，即在该帧中复制了该层中与它最近的关键帧中的所有内容。

选择“插入”→“时间轴”→“空白关键帧”命令或按“F7”键，将会在该帧插入无任何信息内容的关键帧。

3. 形状补间动画

补间动画包括“形状补间”和“动画补间”，形状补间可以实现绘制图形的颜色、形状、大小和位置变化的动画效果；动画补间可以实现图形元件和影片剪辑元件的缩放、运动、旋转、颜色及不透明度变化的动画效果。本案例为形状补间动画，设置要点是选择运动层中两个关键帧区域内（除最后一个关键帧）的任何一帧来设置形状补间。

4.4 案例3 制作运动动画——旋转的风车

本案例要求制作“旋转的风车”运动动画，效果如图4-23所示。

图4-23 “旋转的风车”作品预览效果

4.4.1 分析思路

运动动画也叫作“运动补间动画”。运动补间动画常用来创建图形元件或影片剪辑元件的缩放、运动、旋转、颜色及不透明度改变的动画。在运动补间动画中，在一个特定时间定义一个案例、组或文本块的位置、大小和旋转属性，然后在另一个特定时间更改这些属性。另外，在运动补间动画中，还可以沿着路径应用补间动画。补间动画是创建随时间移动或更改的动画的一种有效方法，并且可以最大限度地减少所生成的文件的大小。在补间动画中，仅保存帧之间更改的值。

本案例的编辑过程主要包括以下操作环节。

（1）创建动画文件。

（2）准备所需素材（本案例所需素材：素材\第 4 章\案例 3）。

（3）制作旋转的风车叶片。

（4）保存动画。

4.4.2 操作步骤

（1）启动 Animate 2020，选择“文件”→“新建”命令，在弹出的“新建文档”对话框中选择“AIR for Desktop”选项，进入新建文档舞台界面。文本属性使用默认设置。

（2）导入动画背景：选择“文件”→“导入”→“导入到舞台”命令，在弹出的“导入”对话框中选择“素材\第 4 章\案例 3”文件夹中的“背景.jpg”，单击“打开”按钮，完成导入。将背景图片与舞台对齐。

（3）双击时间轴中的“图层 1”，将图层名称修改为“bg”，并在时间轴上第 60 帧的位置右击，在弹出的快捷菜单中选择“插入帧”命令。

（4）单击“锁定”按钮，将“bg”图层锁定，避免后期误修改。

（5）导入风车杆子和风车叶：选择“文件”→“导入”→“导入到库”命令，在弹出的“导入”对话框中选择“素材\第 4 章\案例 3”文件夹中的“风车杆子.gif”和“风车叶.gif”，单击“打开”按钮，完成导入。导入后，库中内容如图 4-24 所示。

（6）单击时间轴上的“新建图层”按钮，新建“图层 2”。双击“图层 2”，将图层重命名为“风车杆子”。

（7）在“时间轴”面板的“风车杆子”中选择第 1 帧，选择“库”中的“风车杆子.gif”，将它拖动到舞台合适的位置，选择工具栏中的任意变形工具，如图 4-25 所示，将风车杆缩小到合适大小。

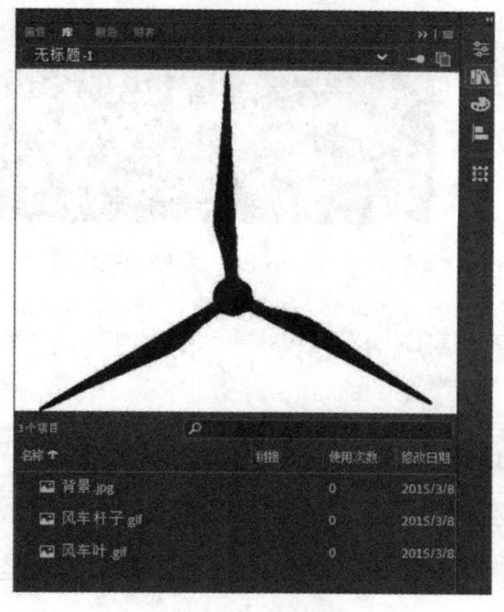

图 4-24　导入素材

图 4-25　任意变形工具

（8）单击“锁定”按钮，将“风车杆子”图层锁定，避免后期误修改。

（9）选择“插入”→“新建元件”命令或按“Ctrl+F8”组合键，创建新元件，选择图形元件，输入元件名称“fcy”，单击“确定”按钮，如图 4-26 所示。

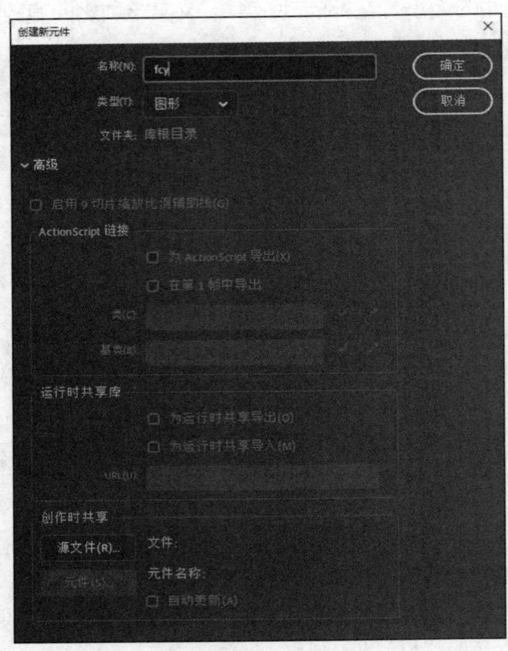

图 4-26　创建新元件

（10）将“库”面板中的“风车叶.gif”拖入元件舞台，选择任意变形工具，选择风车叶，将它的旋转中心移动到图 4-27 中的“+”上，并移动空心小圆，使它和“+”重合。

（11）单击“场景 1”切换回主场景，继续编辑，如图 4-28 所示。

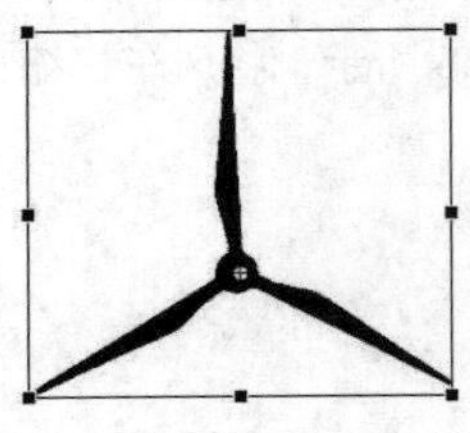

图 4-27　移动风车叶

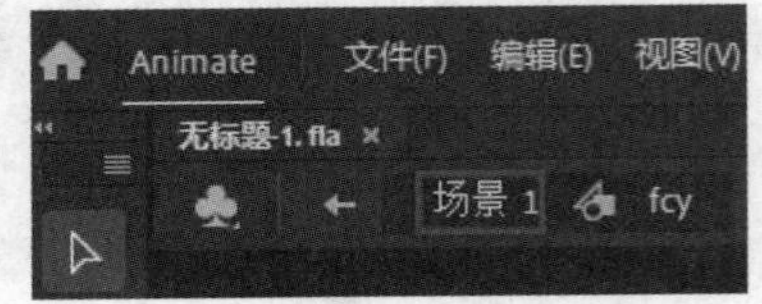

图 4-28　切换回主场景

（12）单击时间轴上的“新建图层”按钮，新建“图层 3”。双击“图层 3”，将图层重命名为“风车叶”。

（13）在时间轴上的“风车叶”中选择第 1 帧，选择“库”中的图形元件“fcy”，将它拖动到风车杆子上方合适的位置，选择工具栏中的任意变形工具，风车叶缩小到合适大小。

（14）调整旋转中心位置：选择任意变形工具，单击风车叶，将空心小圆（就是旋转中心）移动到风车叶所需要的旋转中心，如图 4-29 所示。

图 4-29　移动旋转中心

（15）创建运动动画。在时间轴的“风车叶”中选择第 60 帧，对其右击，在弹出的快捷菜单中选择“插入关键帧”命令。在第 1～60 帧中，在任意位置右击，在弹出的快捷菜单中选择“创建传统补间”命令。不一样的补间背景色代表不同的动画类型，紫色为运动动画的补间背景色，如图 4-30 所示。绿色为变形动画的补间背景色。

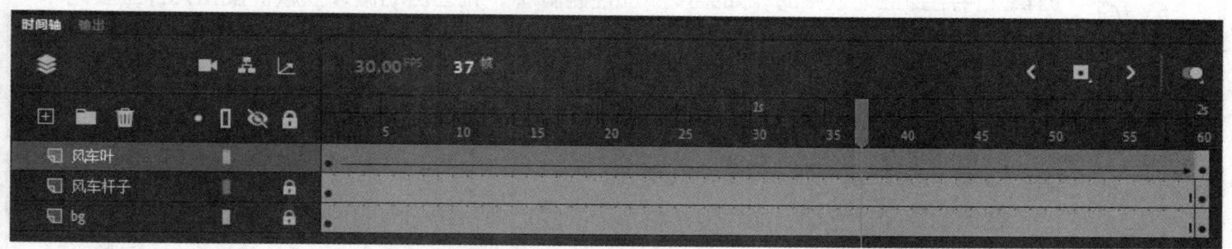

图 4-30　运动动画的补间背景色

（16）选择“风车叶”图层补间的任意一帧，打开“属性”面板，设置补间属性，将“旋转”选项设置为“顺时针”，如图 4-31 所示。“旋转”选项后面的数字表示旋转次数，数字设置得越大，旋转速度越快。

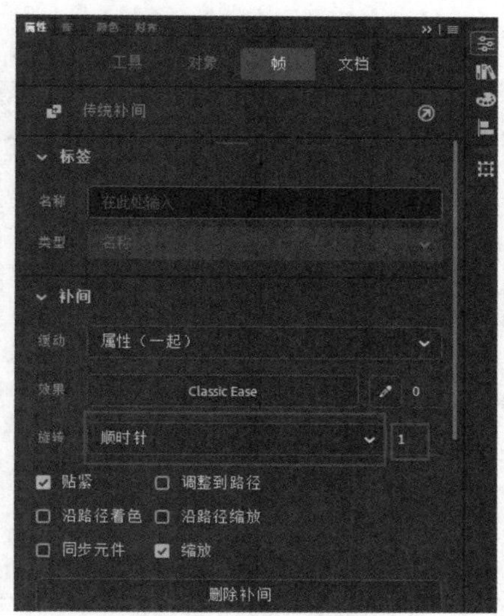

图 4-31 “旋转”选项

（17）选择“文件”→“保存”命令，将动画保存为“旋转的风车.fla”，选择“控制”→“测试影片”命令或按“Ctrl+Enter”组合键进行影片测试。

知识点

1. 外部素材导入

Animate 动画制作中，除了利用本软件绘制所需素材外，我们还可以利用第三方软件来绘制我们所需的素材，例如利用图像处理软件 Photoshop 来处理动画中需要的场景及运动元素，使 Animate 软件也能制作出专业图像软件的表现效果。

素材导入的技术要点是通过选择“文件”→“导入”→“导入到舞台”命令或选择“文件”→“导入”→“导入到库”命令来实现。

2. 元件

Animate 包括 3 种元件：图形元件、影片剪辑元件和按钮元件。一个元件可以在动画中重复使用多次，而且对元件进行修改时，所有引用它的地方也会被修改。图形元件主要用来表示静止不动的元件，如图像、图形。影片剪辑元件主要用来表示动画，当把影片剪辑元件用到主场景中时，如果没添加控制脚本，就会自动循环播放。按钮元件主要用来制作按钮。

3. 运动补间动画

本案例为运动补间动画，设置要点是选择运动层中两个关键帧区域内（不包括最后一个关键帧）的任何一帧来设置补间动画。

在运动补间动画中，如果没有将导入的图形素材转化为图形元件或影片剪辑元件，而是直接拖入场景中来完成动画，则软件会自动将关键帧中的图形素材转化为图形元件。

4.5 案例 4 制作引导线动画——花瓣雨

本案例要求制作“花瓣雨”引导线动画，效果如图 4-32 所示。

图 4-32 “花瓣雨”作品预览效果

4.5.1 分析思路

引导线动画就是让舞台内的元件随着自定义的路径移动或运动的动画。在动画制作中，首先设置好舞台内的元件的运动动画，然后通过建立引导层，并在引导层中绘制元件运动的路径，将首尾帧中的元件分别定位于引导路径的开始端与结束端，来实现引导线动画的设置动作。在动画文件播放时，引导层中的路径线条将不会显示，所以它不会影响最终的动画效果。值得注意的是一条引导路径可以同时作用于多个对象，一个影片中也可以存在多个引导图层。

本案例的编辑过程主要包括以下操作环节。

（1）创建动画文件。

（2）导入外部图片素材（本案例所需素材：素材\第 4 章\案例 4）。

（3）创建图形元件。

（4）创建影片剪辑元件。

（5）创建引导层，绘制引导路径。

（6）定位图形元件运动路径的开始端与结束端。

（7）引入影片剪辑元件。

（8）保存动画。

4.5.2 操作步骤

（1）启动 Animate 2020，选择“文件”→“新建”命令，在弹出的“新建文档”对话框中选择“AIR for Desktop”选项，进入新建文档舞台界面。设置“尺寸”为“500 像素×375 像素”，“帧频”为“36”帧，其他选项使用默认设置，参数设置如图 4-33 所示。

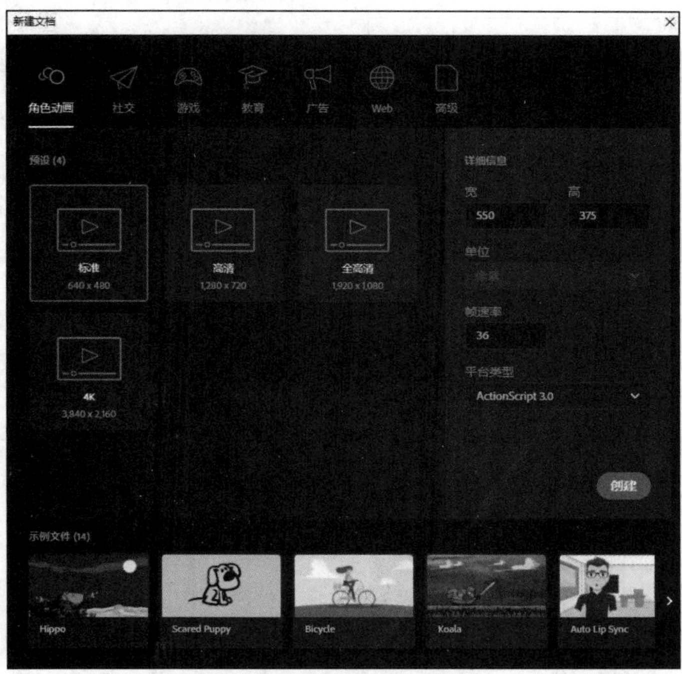

图 4-33 新建文档属性设置

（2）导入动画背景：选择“文件”→“导入”→“导入到舞台”命令，在弹出的“导入”对话框中选择“素材\第 4 章\案例 4”文件夹中的“背景.jpg”，单击“打开”按钮，完成导入。将背景图片与舞台对齐。

（3）双击时间轴中的“图层 1”，将图层名称修改为“bg”，并在时间轴第 200 帧的位置上右击，在弹出的快捷菜单中选择“插入帧”命令。

（4）单击“锁定”按钮，将“bg”图层锁定，避免后期误修改。

（5）导入花瓣：选择“文件”→“导入”→“导入到库”命令，在弹出的“导入”对话框中选择“素材\第 4 章\案例 4”文件夹中的“huaban1.png”和“huaban2.png”，单击“打开”按钮，完成导入。

（6）选择“插入”→“新建元件”命令，弹出“创建新元件”对话框，在“名称”文本框中输入“f1”，“类型”选择“图形”，如图 4-34 所示。

（7）将库里面的“flower1”拖入舞台。

（8）单击菜单栏下的“场景 1”，回到主场景。

（9）再创建一个图形元件，“名称”为“f2”，将“flower2”拖入舞台，完成第二朵花瓣的图形元件创建。

（10）创建第一个花瓣飘落的影片剪辑元件。新建一个影片剪辑元件，名称为“hb1”。

（11）将影片剪辑元件“hb1”的图层重命名为“f1”，将库中的图形元件“f1”拖入舞台中，在第 232 帧插入关键帧。

（12）在“f1”图层上右击，在弹出的快捷菜单中选择“添加传统运动引导层”命令，选择“引导层”的第 1 帧，用铅笔工具画出图 4-35 所示的曲线。

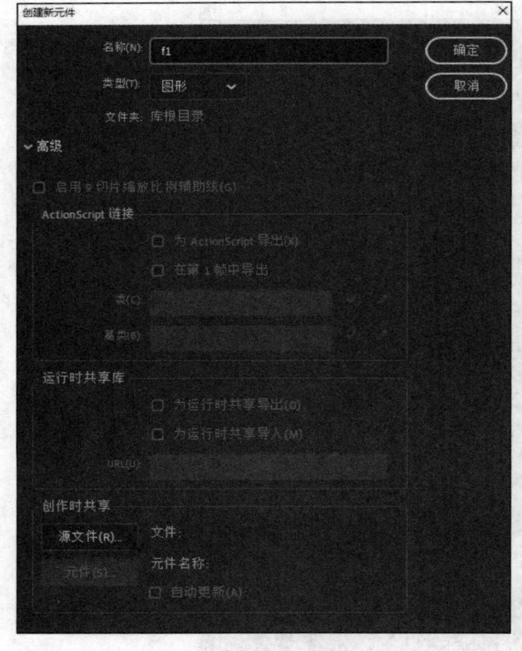

图 4-34　创建“f1”元件

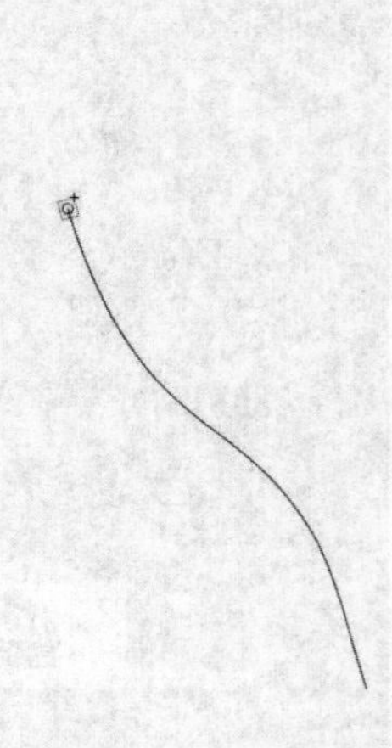
图 4-35　引导层曲线

铅笔工具

铅笔工具有 3 种属性，分别为“直线化”“平滑”“墨水”。其中“直线化”可以使绘制的矢量线条趋于规整的形态，例如直线、方形、圆形和三角形等。使用“平滑”绘制的线条将趋于更加流畅、平滑的形态。使用“墨水”绘制的线条接近于手写体效果的线条。本案例中为保证路径的平滑，我们选用“平滑”属性。

（13）选择“f1”图层，分别在第 63 帧、第 113 帧、第 173 帧插入关键帧。

（14）选择“f1”图层的第 1 帧，确认工具栏的贴紧至对象工具处于工作状态，选择选择工具，将花瓣移动到引导线的开头位置，注意要将花瓣的中心点放在引导线上。

（15）选择“f1”图层的第 63 帧，将花瓣移动到曲线约 1/4 处，注意花瓣的中心点仍要放在引导线上。

（16）选择工具栏中的任意变形工具，对第 63 帧的花瓣进行变形和旋转，使花瓣在飘落过程中有一定的倾斜角度，如图 4-36 所示。

（17）选择“f1”图层的第 113 帧，将花瓣移动到曲线约 2/4 处，注意花瓣的中心点要放在引导线上。

（18）选择工具栏中的任意变形工具，对第 113 帧的花瓣进行变形和旋转，使花瓣在飘落过程中有一定的倾斜角度，如图 4-37 所示。

（19）选择“f1”图层的第 173 帧，将花瓣移动到曲线约 3/4 处，注意花瓣的中心点要放在引导线上。

（20）选择工具栏中的任意变形工具，对第 173 帧的花瓣进行变形和旋转，使花瓣在飘落过程中有一定的倾斜角度，如图 4-38 所示。

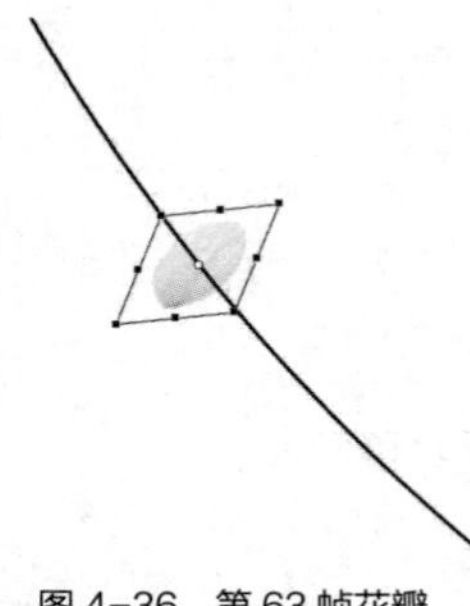

图 4-36　第 63 帧花瓣

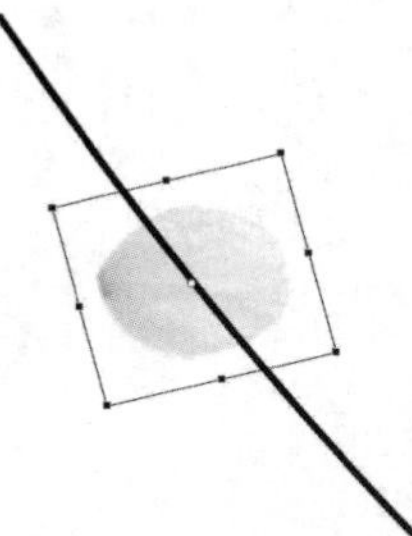

图 4-37　第 113 帧花瓣

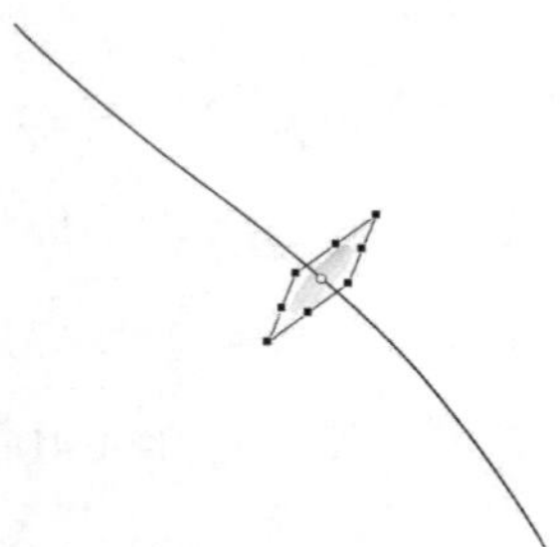

图 4-38　第 173 帧花瓣

（21）选择“f1”图层的第 232 帧，将花瓣移动到曲线末端，注意花瓣的中心点要放在引导线上。

（22）选择工具栏中的任意变形工具，对第 232 帧的花瓣进行变形和旋转，使花瓣在飘落过程中有一定的倾斜角度，如图 4-39 所示。

（23）选择第 232 帧的花瓣，打开“属性”面板，将“色彩效果”中的“样式”的“Alpha”值设定为“0%”，如图 4-40 所示。

（24）选择时间轴中的“f1”图层的第 1～62 帧中的任意一帧，对其右击，在弹出的快捷菜单中选择“创建传统补间”命令，完成动画创建。

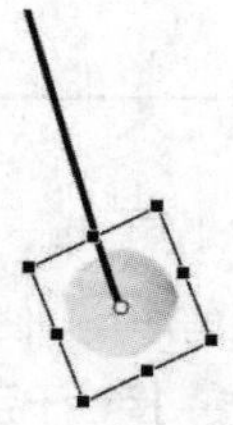

图 4-39　第 232 帧花瓣

图 4-40　花瓣“Alpha”值设置

（25）用同样方法为第 64～112 帧、第 114～172 帧、第 174～231 帧创建补间动画。此时，按“Enter”键可以进行动画测试，观察花瓣是否按照预期飘落。

（26）重复第（10）～（25）步的操作，创建第二片花瓣飘落的影片剪辑元件，其中影片剪辑元件使用的花瓣为图形元件“f2”，总帧数为 236 帧，引导线如图 4-41 所示。图层“f2”中需要在第 55 帧和第 103 帧插入关键帧。在关键帧中对花瓣的变形操作如图 4-42～图 4-44 所示。将第 236 帧花瓣图形元件的“Alpha”值设定为“0%”。

（27）再次重复第（10）～（25）步的操作，创建第三片花瓣飘落的影片剪辑元件，其中影片剪辑元件使用的花瓣为图形元件“f1”，总帧数为 220 帧，引导线如图 4-45 所示，图层“f3”中需要在第 72 帧和第 130 帧插入关键帧。在关键帧中对花瓣的变形操作如图 4-46～图 4-48 所示。将第 220 帧的花瓣图形元件的“Alpha”值设定为“0%”。

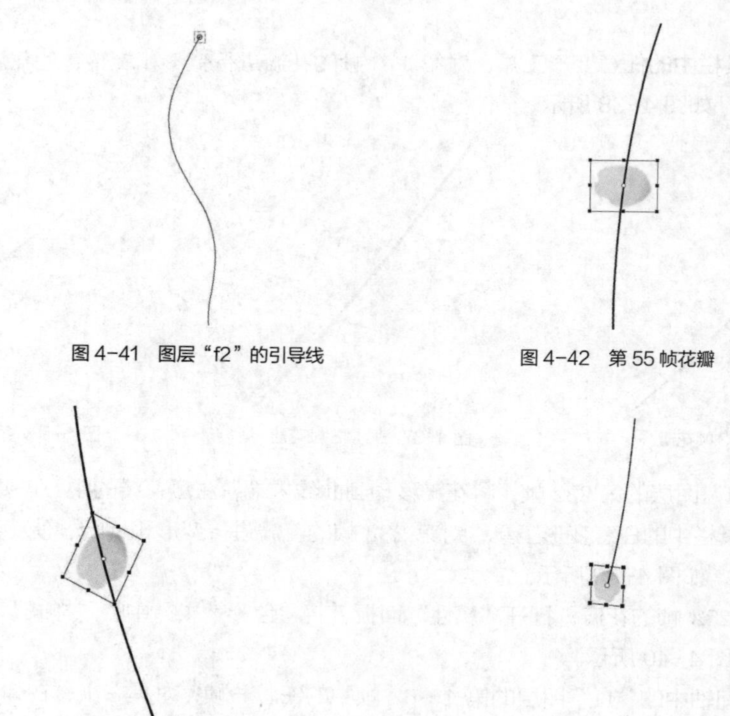

图 4-41　图层“f2”的引导线

图 4-42　第 55 帧花瓣

图 4-43　第 103 帧花瓣

图 4-44　第 236 帧花瓣

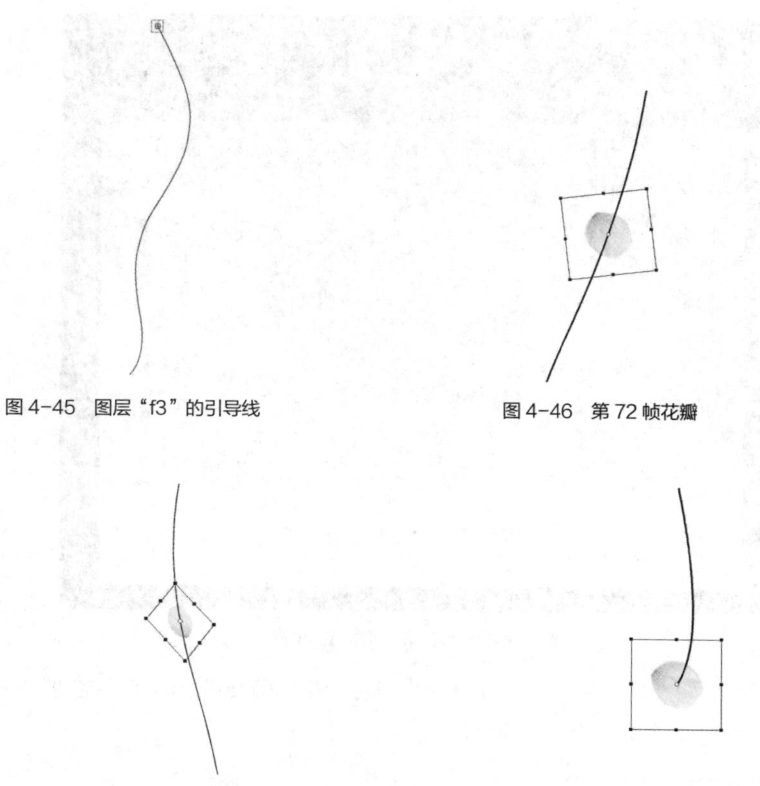

图 4-45　图层“f3”的引导线

图 4-46　第 72 帧花瓣

图 4-47　第 130 帧花瓣

图 4-48　第 220 帧花瓣

> **提示**
>
> **贴紧至对象工具的作用**
>
> 本案例中为了使运动对象和运动路径完美贴合，可以通过贴紧至对象工具来实现。具体步骤为选择“视图”→“贴紧”→“贴紧至对象”命令，然后移动形状，它的中心点会与其他对象贴紧。对于要将形状与运动路径对齐来制作动画的情况，该功能特别有用。

（28）单击“场景 1”，回到主场景，新建 6 个图层，分别命名为“f1”“f1”“f2”“f2”“f3”“f3”。在每个图层适当的位置插入关键帧，关键帧中放入相应的影片剪辑元件，如在 f1 图层的第 1 帧放入影片剪辑元件“f1”。时间轴如图 4-49 所示。影片剪辑元件放置的位置如图 4-50 所示。其中关键帧和影片剪辑元件的位置也可以根据动画情况自行进行调整。

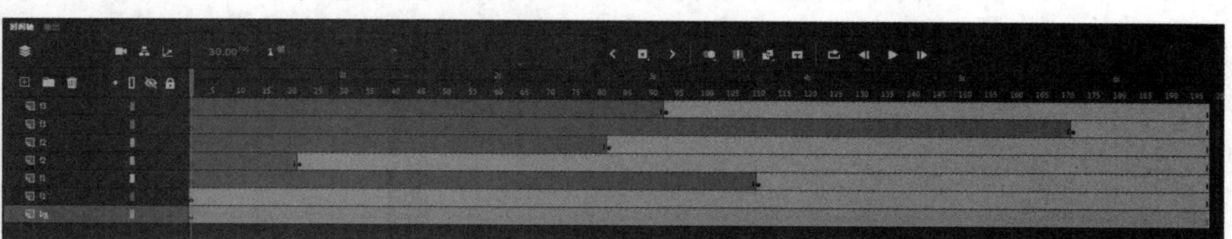

图 4-49　时间轴

图 4-50　影片剪辑元件放置的位置

（29）选择“文件”→“保存”命令，将动画保存为“花瓣雨.fla”，选择“控制”→“测试影片”命令或按“Ctrl+Enter”组合键进行影片测试。

知识点

1. 铅笔工具

铅笔工具一般用于绘制弧线、曲线、不规则图形及各种运动角色。本案例通过选择铅笔工具，选用“平滑”属性绘制引导路径，使运动轨迹更加平滑，利于表现运动效果。

2. 添加运动引导层

引导层用来设置运动元件的运动路径，技术要点是先选择需要添加运动引导层的动画层，单击时间轴上的“添加运动引导层”按钮，为动画添加一个运动引导层。

3. 引导层动画设置

在引导层动画首尾运动元件的路径定位操作中，可以通过单击工具栏中的贴紧至对象工具来保证运动元件定位的准确性。

4.6 案例5　制作遮罩动画——展开的画卷

本案例要求制作“展开的画卷”遮罩动画，效果如图 4-51 所示。

制作遮罩动画

4.6.1 分析思路

“遮罩”，顾名思义就是遮挡住下面的对象。在 Animate 中，“遮罩动画”就是通过“遮罩层”来达到有选择地显示位于其下方图层中的内容的目的。

图 4-51 “展开的画卷”作品预览效果

Animate 遮罩层中的内容可以是填充的形状、文字对象、图形元件或影片剪辑元件。一个遮罩层可以同时遮罩多个图层，但遮罩层与遮罩层之间不能相互作用。

本案例的编辑过程主要包括以下操作环节。

（1）创建动画文件。

（2）导入外部图片素材（本案例所需素材：素材\第 4 章\案例 5）。

（3）创建图形元件。

（4）创建遮罩动画。

（5）创建画轴的运动动画。

（6）保存动画。

4.6.2 操作步骤

（1）启动 Animate 2020，选择“文件”→“新建”命令，在弹出的“新建文档”对话框中选择“AIR for Desktop”选项，进入新建文档舞台界面。设置“尺寸”为“850 像素×500 像素”，“帧频”为“24”帧，其他选项使用默认设置。

（2）导入动画背景：选择“文件”→“导入”→“导入到舞台”命令，在弹出的“导入”对话框中选择“素材\第 4 章\案例 5”文件夹中的“背景.jpg”，单击“打开”按钮，完成导入。将背景图片与舞台对齐。

（3）双击时间轴上的“图层 1”，将图层名称修改为“bg”，并在时间轴第 90 帧的位置上右击，在弹出的快捷菜单中选择“插入帧”命令。

（4）单击“锁定”按钮，将“bg”图层锁定，避免后期误修改。

（5）导入画轴：选择“文件”→“导入”→“导入到库”命令，在弹出的“导入”对话框中选择“素材\第 4 章\案例 5”文件夹中的“画轴.gif”，单击“打开”按钮，完成导入。

（6）选择“插入”→“新建元件”命令，弹出“创建新元件”对话框，在“名称”文本框中输入“hz”，“类型”选择“图形”。

（7）将库里面的“画轴.gif”拖入舞台。

（8）单击菜单栏下的“场景1”，回到主场景。

（9）在主场景的时间轴上新建图层“右画轴”，将库中的图形元件“hz”拖入场景，并放置在合适位置。

（10）锁定图层“右画轴”，避免后期误修改。

（11）新建图层，并将其重命名为“画”。

（12）导入画布：选择“文件”→“导入”→“导入到舞台”命令，在弹出的“导入”对话框中选择“素材\第4章\案例5”文件夹中的“画布.gif”，单击“打开”按钮，完成导入。将其放置到合适位置。

（13）导入画：选择“文件”→“导入”→“导入到舞台”命令，在弹出的“导入”对话框中选择“素材\第4章\案例5”文件夹中的“春和景明图.jpg”，单击“打开”按钮，完成导入。将其放置到合适位置，锁定图层“画”。

（14）新建图层，并将其重命名为“遮罩层”。

（15）选择矩形工具进行绘图，设置笔触为“无”，填充色为“白色”。选择“遮罩层”的第1帧，在右画轴的左侧绘制一个与画布等高的小矩形，如图4-52所示。

（16）在图层“遮罩层”的第60帧处插入关键帧，并选择任意变形工具，使白色矩形覆盖整幅画面，如图4-53所示。

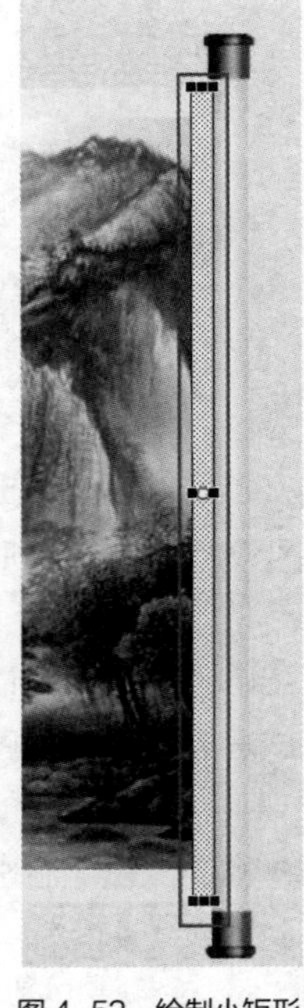

图4-52 绘制小矩形

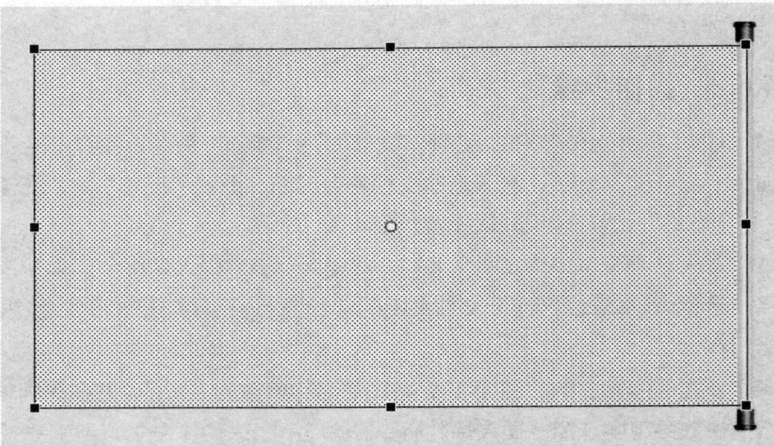

图4-53 使白色矩形覆盖整幅画面

（17）右击图层“遮罩层”中的第1～60帧中的任意一帧，在弹出的快捷菜单中选择“创建补间形状”命令，完成形状补间动画。

（18）右击图层“遮罩层”，在弹出的快捷菜单中选择“遮罩层”命令，如图4-54所示，完成遮罩层的创建。完成创建后，图层“遮罩层”和“画”的图层标志会发生改变。

（19）创建左画轴运动动画：新建图层，并将其重命名为“左画轴”。

（20）选择图层“左画轴”的第 1 帧，将库中图形元素“hz”拖入场景，并放置到白色矩形的左侧，如图 4-55 所示。

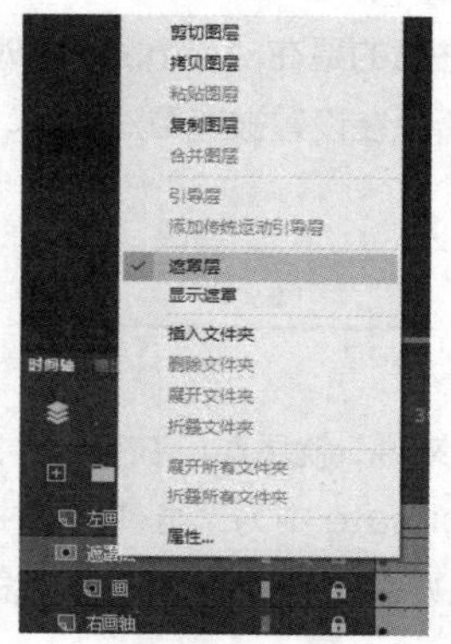

图 4-54　创建遮罩

图 4-55　拖入画轴

（21）右击图层“左画轴”的第 60 帧，在弹出的快捷菜单中选择“插入关键帧”命令，将左画轴拖动到画布左侧位置，如图 4-56 所示。

图 4-56 “左画轴”图层的第 60 帧

（22）右击图层“左画轴”的第 1～60 帧中的任意一帧，在弹出的快捷菜单中选择“创建传统补间”命令，完成运动补间动画，如图 4-57 所示。

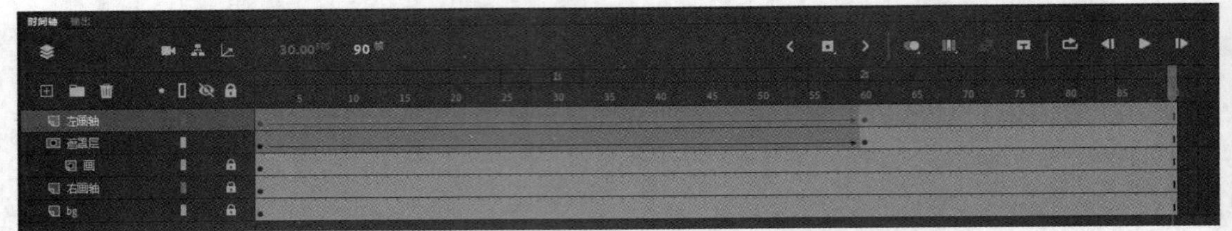

图 4-57 左画轴的运动补间动画

（23）选择“文件”→“保存”命令，将动画保存为“展开的画卷.fla”，选择“控制”→“测试影片”命令或按“Ctrl+Enter”组合键进行影片测试。

提示

遮罩层的设置

遮罩层的意思是遮挡住下面的对象，值得注意的是在 Animate 中遮罩层的作用是显示被遮罩的内容，而隐藏没有被遮罩的内容，所以在设置被遮罩对象时，要准确放置遮罩图层的位置。

知识点

1. 图层操作

Animate 图层是一个很抽象的概念，具体来说，就是对象在舞台中的纵深度的描述。处在上层的对象会覆盖在其下层的对象。在 Animate 中为了能使舞台中各对象具有不同的运动方式和表现形式，我们往往将其按照在舞台中不同的纵深层次设置其在不同的层中，并在独自的层中为其设置不同的动作形式。

在 Animate 动画制作中，也通过层之间的关联来达到更好的运动表现效果。例如引导层动画和遮罩动画。本案例的技术要点是根据被遮罩对象的不同，将不同对象设置在不同的层中。本案例将“画”设置在第一层，将“遮罩层”设置在“画”的上一层，这样在“画”被遮罩后，在被遮罩的地方会显示出“画”中的内容，达到遮罩的效果。

2. 遮罩层设置

技术要点为在遮罩的图层上右击，在弹出的快捷菜单中选择“遮罩层”命令，将该图层设置为遮罩层。必须注意的是遮罩层必须在被遮罩层的上一层。

4.7 案例 6 制作交互动画——图片浏览器

制作交互动画

本案例要求制作“图片浏览器”交互动画，效果如图 4-58 所示。

4.7.1 分析思路

多媒体技术的“交互性”是指能够为用户提供更加有效的控制和使用信息的手段，同时也为多媒体技术应用开辟更加广阔的领域。交互性可以增加用户对信息的理解，延长信息保留的时间，而不像单一文本空间只能对信息“被动”地使用，不能自由地控制和干预信息处理的过程。交互性就是让传播信息者和接收信息者相互之间有信息的实时交换。

图 4-58 “图片浏览器”作品预览效果

Animate 具有强大的互动程序编辑功能，其能编制出各种精彩的交互动画，例如测试、游戏、教学软件等。交互动画的制作对用户的综合能力要求比较高，除了要求熟练运用 Animate 中各种绘画编辑方法及各种元件的特性外，还要求对 Action Script 动作脚本有较全面和系统的认识。

本案例的编辑过程主要包括以下操作环节。

（1）创建动画文件。

（2）导入外部图片素材（本案例所需素材在“素材\第 4 章\案例 6）。

（3）创建按钮元件。

（4）创建播放和暂停切换的影片剪辑元件。

（5）添加动作脚本。

（6）保存动画。

4.7.2 操作步骤

（1）启动 Animate 2020，选择“文件”→“新建”命令，在弹出的“新建文档”对话框中选择“AIR for Desktop”选项，进入新建文档舞台界面。设置“尺寸”为“640 像素×480 像素”，“帧频”为“24”帧，舞台背景色为“#99CC66”，其他选项使用默认设置。

（2）双击时间轴上的“图层 1”，将图层名称修改为“图片衬纸”，并在时间轴的第 4 帧的位置上右击，在弹出的快捷菜单中选择“插入帧”命令。

（3）选择图层“图片衬纸”的第 1 帧，选择工具栏中的矩形工具，设置笔触为“无”、填充色为“#FFFFCC”，在舞台的合适位置绘制出图片衬纸，如图 4-59 所示。

（4）单击“锁定”按钮，将“图片衬纸”图层锁定，避免后期误修改。

（5）新建图层，并将其命名为“图片”，为“图片”图层中的第 2、3、4 帧分别创建空白关键帧。选择“文件”→“导入”→“导入到库”命令，在弹出的“导入”对话框中选择“素材\第 4 章\案例

6”文件夹中的“1.jpg”“2.jpg”“3.jpg”“4.jpg”，将4幅图片导入库中，如图4-60所示。

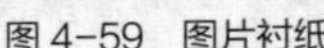

图4-59 图片衬纸

图4-60 “库”面板

提示

“库”面板

Animate的“库”面板是管理和存放文件中所有独立元件的重要工作面板。在“库”面板中我们可以实现元件的创建、编辑、修改、删除及分类等操作。保存在库中的元件可以随时被文件调用，且不增加元件保存的个数。在对库中某个元件进行编辑后，编辑的结果将会使文件中所有该元件受到相同的影响。

（6）选择第1帧，拖动“1.jpg”到舞台。选择第2帧，拖动“2.jpg”到舞台。选择第3帧，拖动“3.jpg”到舞台。选择第4帧，拖动“4.jpg”到舞台。为保证每幅图片在同一位置上，可以在属性面板中统一设置图片的位置，如图4-61所示。

提示

坐标属性设置

Animate 软件中的“属性”面板上的坐标能起到对图像进行精确定位的作用，对于制作细致的动画极为有利，如有关实验演示的动画等。

（7）创建按钮元件：选择“插入”→“新建元件”命令，弹出“创建新元件”对话框（见图4-62），在“名称”文本框中输入“play”，“类型”选择“按钮”。

（8）将“图层1”重命名为“bt”。

（9）选择“弹起”帧，选择“文件”→“导入”→“导入到舞台”命令，在弹出的→“导入”对话框中选择“素材\第4章\案例6”文件夹中的“button.gif”，单击“打开”按钮，完成导入。

（10）在图层“bt”的“点击”帧上右击，在弹出的快捷菜单中选择“插入帧”命令，效果如图4-63所示。

（11）新建图层“text”，选择工具栏中的文本工具，属性设置如图4-64所示，在按钮上输入文本“PLAY”。在“点击”帧上右击，在弹出的快捷菜单中选择“插入帧”命令。

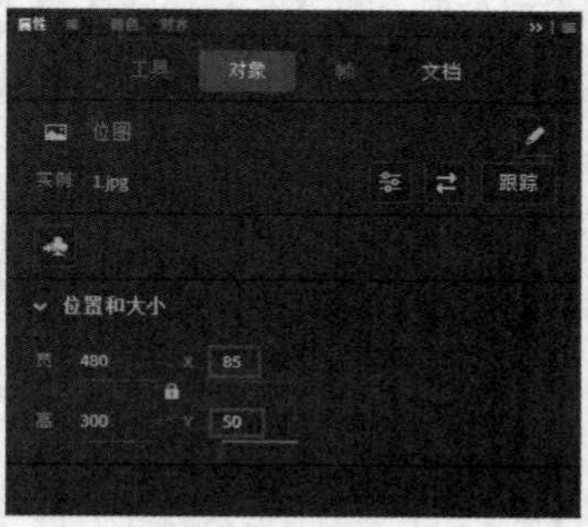

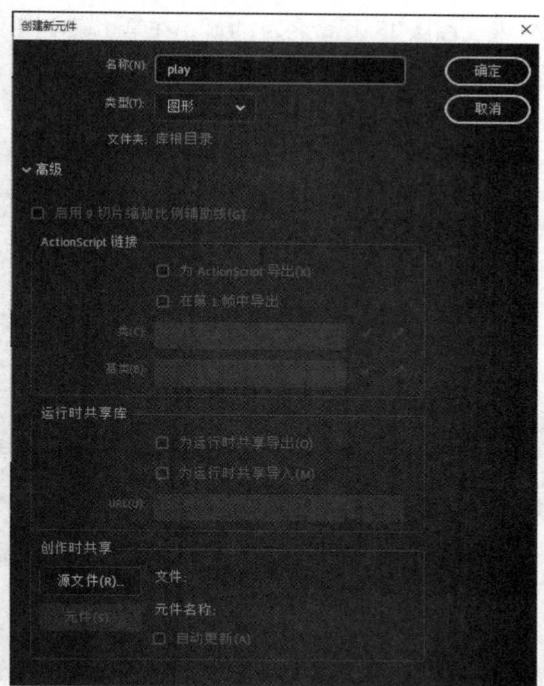

图 4-61　统一设置图片的位置

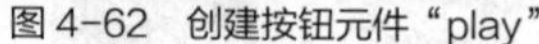
图 4-62　创建按钮元件“play”

图 4-63　“bt”图层

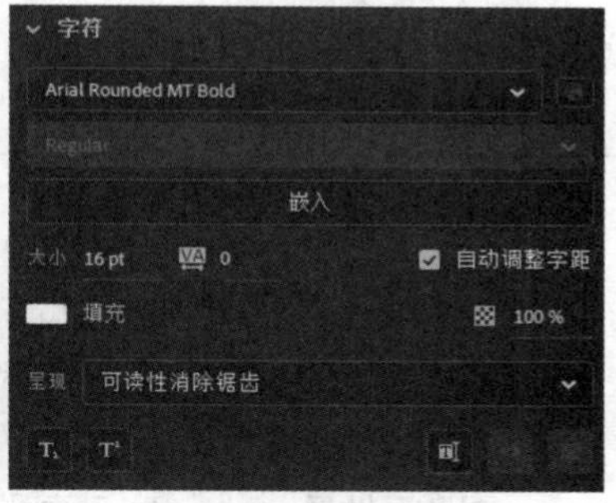

图 4-64　文本属性设置

（12）单击“场景 1”回到主场景。

（13）复制按钮元件“play”以创建其他按钮：在库中的按钮元件“play”上右击，在弹出的快捷菜单中选择“直接复制”命令，如图 4-65 所示，将复制的按钮元件命名为“pause”，如图 4-66 所示。

（14）双击按钮元件“pause”进行编辑，将按钮上的文本“PLAY”改成“PAUSE”，这样就完成了按钮元件“pause”的创建。

（15）重复第（13）、（14）步，完成按钮“prev”和按钮“next”的创建。

（16）创建播放和暂停按钮进行切换的影片剪辑元件：选择“插入”→“新建元件”命令，弹出“创建新元件”对话框，在“名称”文本框中输入“playPause Toggle”，“类型”选择“影片剪辑”。

（17）将“图层 1”重命名为“bt”，在第 1 帧中拖入按钮元件“play”，在第 2 帧中创建空白关键帧，然后拖入按钮元件“pause”。

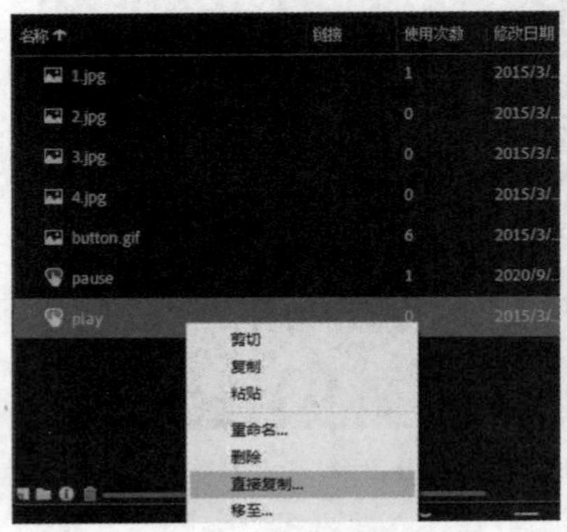
图 4-65　复制元件

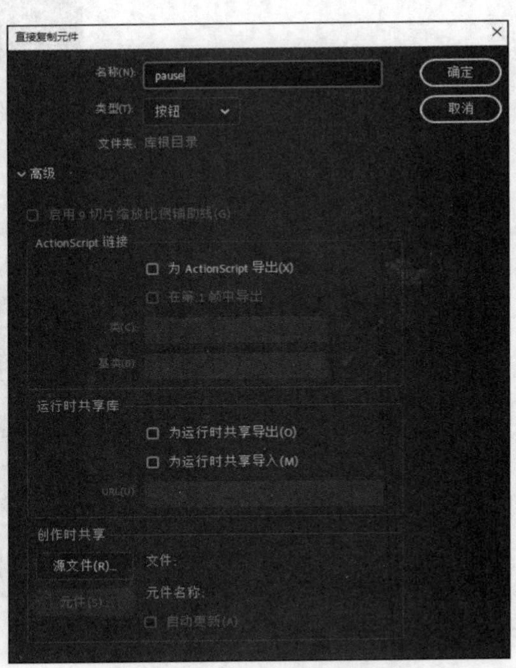
图 4-66　重命名元件

> **提示**
>
> **Animate元件**
>
> Animate 动画影片中的元件是有着独立身份的元素，它是 Animate 动画影片的构成主体。Animate 中根据内容特性和用途的不同，元件分为 3 种类型：图形元件、按钮元件和影片剪辑元件。
>
> 图形元件是 Animate 动画影片中最基本的组成元件，主要用于建立和存储独立的图形内容或动画内容。
>
> 影片剪辑元件主要用于创建一段独立的动画片段。与图形元件不同，影片剪辑元件拥有独立的时间轴，影片剪辑元件中的动画内容可以与主时间轴的内容进行不同步播放。
>
> 按钮元件是 Animate 影片中实现互动功能的重要组成部分，使用按钮元件可以在影片中响应鼠标单击、滑过或其他动作，然后将响应的事件结果传递给互动程序进行处理。

（18）新建图层“as”，选择第 1 帧，打开“动作”面板（快捷键“F9”），输入“stop();”（注意：括号和分号全为英文字符）。在第 2 帧创建空白关键帧，在“动作”面板输入“stop();”。

（19）新建图层“bq”，选择第 1 帧，在“属性”面板的“标签”的“名称”文本框中输入“play”，如图 4-67 所示。

（20）在第 2 帧插入空白关键帧，在“属性”面板的“标签”的“名称”文本框中输入“pause”。

完成后的影片剪辑元件“playPause Toggle”的时间轴如图 4-68 所示。

（21）回到主场景，新建图层“按钮”，在图层中依次拖入按钮元件“prev”、影片剪辑元件“playPause Toggle”和按钮元件“next”。将它们摆放到合适位置，参见作品预览效果图。

（22）选择按钮元件“prev”，在“属性”面板中输入案例名称“prev_btn”，如图 4-69 所示。

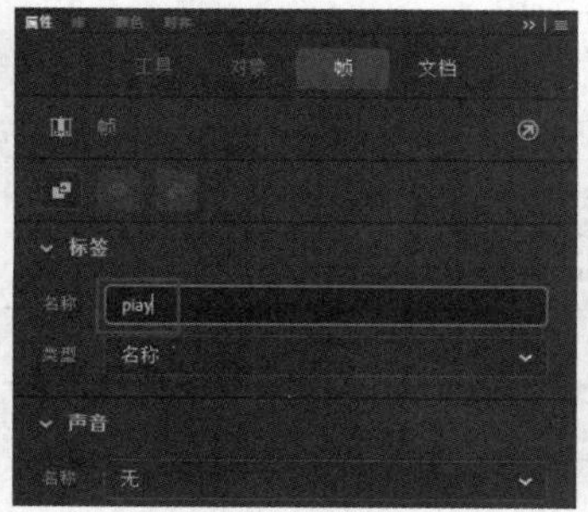

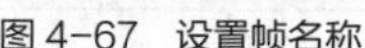
图 4-67 设置帧名称

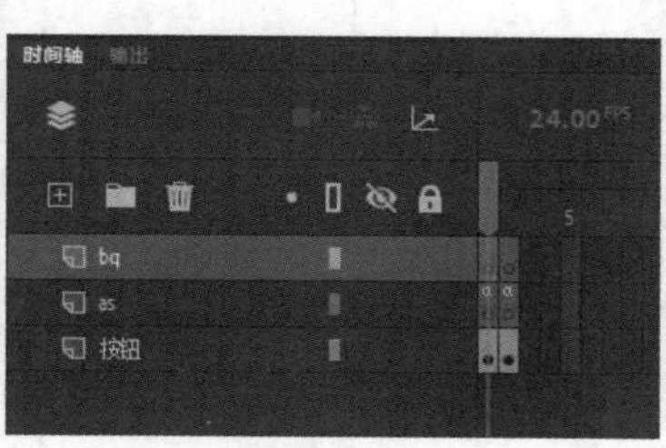

图 4-68 “playPause Toggle”的时间轴

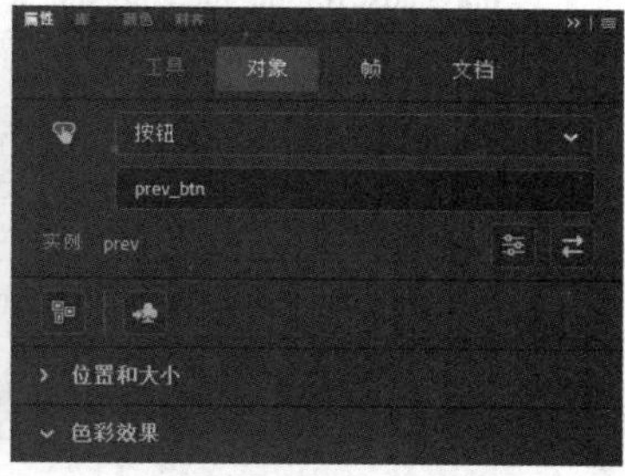

图 4-69 案例命名

Animate按钮元件

Animate 按钮元件是实现交互的重要组成部分，可通过对按钮的 4 种状态进行不同的脚本设置，应用鼠标的动作，将响应的事件结果传递给互动程序进行处理，达到控制动画的目的。

按钮元件由“弹起”“指针经过”“按下”“单击”4 个关键帧组成。

- 弹起：按钮在普通状态下显示该帧中的图形。
- 指针经过：鼠标经过按钮时显示该帧中的图形。
- 按下：单击按钮时显示该帧中的图形。
- 单击：该帧中的图形规定鼠标的响应区域，其内容不会在输出的影片中显示。

（23）选择影片剪辑元件“playPause Toggle”，在“属性”面板中输入案例名称“playPause Toggle_mc”。

（24）选择按钮元件“next”，在“属性”面板中输入案例名称“next_btn”。

（25）新建图层“动作”，此图层只需保留第 1 帧，把其余帧删除。选择第 1 帧，打开“动作”面板，输入脚本代码。具体代码及解释如表 4-1 所示。

表 4-1 “动作”图层第 1 帧的代码

代码	解释
var autoStart:Boolean = false;	将自动播放设置为假，即不自动播放
var secondsDelay:Number = 2;	设置时间间隔
playPauseToggle_mc.addEventListener(MouseEvent.CLICK, fl_togglePlayPause);	当案例名为“playPauseToggle_mc”的影片剪辑元件被单击时，选择 fl_togglePlayPause 函数
function fl_togglePlayPause(evt:MouseEvent):void{	定义 fl_togglePlayPause 函数

续表

代码	解释
If(playPauseToggle_mc.currentLabel == "play")	如果“playPauseToggle_mc”的当前帧是“play”
{	
fl_startSlideShow();	调用 fl_startSlideShow 函数
playPauseToggle_mc.gotoAndStop("pause");	跳转到“playPauseToggle_mc”的“pause”帧
}	
else if(playPauseToggle_mc.currentLabel == "pause"){	如果当前帧是“pause”
fl_pauseSlideShow();	调用 fl_pauseSlideShow 函数
playPauseToggle_mc.gotoAndStop("play");	跳转到 play 帧
}	
}	
next_btn.addEventListener(MouseEvent.CLICK, fl_nextButtonClick);	当案例名为“next_btn”的按钮被单击时，选择 fl_nextButtonClick 函数
prev_btn.addEventListener(MouseEvent.CLICK, fl_prevButtonClick);	当案例名为“prev_btn”的按钮被单击时，选择 fl_prevButtonClick 函数
function fl_nextButtonClick(evt:MouseEvent):void{	定义 fl_nextButtonClick 函数
fl_nextSlide();	调用 fl_nextSlide 函数
}	
function fl_prevButtonClick(evt:MouseEvent):void{	定义 fl_prevButtonClick 函数
fl_prevSlide();	调用 fl_prevSlide 函数
}	
var currentImageID:Number;	定义变量 currentImageID 用来保存当前显示图片的序号
var slideshowTimer:Timer;	定义变量 slideshowTimer，用于计时
var appInit:Boolean;	定义变量 appInit，用来做标记
function fl_slideShowNext(evt:TimerEvent):void{	定义 fl_slideShowNext 函数
fl_nextSlide();	调用 fl_nextSlide 函数
}	
function fl_pauseSlideShow():void{	定义 fl_pauseSlideShow 函数
slideshowTimer.stop();	计时停止
}	
function fl_startSlideShow():void{	定义 fl_startSlideShow 函数
slideshowTimer.start();	计时开始
}	
function fl_nextSlide():void{	定义 fl_nextSlide 函数
currentImageID++;	currentImageID 变量值加 1，用来显示后一张图片

续表

代码	解释
if(currentImageID >= totalFrames)	当 currentImageID 值大于等于总的帧数时
{	
currentImageID = 0;	将 currentImageID 变量的值置为 0
}	
gotoAndStop(currentImageID+1);	跳转到下一幅图片
}	
function fl_prevSlide():void{	定义 fl_prevSlide 函数
currentImageID--;	currentImageID 变量值减 1，用来显示前一张图片
If(currentImageID < 0)	当 currentImageID 值小于 0 时
{	
currentImageID = totalFrames+1;	currentImageID 变量等于帧总数+1
}	
gotoAndStop(currentImageID-1);	播放前一幅图片
}	
If(autoStart == true)	如果自动播放为真
{	
fl_startSlideShow();	调用 fl_startSlideShow 函数
playPauseToggle_mc.gotoAndStop("pause");	playPauseToggle_mc 跳转到 pause 帧，然后停止
} else {	否则
gotoAndStop(1);	播放并停止在第 1 帧
}	
function initApp(){	定义函数 initApp
currentImageID = 0;	定义 currentImageID 值为 0
slideshowTimer = new Timer((secondsDelay*1000), 0);	设计延时为 2 秒，循环启动计时
slideshowTimer.addEventListener(TimerEvent.TIMER, fl_slideShowNext);	当自动计时时，调用 fl_slideShowNext 函数
}	
if(appInit != true) {	当 appInit 为真时
initApp();	调用 initApp 函数
appInit = true;	将 appInit 设置为真
}	

（26）选择“文件”→“保存”命令，将动画保存为“展开的画卷.fla”，选择“控制”→“测试影片”命令或按“Ctrl+Enter”组合键进行影片测试。

知识点

1. 按钮元件

Animate 中具有 3 种类型的元件，分别为影片剪辑元件、按钮元件和图形元件。

本案例中创建按钮元件的技术要点为选择“插入”→“新建元件”命令，在弹出的对话框中选择“按钮”选项，并在按钮编辑窗口的不同状态帧中，插入或绘制不同的内容来新建按钮元件。

2. 帧动作设置

技术要点是右击选择的帧，在弹出的快捷菜单中选择“动作”命令，然后在弹出的“动作”面板中输入 ActionScript 3.0 动作脚本。Animate 只支持 ActionScript 3.0 动作脚本。

3. 按钮动作设置

技术要点是选择按钮元件所在的帧，在场景中右击该帧，在弹出的快捷菜单中选择“动作”命令，并且在弹出的动作面板中输入 ActionScript 3.0 动作脚本。

阅读材料

电脑动画文件格式

电脑动画现在应用得比较广泛，由于应用领域不同，动画文件也存在着不同类型的存储格式。如 3D 是 DOS 系统平台下 3D Studio 的文件格式；U3D 是 Ulead COOL 3D 的文件格式；GIF 和 SWF 则是我们最常用到的动画文件格式。下面我们来看看目前应用最广泛的几种动画格式。

（1）GIF 格式

由于 GIF 图像采用了无损数据压缩方法中压缩率较高的 LZW 算法，文件尺寸较小，因此被广泛采用。GIF 动画格式可以同时存储若干幅静止图像并组成连续的动画，目前 Internet 上大量采用的彩色动画文件多为这种格式的文件。很多图像浏览器如 ACD See 等都可以直接观看此类动画文件。

（2）FLIC（FLI/FLC）格式

FLIC 是 Autodesk 公司在其出品的 Autodesk Animator、Animator Pro、3D Studio 等 2D/3D 动画制作软件中采用的彩色动画文件格式，FLIC 是 FLC 和 FLI 的统称，其中，FLI 是最初的基于 320 像素×200 像素的动画文件格式，而 FLC 则是 FLI 的扩展格式，采用了更高效的数据压缩技术，其分辨率也不再局限于 320 像素×200 像素。FLIC 文件采用行程编码（Run Length Encoding，RLE）算法和 Delta 算法进行无损数据压缩，首先压缩并保存整个动画序列中的第一幅图像，然后逐帧计算前后两幅相邻图像的差异或改变部分，并对这部分数据进行 RLE 压缩，由于动画序列中前后相邻图像的差别通常不大，因此可以得到相当高的数据压缩率。它被广泛用于动画图形中的动画序列、计算机辅助设计和计算机游戏应用程序。

（3）SWF 格式

SWF 是 Macro media 公司（现已被 Adobe 公司收购）的产品 Animate 的矢量动画格式，它采用曲线方程描述内容，而不是由点阵组成内容，因此这种格式的动画在缩放时不会失真，非常适合描述由几何图形组成的动画，如教学演示等。由于这种格式的动画可以与 HTML 文件充分结合，并能添加 MP3 音乐，因此被广泛地应用于网页，成为一种“准”流式媒体文件。

（4）AVI 格式

AVI 是对视频、音频文件进行有损压缩的一种格式，该格式的压缩率较高，并可将音频和视频混合到一起，因此尽管画面质量不是太好，但其应用范围仍然非常广泛。AVI 文件目前主要应用在多媒体光盘上，用来保存电影、电视等各种影像信息，有时也出现在 Internet 上，供用户下载、欣赏新影片的精彩片段。

（5）MOV、QT 格式

MOV、QT 都是 QuickTime 的文件格式。这两种格式支持 256 位色彩，支持 RLE、JPEG 等领先的集成压缩技术，提供了 150 多种视频效果和 200 多种 MIDI 兼容音响与设备的声音效果，能够通过 Internet 提供实时的数字化信息流、工作流与文件回放，国际标准化组织（International Organization for Standardization，ISO）选择了 QuickTime 文件格式作为开发 MPEG4 规范的统一数字媒体存储格式。

本章习题

一、简答题

1. 简述动画形成原理。
2. 在 Animate 中元件类型有哪些？它们在动画制作中有什么作用？
3. 在 Animate 中基本动画的类型有哪些？其各自的特点是什么？
4. 简述 Animate 动画在多媒体技术应用中的特点。

二、实战题

1. 制作动态文本

设计要求：运用逐帧动画的制作方法。

表现效果：每个文字按照一定的时间间隔逐个显示，从而表现出动态文本的效果。

相关技术：插入关键帧，打散文本，测试文本。

2. 制作“漂浮的气球”动画

设计要求：运用引导动画的制作方法。

表现效果：气球从地面按照规定的路径往上漂浮。

相关技术：图形元件，添加引导层。

3. 制作“校园图片探照灯浏览”动画

设计要求：运用遮罩动画的制作方法。

表现效果：探照灯效果。

相关技术：导入图片素材，设置遮罩层。

4. 设计与制作中秋贺卡

设计要求：选用合适的动画制作方法来制作一张中秋贺卡。

表现效果：贺卡互动元素丰富，界面优美。

相关技术：画面设计，动画脚本，导入图片素材，按钮元件，各种动画的制作方法。

05

第5章 视频素材的采集与制作

学习导航

本章主要介绍视频素材的采集与制作的相关知识和技术。通过学习，学生可以了解视频素材处理的相关基础知识，掌握常用视频播放软件的使用方法，掌握视频素材的获取方法，掌握视频编辑的基本方法与技术。本章内容与多媒体制作技术其他内容的逻辑关系如图 5-1 所示。

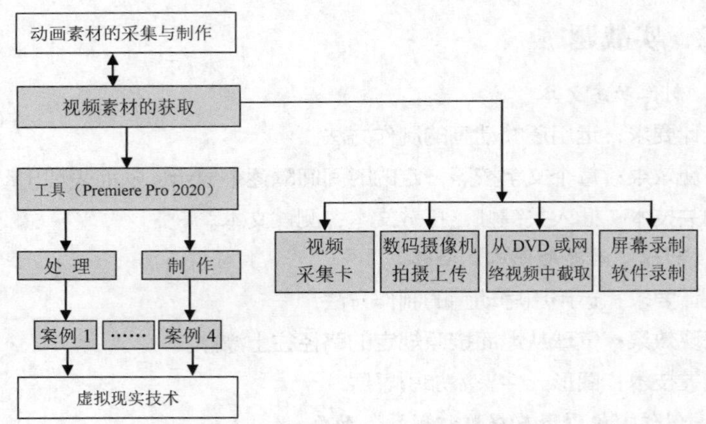

图 5-1 本章内容与多媒体制作技术其他内容的逻辑关系

数字化的视频是多媒体素材中表现力最强的媒体素材，因为它本身就是由文本、声音、图形、图像、动画中的一种或多种组合而成的。视频的主要特征是声音与动态影像画面保持同步，具有很强的直观性且更形象。采集和制作好的视频素材对于制作高质量的多媒体技术作品有着非常重要的意义。

5.1 视频素材的基础知识

5.1.1 视频基础

1. 视频节目标准

当前电视节目标准有标清电视（Standard Definition Television， SDTV）、高清电视（High Definition Television，HDTV）及超高清电视（Ultra High Definition Television，UHDTV）。这些标准分别定义了视频信号不同的分辨率、带宽、帧频等。

标清分辨率有 720 像素×576 像素和 720 像素×480 像素两种。

高清信号能达到的分辨率高于标清。常见分辨率有 960 像素×720 像素、1280 像素×1080 像素、1440 像素×1080 像素、1280 像素×720 像素、1920 像素×1080 像素。

超高清定义了两种分辨率：4K UHDTV（2160p）的分辨率为 3840 像素×2160 像素，单帧总像素数是全高清 1080p 的 4 倍；8K UHDTV（4320p）的分辨率为 7680 像素×4320 像素，单帧总像素数是全高清 1080p 的 16 倍。当前主流超高清分辨率为 3840 像素×2160 像素。不同分辨率的图像大小对比如图 5-2 所示。

除了上述视频分辨率，在互联网视频等非广播电视应用中，还可以根据需要自定义所需要的分辨率。

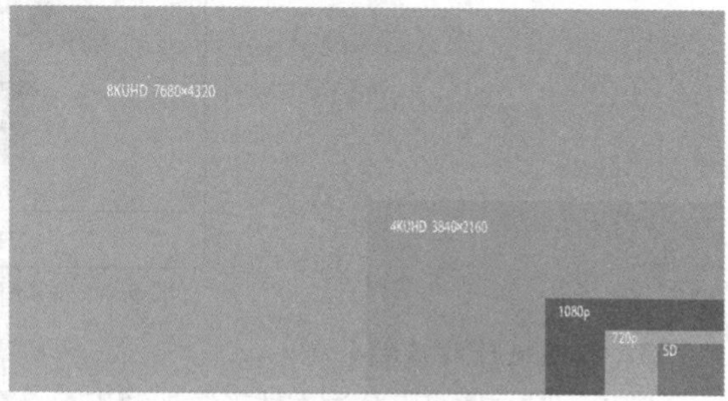

图 5-2　不同分辨率的图像大小对比

2. 视频信号接口

常见的视频信号有 RF（Radio Frequency，射频）信号、复合视频（Composite Video）信号、S-视频（S-video）信号、分量视频（Component Video）信号、VGA 端口 RGB 信号、DVI（Digital Visual Interface）信号及 HDMI（High Definition Multimedia Interface）信号，各信号接口如图 5-3 所示，各接口的接线如图 5-4 所示。不同接口和接线能够支持的视频分辨率也不尽相同，要根据需要进行灵活选择。

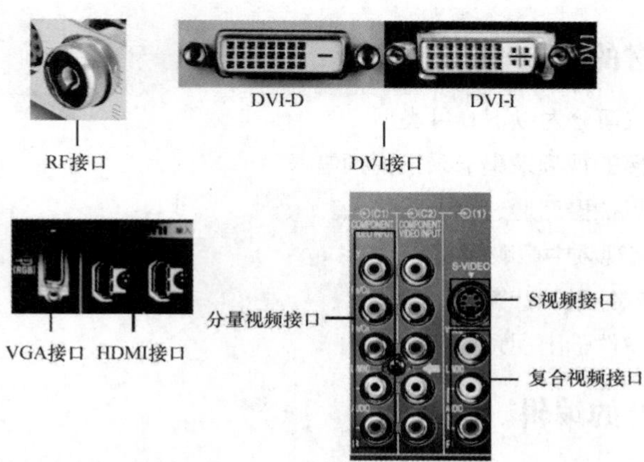

图 5-3　视频信号的各种接口

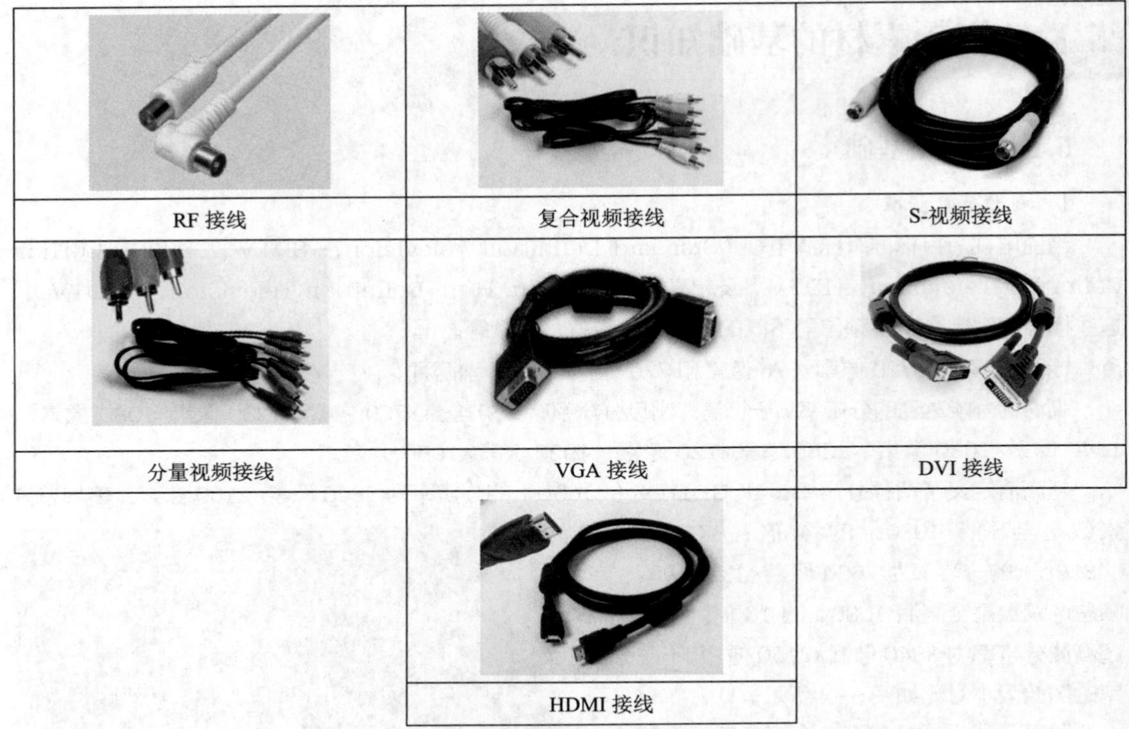

图 5-4　视频信号各种接口的接线

3. 视频文件的格式

常见视频文件可以分为本地影像视频和网络影像视频。本地影像视频主要是指适合本地播放的本地影像视频，网络影像视频是指适合在网络中播放的网络流媒体。这两类视频各有特色，前者在播放稳定性和播放画面质量上更胜一筹，但后者的易传播性使其发展极为迅速，也越来越多地应用于视频点播、网络演示、远程教育、网络视频广告等互联网信息服务领域。

本地影像视频格式主要包括 Microsoft AVI、DV AVI、MPEG-1、MPEG-2（MPEG/MPE/MPG/M2V）、QuickTime（MOV）、H.264（mp4）、MXF 等。网络影像视频格式主要包括 ASF、WMV、RM、RMVB、MOV、FLV 等。

5.1.2　视频素材的获取

视频文件的采集方法可分为以下 5 种类型。

（1）通过计算机连接的视频采集卡采集视频信号。

（2）利用数码摄像机拍摄后通过读卡器导入。

（3）从 DVD 或网络视频中截取视频。

（4）通过屏幕录制软件录制计算机屏幕。

（5）通过动画制作软件输出视频。

5.1.3　视频素材的编辑

视频编辑主要是指视频的采集、转场添加、剪辑、镜头特效添加、字幕添加、声音合成、节目输出等操作。用于视频编辑的软件有很多，普通的处理软件有 Windows 10 自带的“照片”、QQ 影音、爱剪辑、剪映等。专业的软件主要有 Adobe Premiere Pro、Sony Vegas、EDIUS、Final Cut Pro、Avid Media Composer、索贝 Editmax、大洋 D³-Edit 等。普通的视频编辑软件使用简单，安装方便，但功能相对较少，而专业的视频编辑软件提供了丰富的功能和专业的工具，以满足各种复杂场景的需求。

5.1.4 Premiere Pro 2020 简介

Premiere Pro 2020 是一款优秀的非线性视频编辑软件，作为主流的视频编辑软件之一，其有着非常庞大的用户群体。它能够极大地提升用户的创造力，为高质量的视频处理提供完整的解决方案，因此受到了广大视频编辑人员和视频编辑爱好者的一致好评。Premiere Pro 2020 以其全新的合理化界面和通用高端工具，兼顾了广大视频用户的不同需求，提供了前所未有的生产力、控制力和灵活性。Premiere Pro 2020 目前已被广泛应用于电影、电视、多媒体、网络视频、动画设计及短视频创作等领域的后期制作中。

1．Premiere Pro 2020 的功能和特点

Premiere Pro 2020 提供了很多新的功能。

（1）改进自动重构功能

使用“自动重构”功能可将视频序列的分析速度最高提升 4 倍（取决于素材类型和计算机硬件配置）。在 Adobe Sensei 机器学习技术的支持下，自动重构功能可自动调整视频素材的呈现内容，同时调整视频在不同长宽比（如方形和纵向视频）序列内的位置，从而为不同的观看平台提供针对性优化后的视频，如图 5-5 所示。

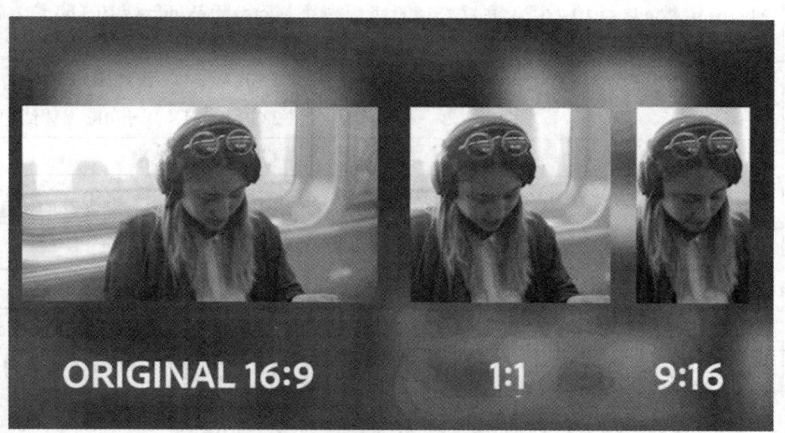

图 5-5　使用自动重构

（2）硬件加速 H.264 和 H.265（HEVC）编码

新增 Windows 平台上的 NVIDIA 和 AMD GPU 支持后，Premiere Pro 2020 目前在所有平台上都可使用 H.264 和 H.265 硬件编码。这意味着 Premiere Pro 2020 在各平台上可实现趋向一致的导出加速。

（3）新文件格式支持

Premiere Pro 2020 支持以下文件 ProRes RAW、JPEG 2000 MXF、Canon EOS R5 的素材、Canon EOS-1D X Mark III 的素材、RED Komodo 的素材、Sony A7S Mark III 的素材。

（4）能够分离代理

在 Premiere Pro 2020 中可以从剪辑中删除代理，只需右击主剪辑并选择“代理→分离代理”命令，即可将主剪辑返回到创建或附加任何代理之前的状态，如图 5-6 所示。

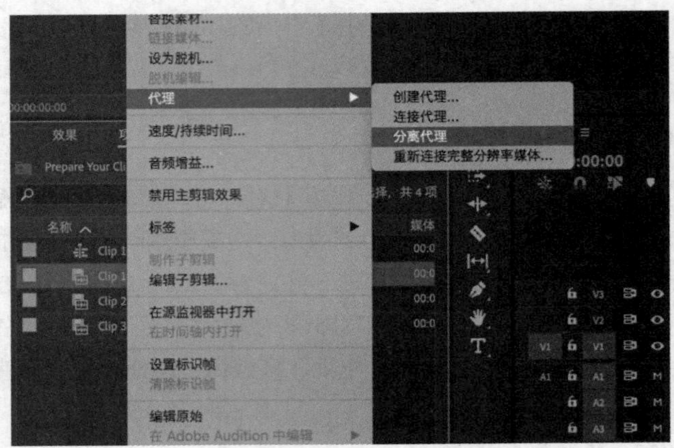

图 5-6　分离代理

2. Premiere Pro 2020 的配置需求

（1）Windows 系统中 Premiere Pro 2020 的配置需求如表 5-1 所示。

表 5-1　Windows 系统中 Premiere Pro 2020 的配置需求

	最低配置	推荐配置
处理器	Intel 第 6 代及更新款的 CPU，或 AMD 同等产品	Intel 第 7 代及更新款的 CPU，或 AMD 同等产品
操作系统	Microsoft Windows 10（64 位）版本 1803 或更高版本	Microsoft Windows 10（64 位）版本 1809 或更高版本
RAM	8 GB RAM	16 GB RAM，用于 HD 媒体 32 GB RAM，用于 4K 媒体或更高分辨率
GPU	2 GB GPU VRAM	4 GB GPU VRAM
硬盘空间	8 GB 可用硬盘空间用于安装，安装期间需要额外可用空间 用于媒体的额外高速驱动器	用于应用程序安装和缓存的快速内部 SSD 用于媒体的额外高速驱动器
显示器分辨率	1280 像素×800 像素	1920 像素×1080 像素或更大
声卡	与 ASIO 兼容或 Microsoft Windows Driver Model	与 ASIO 兼容或 Microsoft Windows Driver Model
网络存储连接	1 GB 以太网（仅 HD）	10 GB 以太网，用于 4K 共享网络工作

（2）macOS 中 Premiere Pro 2020 的配置需求如表 5-2 所示。

表 5-2　macOS 中 Premiere Pro 2020 的配置需求

	最低配置	推荐配置
处理器	Intel 第 6 代或更新款的 CPU	Intel 第 6 代或更新款的 CPU
操作系统	macOS v10.13 或更高版本	macOS v10.13 或更高版本
RAM	8 GB RAM	16 GB RAM，用于 HD 媒体； 32 GB RAM，用于 4K 媒体或更高分辨率
GPU	2 GB GPU VRAM	4 GB GPU VRAM

续表

	最低配置	推荐配置
硬盘空间	8 GB 可用硬盘空间用于安装，用于媒体的额外高速驱动器	用于应用程序安装和缓存的快速内部 SSD，用于媒体的额外高速驱动器
显示器分辨率	1280 像素×800 像素	1920 像素×1080 像素或更大
网络存储连接	1 GB 以太网（仅 HD）	10 GB 以太网，用于 4K 共享网络工作

3. Premiere Pro 2020 的工作区

Premiere Pro 2020 内置了学习、组件、编辑、颜色、效果、音频、图形等工作区布局，如图 5-7 所示，以适应各种不同的编辑需要。要改变当前的工作区布局，可以单击工作区顶部的按钮，也可以执行“窗口”→“工作区”命令，再选择需要的工作区。

图 5-7　内置的工作区

Premiere Pro 2020 的视频编辑工作区界面如图 5-8 所示。

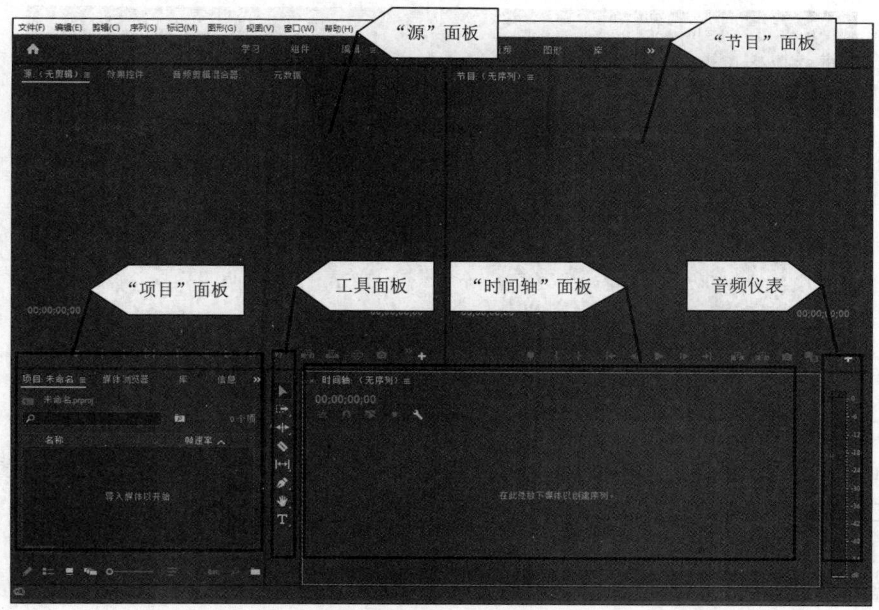

图 5-8　编辑工作区界面

（1）“项目”面板

所有的项目素材都在这里集中进行管理。这些素材包括视频剪辑、音频文件、图形/图像文件、序列文件等。为了便于大量素材的管理，可以使用文件夹来对素材进行分类，这就像使用 Windows 的资源管理器一样方便。同时还可以利用“查找”功能随时查找所需要的素材。“项目”面板如图 5-9 所示。

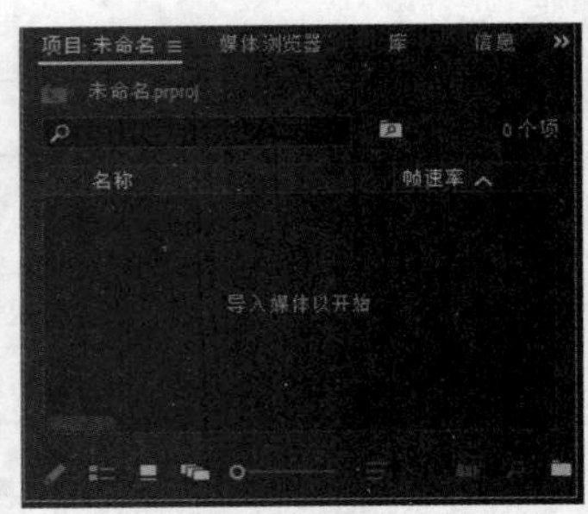

图 5-9 “项目”面板

（2）监视器面板

监视器面板包括“源”面板和“节目”面板，“源”面板用来观看和裁剪原始素材。“节目”面板用来观看时间线上正在编辑的项目。监视器面板如图 5-10 所示。

（3）“时间轴”面板

时间轴是组装素材和编辑节目的最主要场所。根据设计的需要，使用各种工具将素材片段按照时间的先后顺序在时间轴上从左到右进行有序的排列。“时间轴”面板如图 5-11 所示。

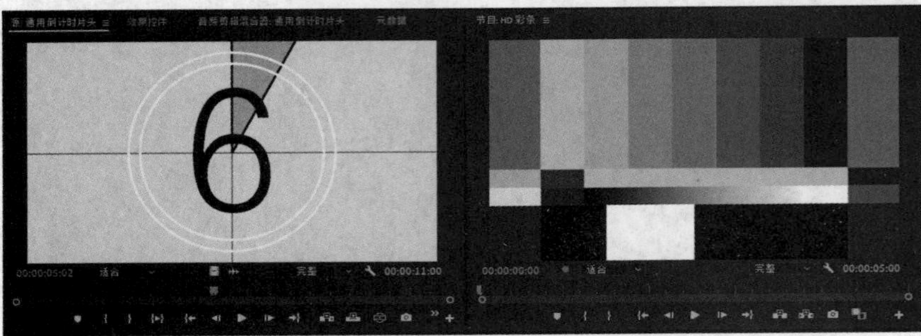

图 5-10 监视器面板

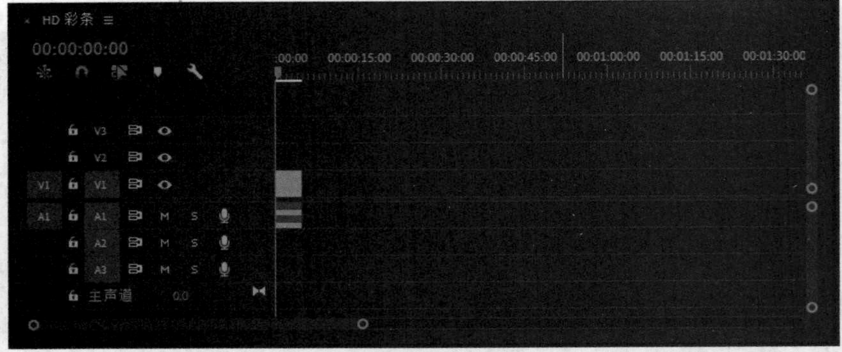

图 5-11 “时间轴”面板

（4）工具面板

工具面板用于显示各种在“时间轴”面板中编辑需要的工具。在选择一个工具之后，鼠标指针将会变成此工具图标的外形。工具面板如图 5-12 所示。

（5）“信息”面板

当选择不同面板中的元素以后，相关信息就会显示在“信息”面板中。具体显示的内容取决于媒体的类型和当前鼠标指针所在的面板等，这些信息可以为编辑工作提供参考。“信息”面板如图 5-13 所示。

图 5-12　工具面板

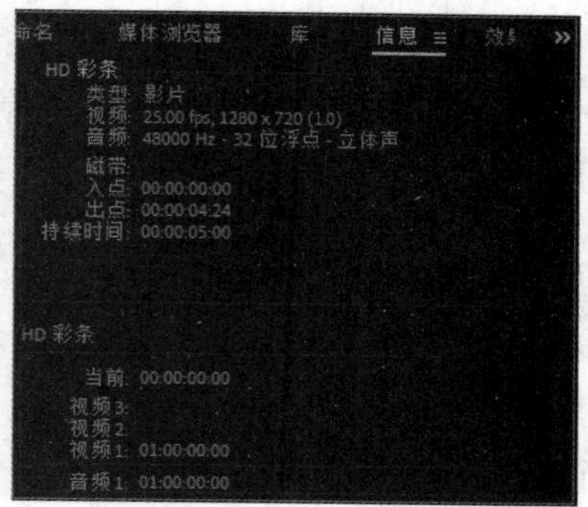

图 5-13　“信息”面板

5.2　案例 1　定制并保存自己的工作区

在本案例中，将通过改变 Premiere Pro 2020 的设置来定制并保存自己的工作区。

5.2.1　分析思路

本案例的编辑过程主要包括以下操作环节。

（1）改变设置。

（2）保存自定义工作区。

5.2.2　操作步骤

1. 调整用户界面亮度

启动 Premiere Pro 2020，选择“编辑”→“首选项”→“外观”命令，在弹出的“首选项”对话框的“外观”中移动“亮度”滑块，调整到需要的亮度。单击“默认”按钮可恢复默认亮度级别，如图 5-14 所示。当亮度值接近最小值的时候，窗口中的文字会变为灰白色。

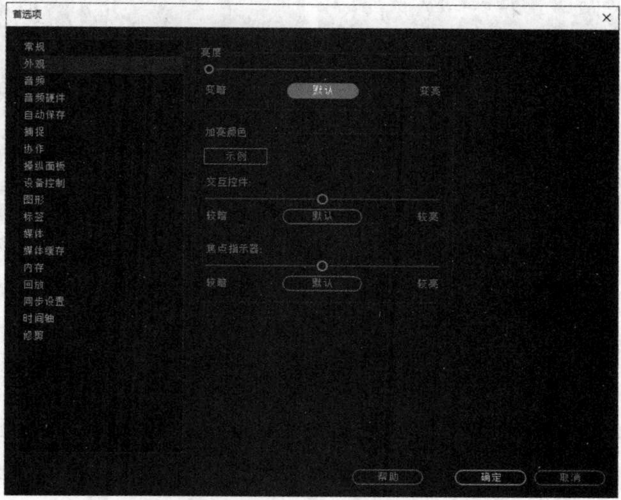

图 5-14　调节亮度

2. 调整面板的大小

移动鼠标指针到“项目”面板和工具面板之间的垂直分割线上，如图 5-15 所示，按住鼠标左键并左右拖动垂直分割线可以调整两个面板的大小。

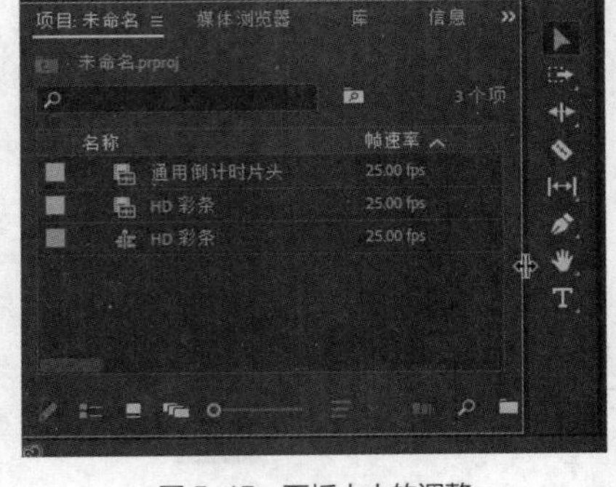

图 5-15　面板大小的调整

移动鼠标指针到监视器面板和“时间轴”面板之间的水平分割线上，按住鼠标左键并上下拖动水平分割线可以改变两个面板的大小。

3. 重新组合各个面板

将工具面板拖动至“项目”面板上，此时“项目”面板所在面板组的显示区域被划分为 5 个区域。当鼠标指针指向某个区域时，该区域将高亮显示，表示该区域为工具面板停靠的目标区域。选择下方的区域，在高亮显示后释放鼠标左键，效果如图 5-16 所示。如果选择在中间区域释放鼠标左键，则效果如图 5-17 所示。

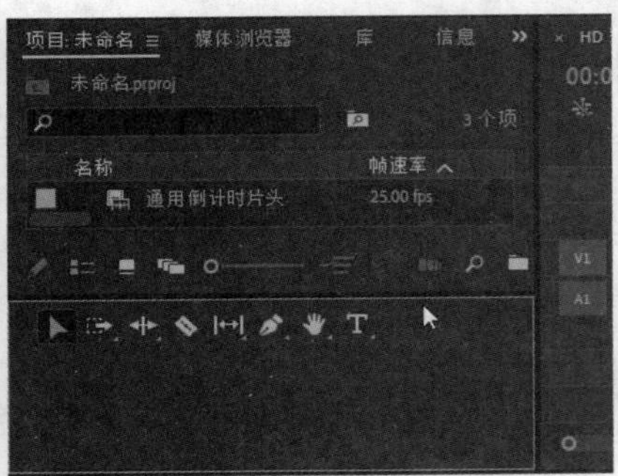

图 5-16　工具面板停靠在下方的效果

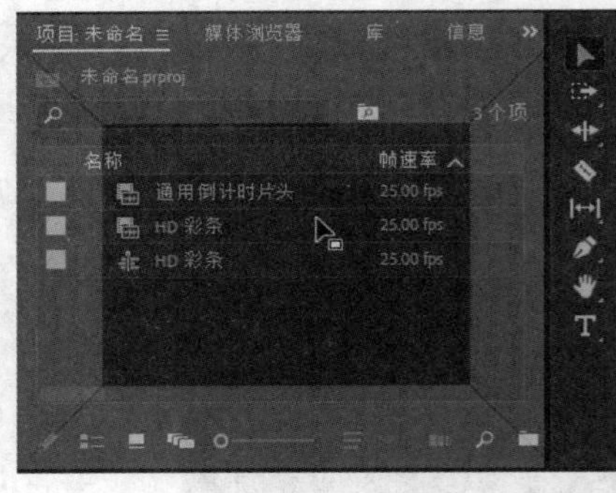

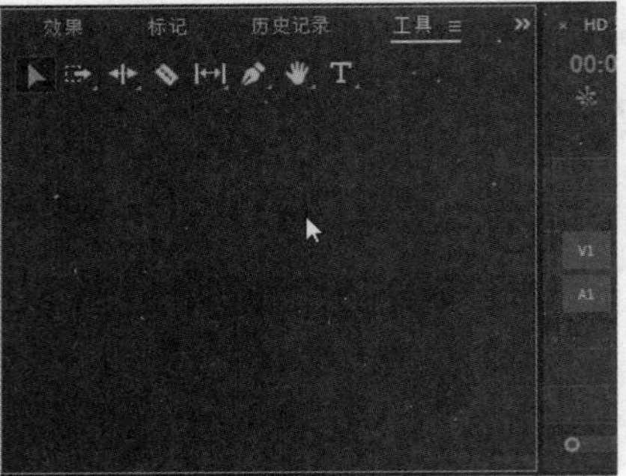

图 5-17　工具面板停靠在中间的效果

4. 关闭和打开面板

单击面板标签上的“关闭”按钮，可以将其关闭。在拖动面板的同时按下“Ctrl”键，可以将该面板变成独立的浮动窗口，可将其在整个屏幕上自由摆放，如图 5-18 所示。

可以使任何面板以最大化模式显示，并切换回正常视图。当鼠标指针悬停在某个面板上时，按“`”键即可将该面板最大化，再按一次“`”键可恢复面板大小。对于激活的面板，选择“窗口”→“最大化框架”命令可将选定面板最大化。要恢复面板大小，可选择“窗口”→“恢复帧大小”命令，也可以按“Shift+`”组合键来最大化所选面板，如图 5-19 所示。

图 5-18　面板自由浮动时的效果

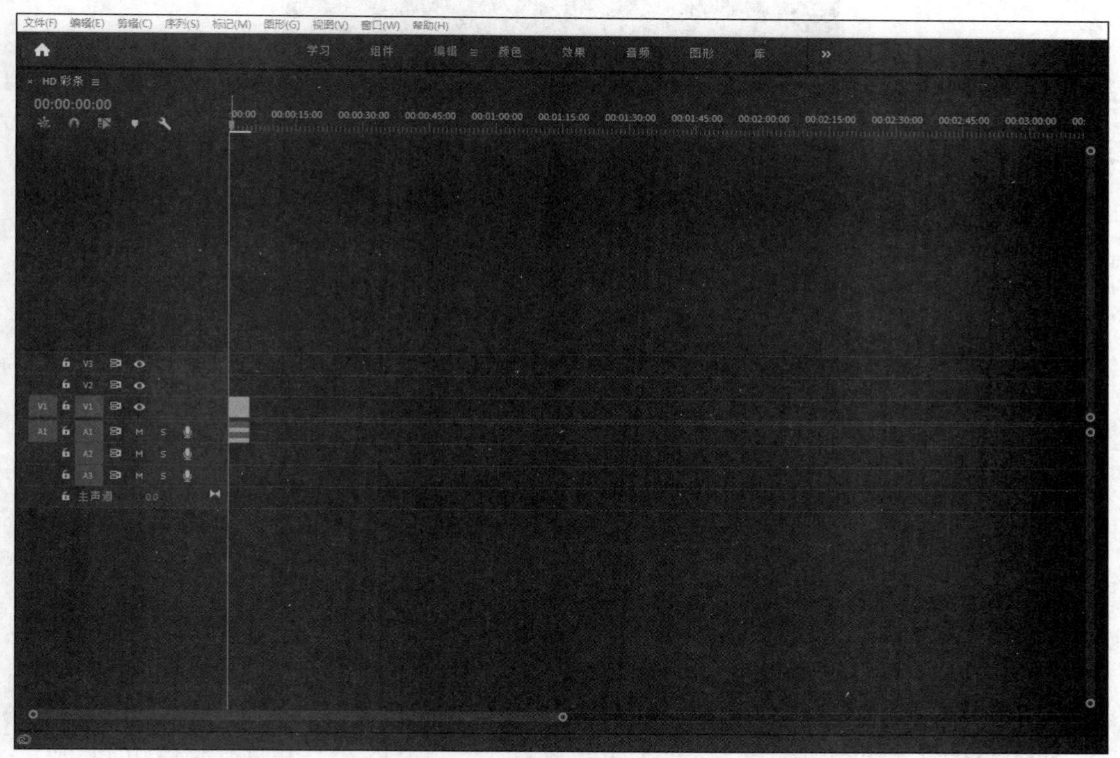

图 5-19　面板最大化时的效果

5. 存储自定义工作区

Premiere Pro 2020 提供了多种默认的工作区布局，在工作区顶部单击按钮即可切换至不同的布局。还可以从“窗口”菜单中打开工作区：打开要操作的项目，选择“窗口”→“工作区”命令，然后选择所需的工作区。

可以更改工作区的显示顺序，也可以将工作区移到“溢出”菜单或隐藏工作区，还可以删除工作区。

单击当前活动的工作区右侧的菜单图标，在弹出的菜单中，选择“编辑工作区”命令，如图5-20所示。

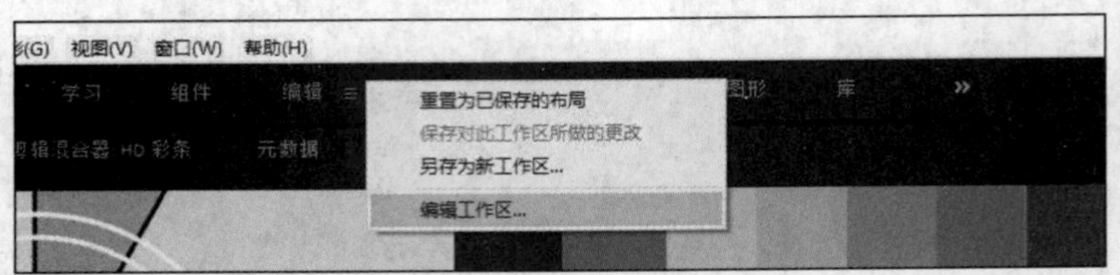

图5-20 “编辑工作区”命令

此时将显示“编辑工作区”对话框，在此处可以重新排列工作区，也可以将工作区移入溢出菜单或将其隐藏，还可以删除工作区。要恢复所做的任何更改，可单击“取消”按钮，如图5-21所示。

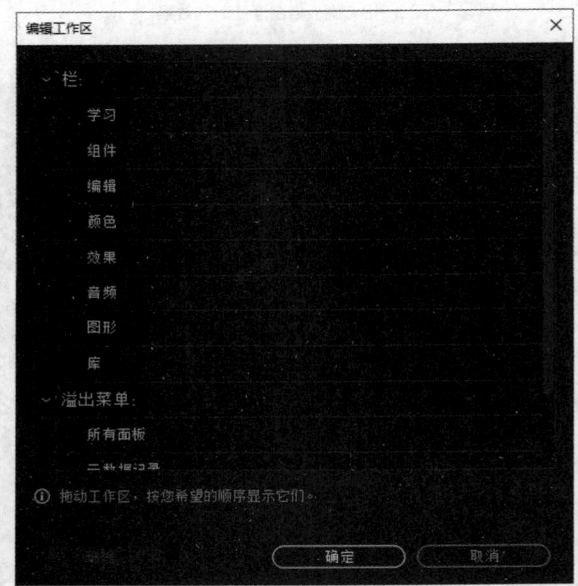

图5-21 “编辑工作区”对话框

用户可以自定义工作区，并将其保存下来随时使用。保存的自定义工作区会显示在工作区顶部，在此可返回和重置自定义工作区。首先根据需要调整面板布局，然后单击当前活动的工作区右侧的菜单图标并选择“另存为新工作区”命令或选择“窗口”→“工作区”→“另存为新工作区”命令。

如需恢复整个工作区的原始状态，可以选择“窗口”→“工作区”→“重置为保存的布局”命令，将工作区恢复到默认的状态。

工作区

合理的工作区布局可以有效地提高工作效率。Premiere Pro 2020允许用户自定义工作区，并可以保存和删除自定义工作区。

5.3 案例 2 创建电子相册

本案例将创建一个简单的电子相册视频。以后可以在此基础上添加其他视频过渡效果、视频效果、字幕等。

5.3.1 分析思路

本案例的编辑过程主要包括以下操作环节。

（1）新建项目，导入素材。

（2）新建序列，整理素材。

（3）将素材拖曳到时间轴上，添加背景音乐，设置转场过渡效果。

（4）输出影片。

创建电子相册

5.3.2 操作步骤

1. 项目建立及素材的导入

（1）启动 Premiere Pro 2020，单击“新建项目”按钮以创建一个新的项目。

（2）在“新建项目”对话框中单击“浏览”按钮，在弹出的对话框中选择“视频制作教程”文件夹。在“名称”文本框中输入“视频短片”作为本实例的项目名称，单击“确定”按钮，如图 5-22 所示。

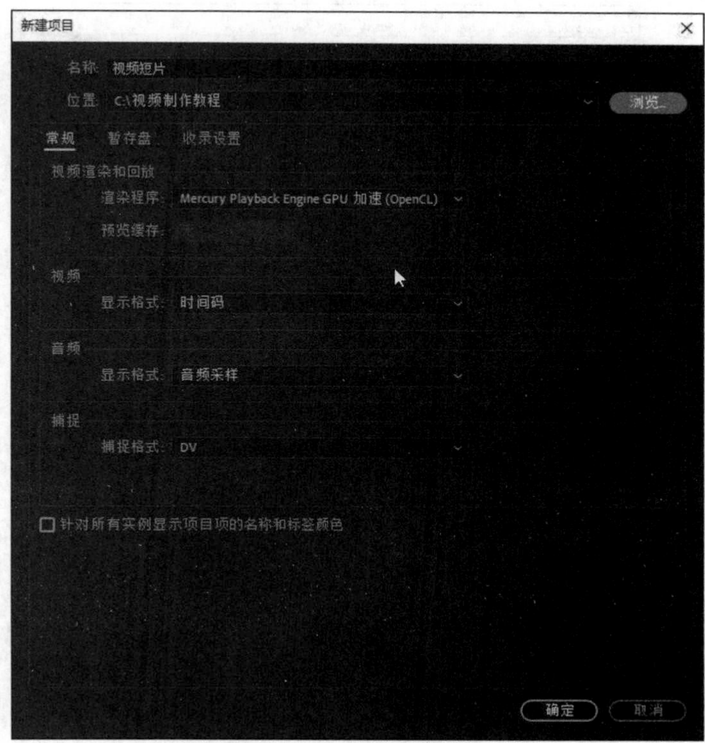

图 5-22 新建项目

（3）在“项目”面板中的空白区域右击，在弹出的快捷菜单中选择“导入”命令，如图5-23所示（或者选择“文件”→“导入”命令，或在“项目”面板中的空白区域双击），打开“导入”对话框。

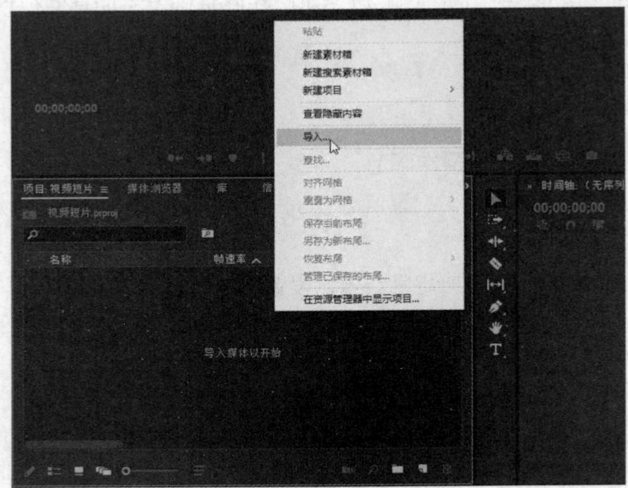

图5-23 “导入”命令

（4）在“视频制作教程”文件夹中的“素材”文件夹中，选择所有素材文件，单击“打开”按钮，导入所有素材，如图5-24所示。

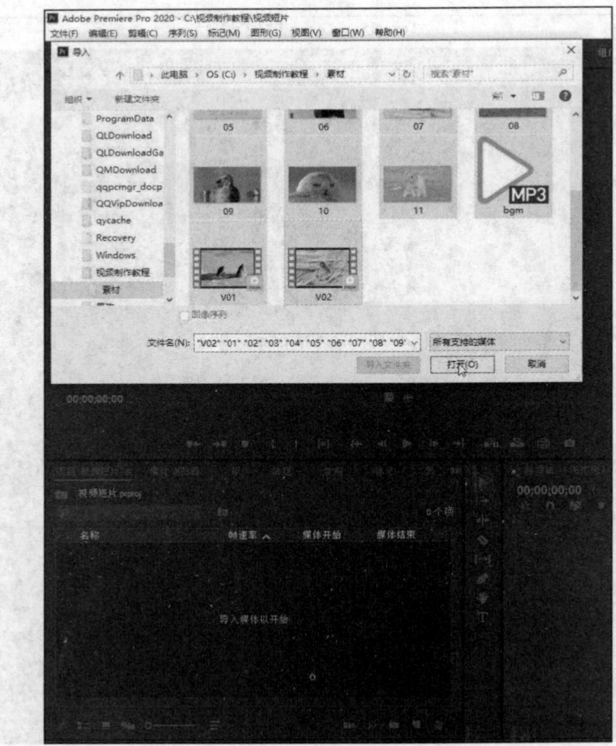

图5-24 “导入”对话框

2．新建序列并整理素材

（1）单击“项目”面板右下方的“新建素材箱”按钮，新建一个素材箱，将其命名为“素材”，再双击打开刚刚创建的素材箱。用同样的方法，在“素材”素材箱中分别创建“图片”“视频”“音频”素材箱，用于分类存放不同类型的素材，如图5-25所示。

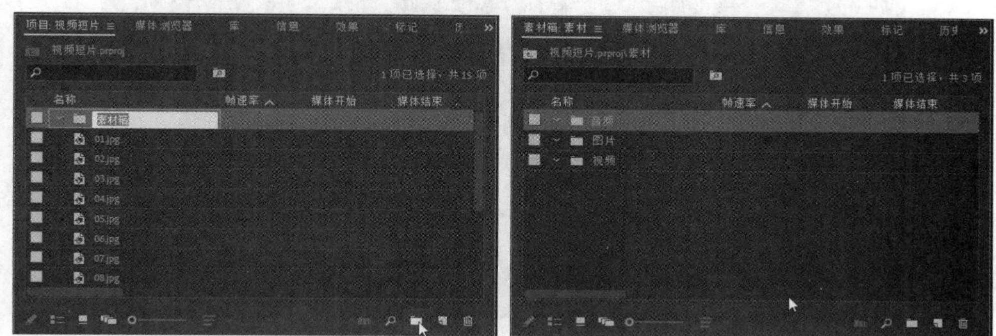

图5-25　在“项目”面板中新建素材箱

（2）单击“返回”按钮，如图5-26所示，返回“素材”素材箱。

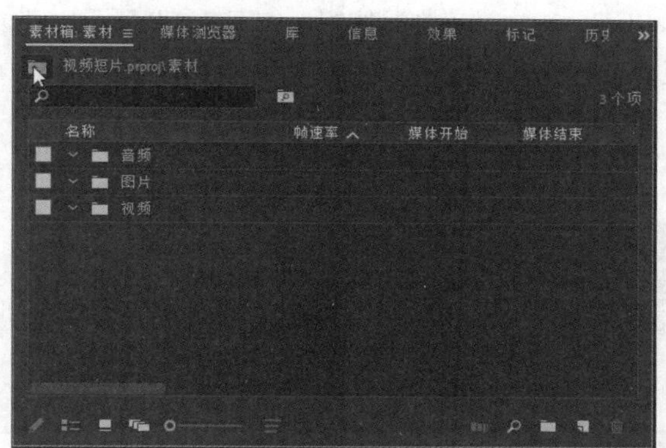

图5-26　返回“素材”素材箱

（3）在“项目”面板中单击“素材”左边的展开按钮，展开素材箱，选择刚才导入的所有图片素材，将其拖曳到“图片”素材箱中。选择“V01.mp4”“V02.mp4”两个视频文件，将其拖曳到“视频”素材箱中。选择“bgm.mp3”，将其拖曳到“音频”素材箱中，如图5-27所示。

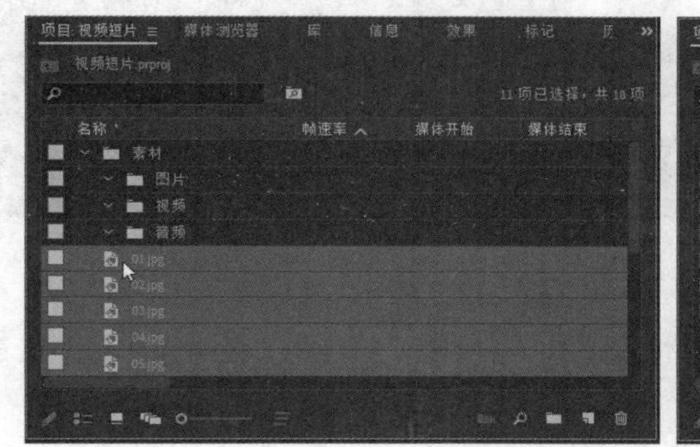

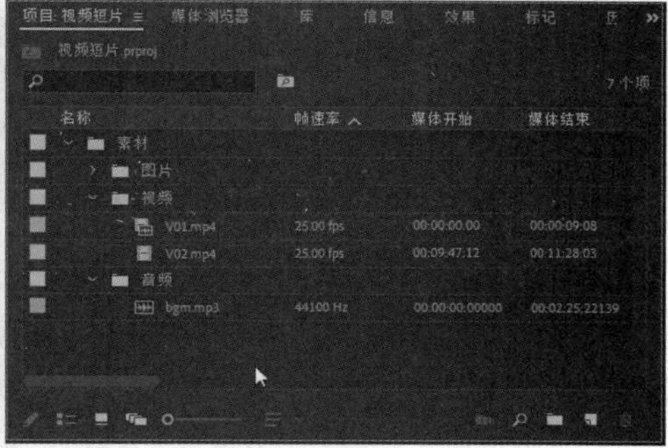

图5-27　整理素材

（4）单击“项目”面板右下方的“新建项”按钮，在弹出的菜单中选择“序列”命令，新建一个序列，如图5-28所示。

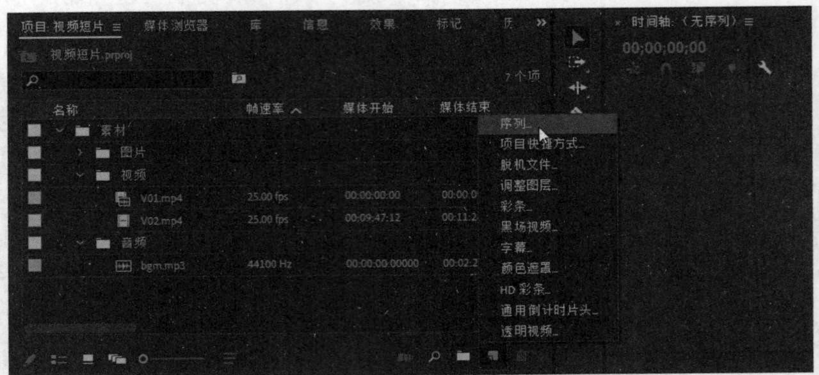

图5-28　新建序列

（5）在“新建序列”对话框的“序列预设”选项卡中，选择预设“AVCHD 1080p25”，在“序列名称”文本框中输入“相册”。单击“确定”按钮，如图5-29所示，完成序列的创建。

（6）在“项目”面板中创建一个素材箱，将其命名为“序列”。将刚才创建好的“相册”序列拖入其中，如图5-30所示。

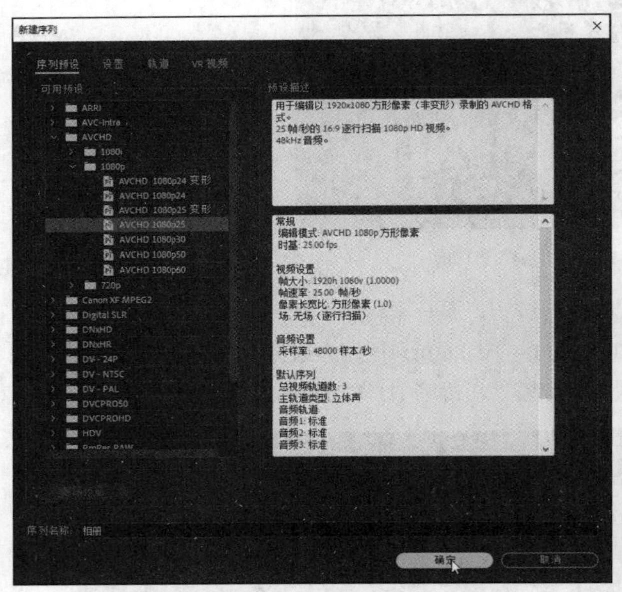

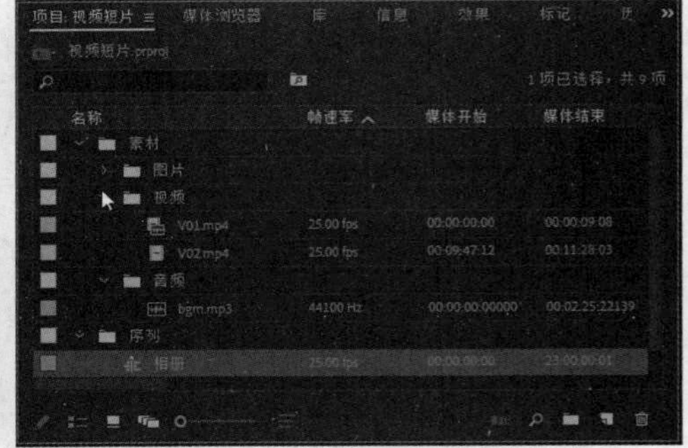

图5-29　选择预设“AVCHD 1080p25”

图5-30　分类存放新建序列

（7）在“项目”面板中双击打开“图片”素材箱，按“`”键使“项目”面板最大化，如图5-31所示。

（8）在面板中按住鼠标左键拖曳素材可以调整素材的位置。可以根据需要将图片按照从左到右、从上到下的顺序进行组织，如图 5-32 所示。

图 5-31　调整面板的大小

图 5-32　调整素材的排列顺序

提示

素材箱

利用素材箱可以合理地组织素材，帮助用户迅速将剪辑内容放到时间轴上。

3. 将素材拖曳到时间轴上

（1）根据设计的素材播放先后顺序，在按住“Ctrl”键的同时，依次在素材箱中选择想要使用的图片素材，再单击右下方的“自动匹配序列”按钮，将素材自动匹配到序列，如图 5-33 所示。

图 5-33 将素材自动匹配到序列

（2）在弹出的“序列自动化”对话框中，将“顺序”设定为“选择顺序”，并取消选中“应用默认音频过渡”和“应用默认视频过渡”复选框，如图 5-34 所示。

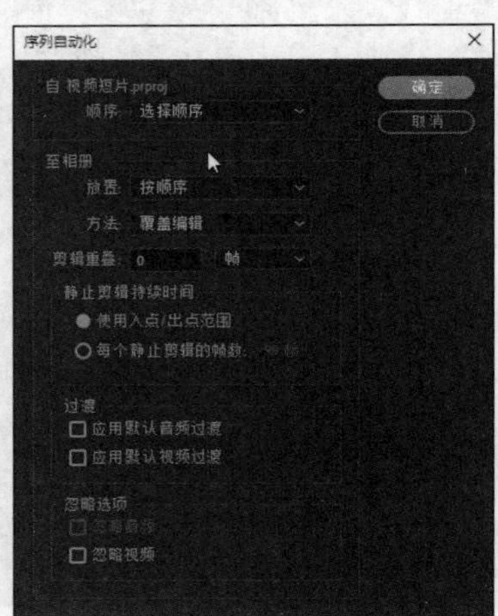

图 5-34 “序列自动化”对话框

（3）单击“确定”按钮，选择的视频素材将自动排列在“时间轴”面板中。

（4）按“`”键，使当前面板恢复到原来的大小，单击“时间轴”面板，将其激活，按下空格键即可播放视频，如图 5-35 所示。

（5）在“项目”面板中的“音频”素材箱中选择“bgm.mp3”素材文件，将其拖动到“时间轴”

面板中的“A1”轨道上，如图 5-36 所示。

图 5-35　播放视频

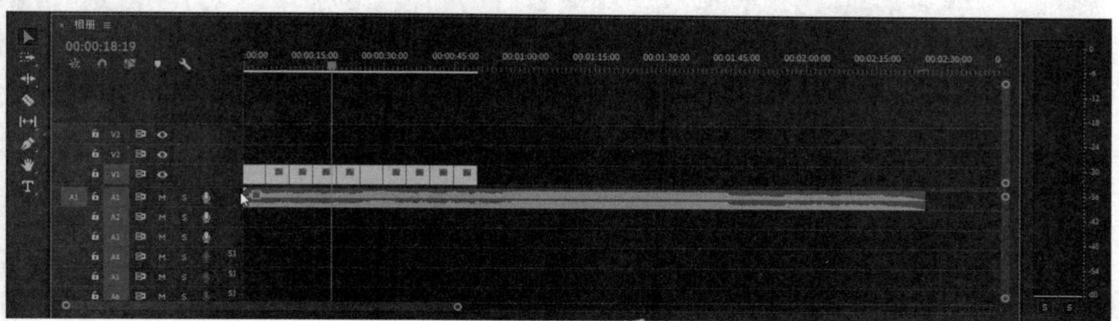

图 5-36　添加音频素材

（6）使用工具面板中的选择工具，在音频 1 轨道上移动刚才添加的素材，使其起始位置跟时间轴的最左边对齐。

（7）保持“时间轴”面板的激活状态，按“\”键将时间轴扩大到整个“时间轴”面板的范围。

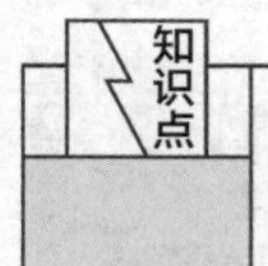

时间轴的缩放

在“时间轴”面板中可以按“-”键缩小时间轴，按“=”键放大时间轴，按“\”键将时间轴扩大到整个“时间轴”面板的范围。

（8）将鼠标指针移动到“bgm.mp3”素材的右边，当出现带向左箭头的括号后，按住鼠标左键向左拖动，拖动到视频素材结束位置附近时鼠标指针会被自动吸附，释放鼠标，如图 5-37 所示。这样在视频画面结束之后多余的音乐就被自动删除了。

（9）按“=”键或者拖动“时间轴”面板下方的滚动条，将时间轴扩大到合适的范围，以方便进一步剪辑，如图5-38所示。

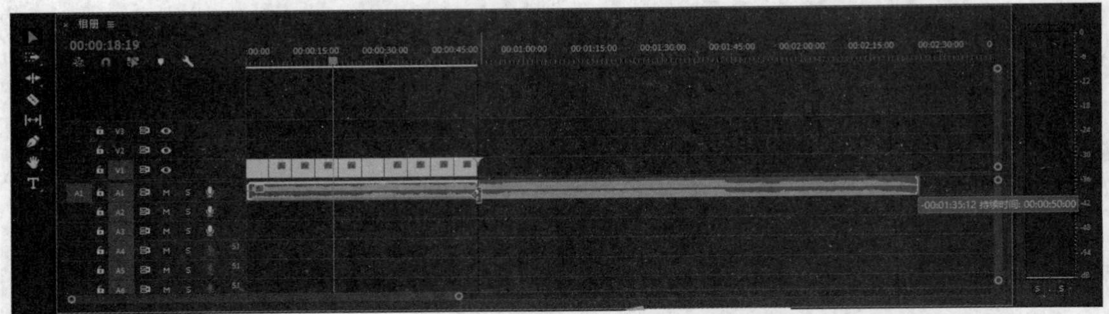

图5-37　调整音频素材的出入点

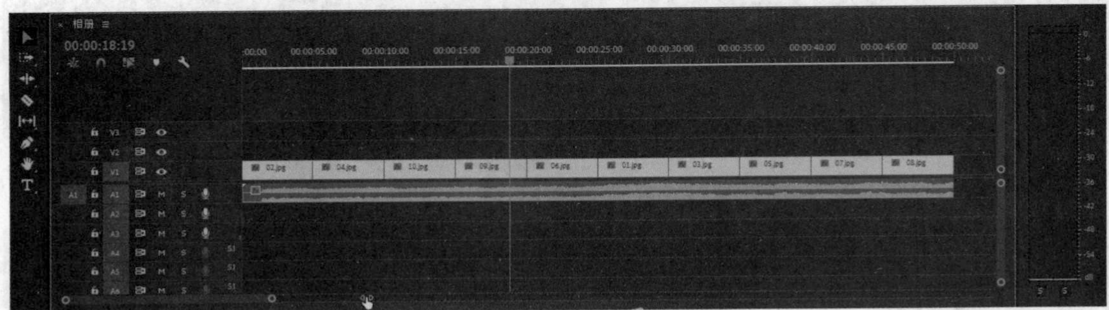

图5-38　将素材完全显示

（10）接下来为相邻的图片之间添加视频过渡效果。单击“效果”面板，单击“视频过渡”左边的展开按钮展开视频过渡效果，可以看到内置的多种视频过渡效果。

（11）找到“溶解”下面的“交叉溶解”效果，将其拖曳到时间轴上两个图片之间，如图5-39所示。

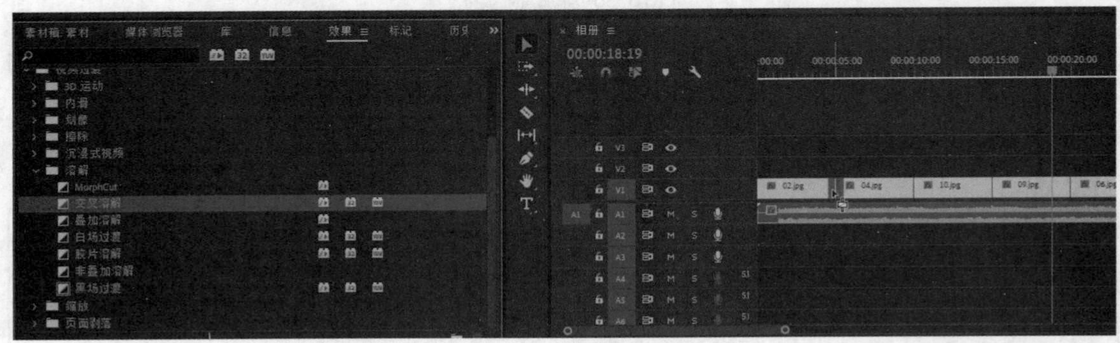

图5-39　添加过渡效果

（12）按照相同的方法为其他图片逐一添加想要的视频过渡效果。

（13）如果想要快速添加视频过渡效果，可以将想要使用的过渡效果设定为默认过渡，然后按

"Ctrl+D"组合键来实现。具体操作方法为，先在想要使用的视频过渡效果上右击，选择"将所选过渡设置为默认过渡"命令，将其设定为默认的过渡效果。按"↑"或"↓"键可以在不同的编辑点之间进行跳转，在需要使用过渡效果的编辑点上，按"Ctrl+D"组合键添加默认过渡效果，如图 5–40 所示。

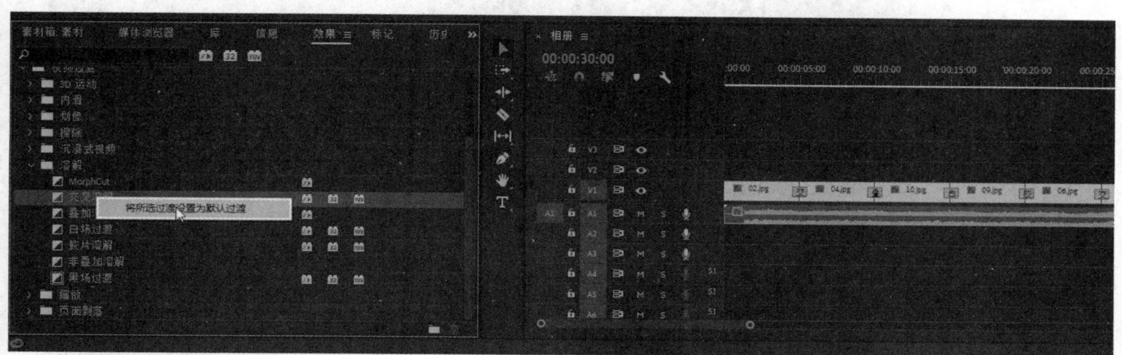

图 5–40　设置默认过渡效果

（14）拖动"时间轴"面板中的播放头可以预览过渡效果，如图 5–41 所示。想要更换其他的视频过渡效果，只需要将新的视频过渡效果重新拖曳到需要替换效果的编辑点就可以了，新的视频过渡效果将会自动替换原来的视频过渡效果。

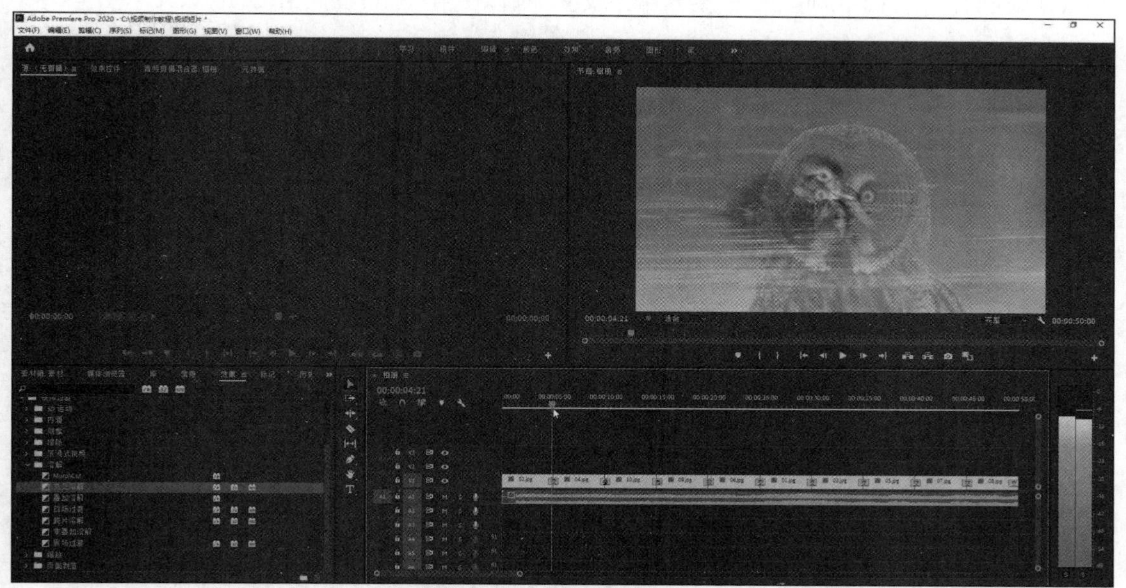

图 5–41　查看视频过渡效果

4. 影片输出

可以按"Enter"键来预览整个影片的效果。如果对效果满意，就可以将影片导出。

（1）选择"文件"→"导出"→"媒体"命令，如图 5–42 所示，或按"Ctrl+M"组合键打开"导出设置"对话框。

图 5-42　开始导出影片

（2）在“导出设置”对话框中设置输出参数。在“格式”下拉列表框中选择“H.264”，在“预设”下拉列表框中选择“匹配源-高比特率”，单击“输出名称”后面的文件名，浏览要输出视频的目录，并在对话框中输入想要保存的文件名“相册”，最后单击“导出”按钮，如图 5-43 所示。

（3）至此，一个简单的电子相册影片就完成了。可以使用播放器播放生成的视频文件。

图 5-43　“导出设置”对话框

影片的导出范围

在“导出设置”对话框中可以设定影片的导出范围，该范围可以是全部序列，也可以是序列中的工作区。

本案例的技术要点如下。

（1）使用预置模板新建项目的方法。

（2）导入素材的方法。

（3）使用素材箱整理素材。

（4）将素材放到时间轴上的基本方法。

（5）添加视频过渡的方法。

（6）调整素材长度的方法。

（7）预览视频效果。

（8）视频文件的输出。

5.4 案例 3　制作移动端竖幅电子相册

本案例将在上一个案例的基础上制作一个手机等移动设备上广泛使用的竖幅视频，并为其添加字幕及过渡效果。

5.4.1　分析思路

本案例的编辑过程主要包括以下操作环节。

制作移动端
竖幅电子相册

（1）利用自动重构序列创建新的序列。

（2）利用“效果控件”面板调节素材的各项参数。

（3）利用“基本图形”面板为影片添加字幕。

（4）输出影片。

5.4.2　操作步骤

1. 自动重构序列

（1）启动 Premiere Pro 2020，打开上一案例创建好的项目文件“视频短片”。

（2）在“项目”面板中，找到已经创建好的序列“相册”，对其右击，在弹出的快捷菜单中选择“自动重构序列”命令，如图 5-44 所示。

（3）在弹出的“自动重构序列”对话框中，设置“目标长宽比”为“垂直 9∶16”，如图 5-45 所示。

（4）单击“自动重构序列”对话框中的“创建”按钮，“项目”面板中会自动创建一个竖幅的序列“相册-[9*16]”，该序列将自动打开，在“节目”面板中可以看到画面效果预览，如图 5-46 所示。

图 5-44 选择“自动重构序列”命令

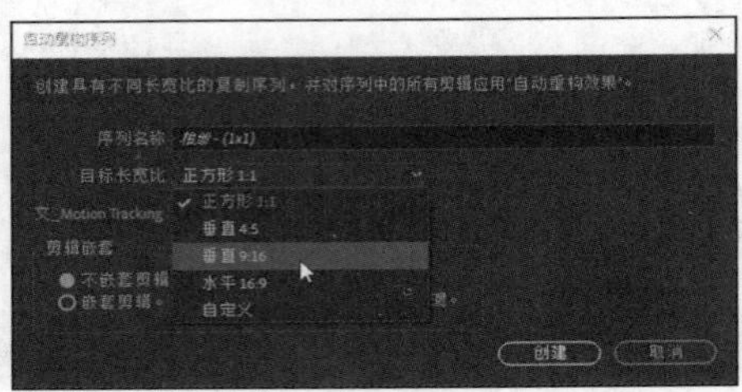

图 5-45 “自动重构序列”对话框

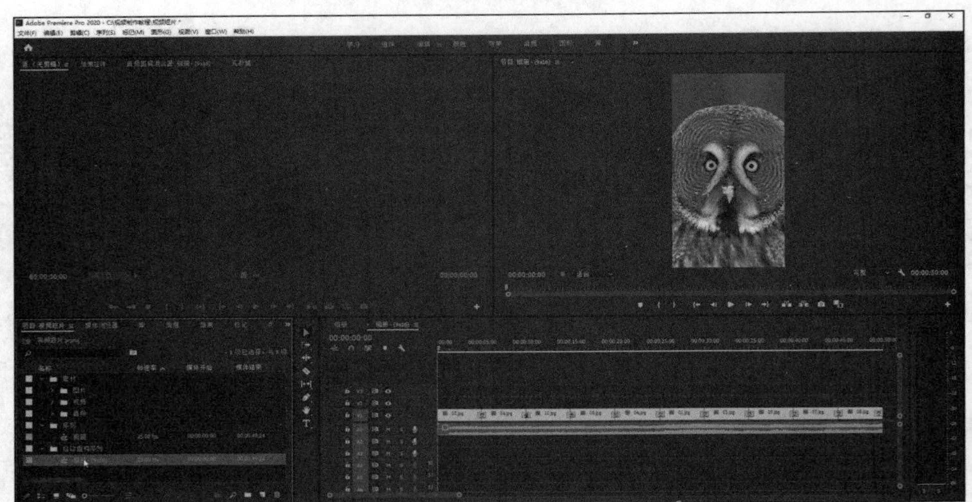

图 5-46 自动重构的序列

新序列的长宽比设定

自动重构生成的序列可以有不同的长宽比，常见的有“1：1”“4：5”“9：16”等，一般用于移动设备播放，也可以根据实际需求，自定义其他画面比例。

（5）拖动“时间轴”面板中的播放头，可以预览自动生成的序列画面效果，内容的基本排列、声音、过渡效果等都得到了完整的保留，只是画面比例根据设定进行了自动调整，为内容创造节省了大量时间。在此基础上，可以对不满意的地方进行进一步的修改。

2. 调节素材位置参数

（1）由于画面比例的变化，原有的素材在新的序列中都会被相应地裁剪，如图 5-47 所示。这一裁剪过程是由软件自动完成的，其中一部分可能并不能够完全满足我们创作的要求，因此我们可以在序列中对素材进行进一步的调整。

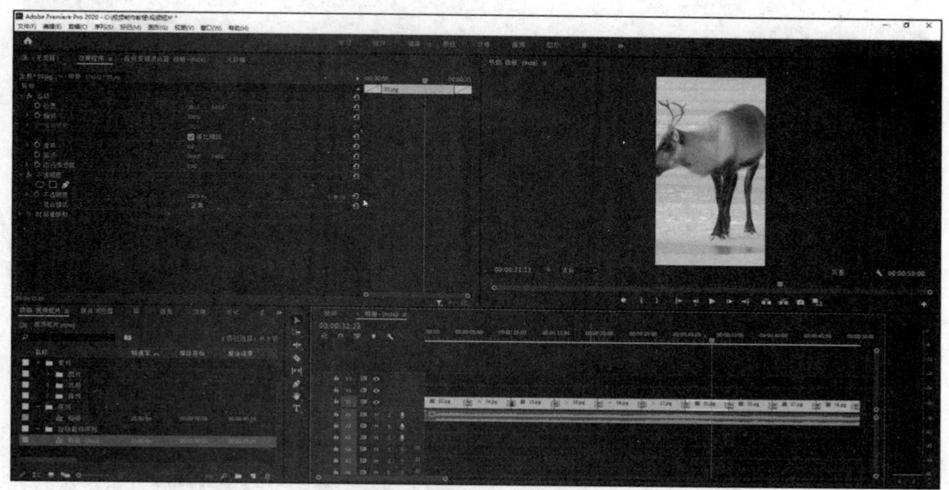

图 5-47　自动重构得到的部分画面

（2）以图片“04.jpg”为例，对其位置进行进一步的修改。选择序列中轨道“V1”上的“04.jpg”，单击“效果控件”面板，单击“运动”下的“位置”属性栏，可以看到右边“节目”面板中的预览画面出现了调节控制手柄，按住鼠标左键拖动“节目”面板中的素材或者调节“位置”属性栏右边的参数即可对素材位置进行调整，如图 5-48 所示。

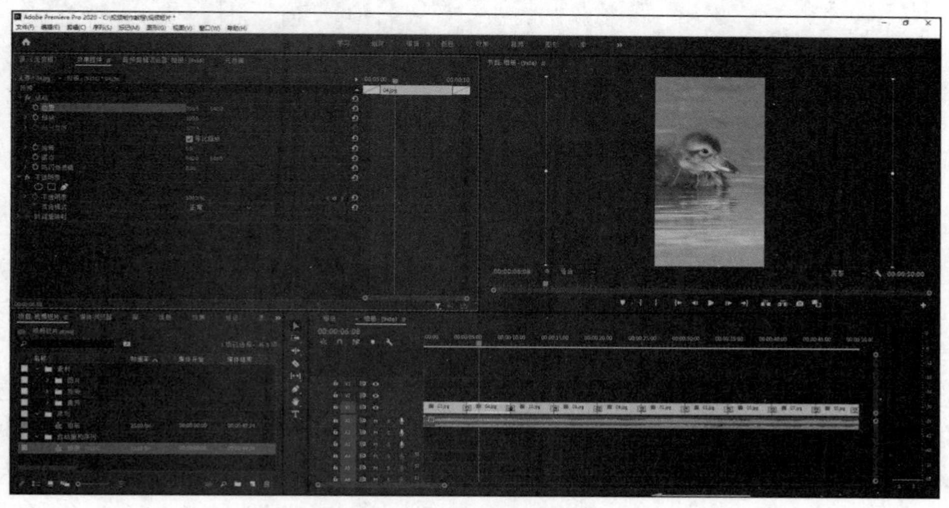

图 5-48　“效果控件”面板中的参数设置

（3）按照相同的方法调节其他素材的位置参数，对画面重新构图。

3．利用“基本图形”面板为影片添加字幕

（1）选择工具面板中的文字工具T，在“节目”面板中的画面上单击，输入文字“自动重构序列”，此时视频轨道“V2”上也自动添加了一个剪辑，如图5-49所示。

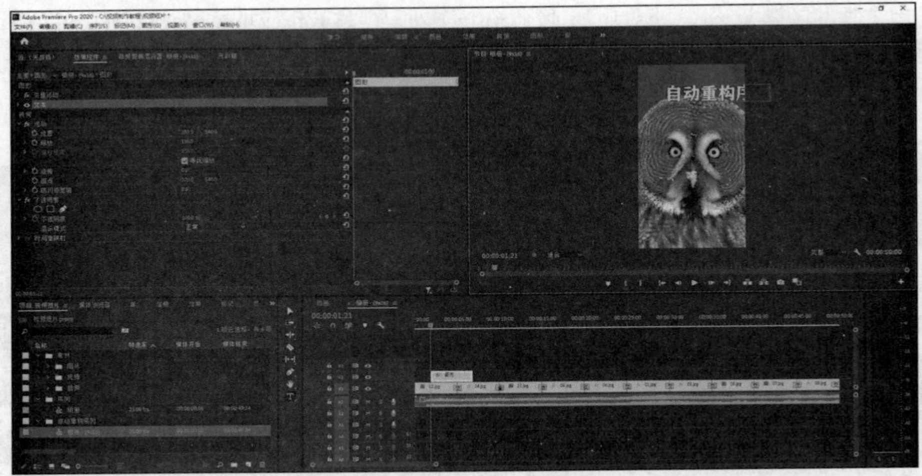

图5-49　利用“文字工具”创建字幕

（2）切换到图形工作区，方便对字幕做进一步的设置与修改，如图5-50所示。

图5-50　切换到图形工作区

（3）选择工具面板中的选择工具，按住鼠标左键拖动字幕到合适的位置，如图5-51所示。

（4）在“基本图形”面板的“编辑”选项卡中，对图形进行进一步的参数设置。对于文字，可以设置文字的字体、字号、对齐方式、填充颜色、描边颜色、背景阴影等，如图5-52所示。

（5）可以利用选择工具调整素材的入点和出点，从而控制素材播放的时间。这里希望“自动重构序列”这几个文字始终出现在影片中，因此可以将字幕入点设置在影片最开始的位置，将出点设置在影片结束的位置。具体操作方法是将鼠标指针放在“V2”视频轨道字幕素材的左边，当其变为带向左箭头的括号形状时，按住鼠标左键向左拖动到影片的起始点；将鼠标指针放在字幕素材的右边，当其变为带向右箭头的括号形状时，按住鼠标左键向右拖动到影片的终点，如图 5-53 所示。

图 5-51　用选择工具调整字幕位置

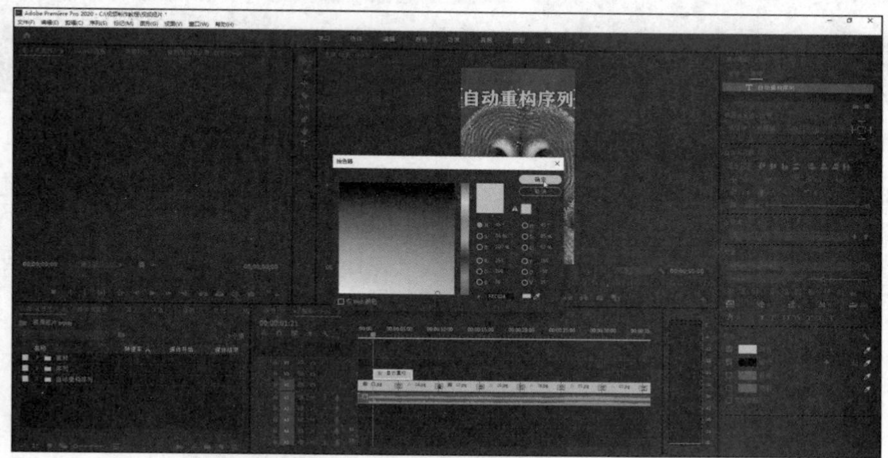

图 5-52　文本、图形参数设置

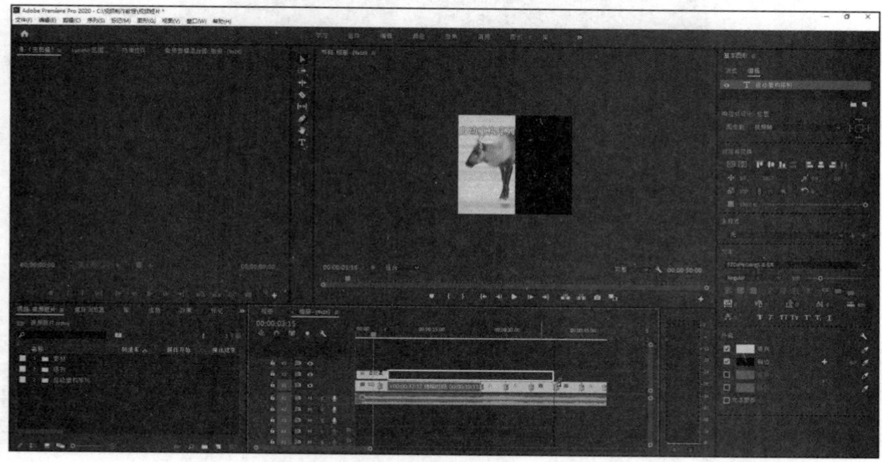

图 5-53　改变素材的播放时间

（6）接下来为每个素材添加对应的字幕。单击视频轨道“V2”左边的“切换轨道锁定”按钮，锁定“V2”视频轨道。将播放头移动到第一个剪辑“02.jpg”的位置，选择工具面板中的文字工具，在“节目”面板中单击，输入“猫头鹰”，如图5-54所示。

图5-54　为第一个剪辑添加字幕

（7）修改“猫头鹰”字幕颜色。在“节目”面板中双击“猫头鹰”文字（或者在右侧的编辑栏中双击“猫头鹰”文字），进入编辑状态。单击“基本图形”面板的“编辑”选项卡中的“填充”，打开“拾色器”对话框，拾取白色，如图5-55所示，单击“确定”按钮，这样文字的颜色就被设置成白色了。

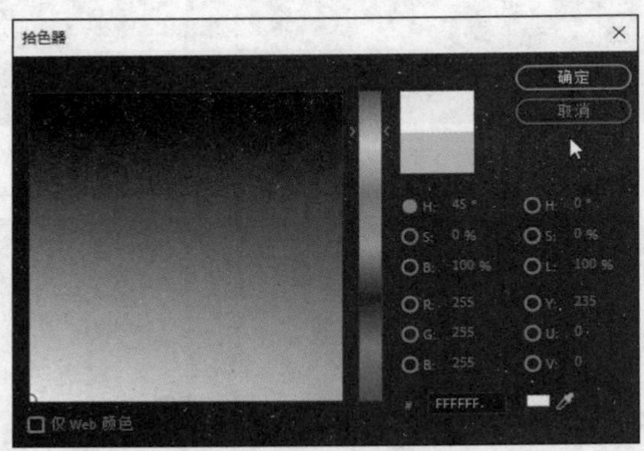

图5-55　文字外观颜色设置

（8）在“基本图形”面板中选中【背景】复选框，为字幕添加背景。设置文本的字号大小为“64”，单击“水平对齐”按钮，如图5-56所示。

（9）选择选择工具，将视频轨道“V3”上的“猫头鹰”字幕拖动到轨道的最左边。单击视频轨道“V3”左边的“以此轨道为目标切换轨道”按钮，确保其处于选中状态，如图5-57所示。这样接下来进行复制粘贴操作的时候，素材就会被放置在视频轨道“V3”上。

图 5-56　设置文本属性参数

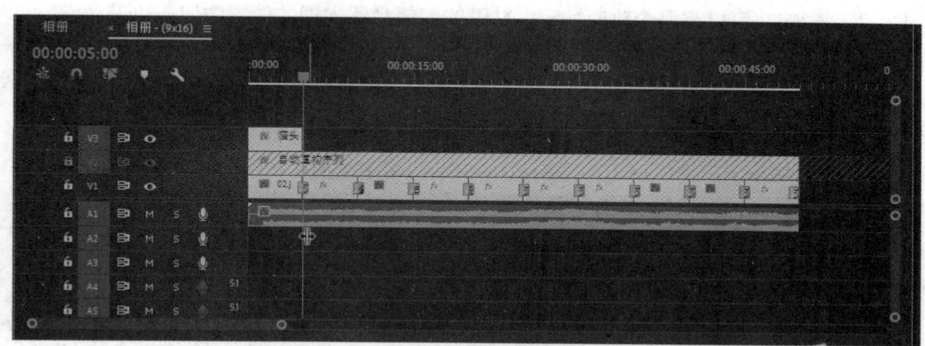

图 5-57　单击“以此轨道为目标切换轨道”按钮

（10）选择“V3”轨道上面的“猫头鹰”字幕素材，按“Ctrl+C”组合键复制，按“↓”键跳转到下一编辑点（也就是跳转到“猫头鹰”字幕素材的出点），按“Ctrl+V”组合键粘贴。这样就得到了一个和前面完全一样的新字幕，如图 5-58 所示。

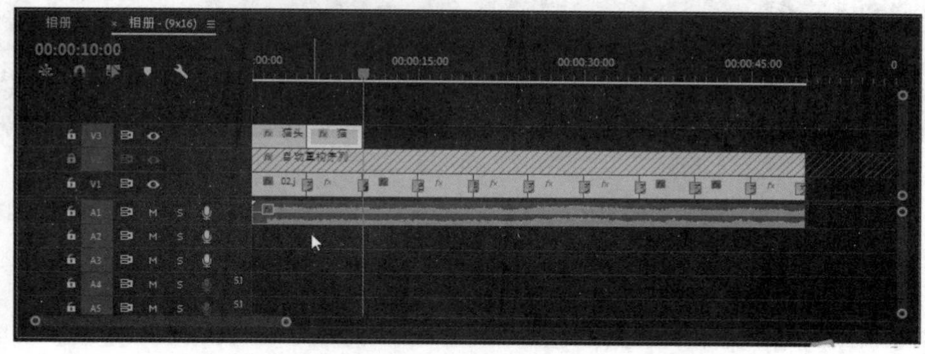

图 5-58　复制得到新字幕

（11）按“Ctrl+V”组合键粘贴多次，得到其他图片所需要的字幕，如图 5-59 所示。

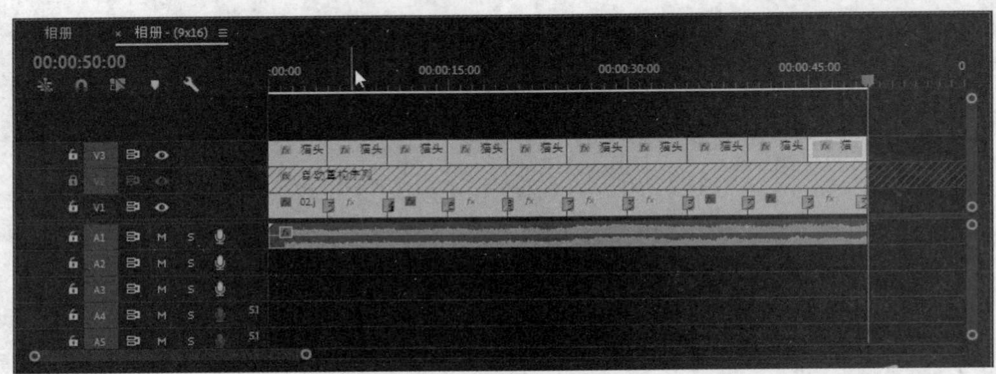

图 5-59　复制出更多的字幕

轨道锁定及目标轨道

被锁定的轨道不受其他任何操作的影响。为了防止一个轨道上面的素材由于误操作而受到影响，可以将整个轨道锁定。粘贴的剪辑片段出现的位置由目标轨道决定。

（12）将播放头移动到第 2 个字幕所在的位置，选择视频轨道“V3”上的第 2 个字幕，双击“节目”面板中的文字进入编辑状态。将“猫头鹰”修改为“野鸭”，如图 5-60 所示。

图 5-60　修改字幕的内容

（13）按照相同的方法修改其他字幕的内容。这种通过复制制作字幕的方法的好处是可以保证字幕的样式、位置等完全一致。

（14）接下来制作一个类似于画中画的视频效果。在“项目”面板中展开素材箱，找到“图片”素材箱下面的“11.jpg”文件，按住鼠标左键将其拖动到“时间轴”面板的最上方，这时会自动创建新的视频轨道“V4”，如图 5-61 所示。

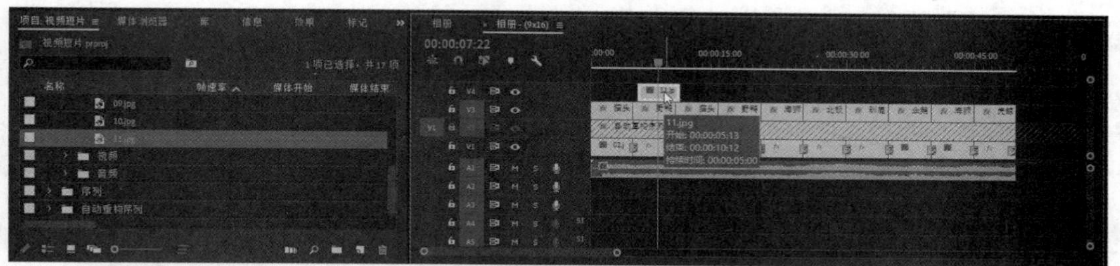

图 5-61　添加素材会自动创建新的视频轨道

（15）使用选择工具将“11.jpg”素材拖动到视频轨道“V3”的北极熊素材的正上方，单击“11.jpg”素材，打开“效果控件”面板，调整“运动”下的“位置”“缩放”参数（或者直接在“节目”面板中调节素材），效果如图 5-62 所示。

图 5-62　调整素材的位置及大小

（16）选择“11.jpg”素材的入点并向右拖动，改变其入点时间。在“效果”面板中找到“菱形划像”效果，将其拖动到“11.jpg”素材的入点位置，单击添加的过渡效果，在“效果控件”面板中进一步调节过渡效果的参数，如图 5-63 所示。

（17）影片的基本效果制作完成了。

4. 影片输出

（1）选择“文件”→“导出”→“媒体”命令，打开“导出设置”对话框。设置“格式”为“H.264”，“预设”为“匹配源-高比特率”，单击“输出名称”后面的链接，浏览到想要输出视频的目录，并在对话框中输入想要保存的文件名，单击“导出”按钮，即可开始输出视频，如图 5-64 所示。

（2）一个常用于移动设备的竖幅视频短片就完成了，可以使用播放器播放生成的视频文件。

本案例的知识要点如下。

图5-63 调整上层素材的出现效果

图5-64 “导出设置”对话框

（1）自动重构序列的方法。

（2）“效果控制”面板的使用。

（3）选择工具和文字工具的使用。
（4）“基本图形”面板中属性参数的设置。
（5）时间轴上视频轨道的使用。
（6）视频轨道的自动添加方法。
（7）输出影片。

5.5 案例 4　制作三屏同步播放的短视频

在手机等移动终端中经常会看到各种各样的短视频，而这些短视频的比例很有可能不完全一样，如何利用素材制作符合手机观看习惯的短视频呢？本案例将制作一个具有模糊背景效果和三屏同步播放的短视频。

5.5.1　分析思路

本案例的编辑过程主要包括以下操作环节。

制作三屏同步播放的短视频 1

制作三屏同步播放的短视频 2

（1）导入素材。
（2）手动创建自定义序列。
（3）设置素材入点和出点，在时间轴上组织素材。
（4）添加视频效果。
（5）制作统一风格的字幕。
（6）导出短片。

5.5.2　操作步骤

（1）启动 Premiere Pro 2020，打开上一案例制作的项目“视频短片”，在上一案例的基础上完成本案例。

（2）单击“项目”面板右下方的“新建项”按钮，在弹出的菜单中选择“序列”命令，如图 5-65 所示。

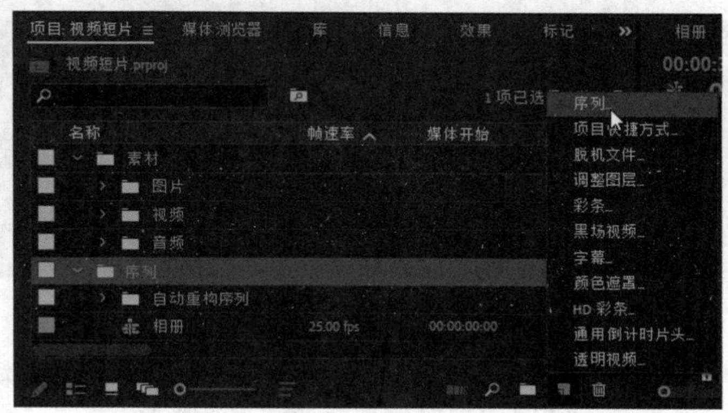

图 5-65　新建序列

（3）在打开的“新建序列”对话框中单击“设置”选项卡。将“编辑模式”设置为“自定义”，“帧大小”设置为“1080×1920”，“序列名称”设置为“竖幅短视频”，单击“确定”按钮创建新的序列，具体参数设置如图5-66所示。

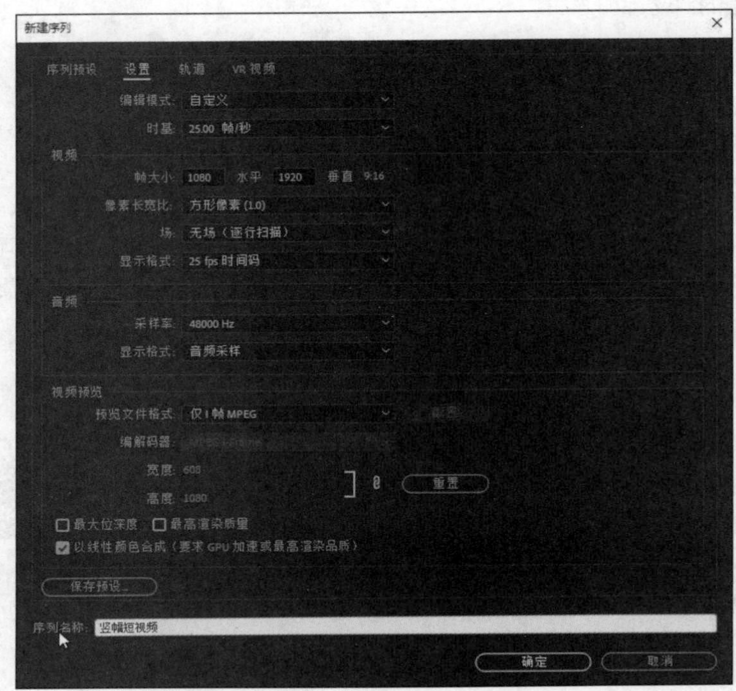

图5-66　自定义创建序列

（4）在“时间轴”面板上关闭除了刚才创建的“竖幅短视频”以外的其他所有序列。在“项目”面板中找到“视频”素材箱下的“V01.mp4”素材，将其拖动到右边“竖幅短视频”序列“V1”视频轨道上，如图5-67所示。

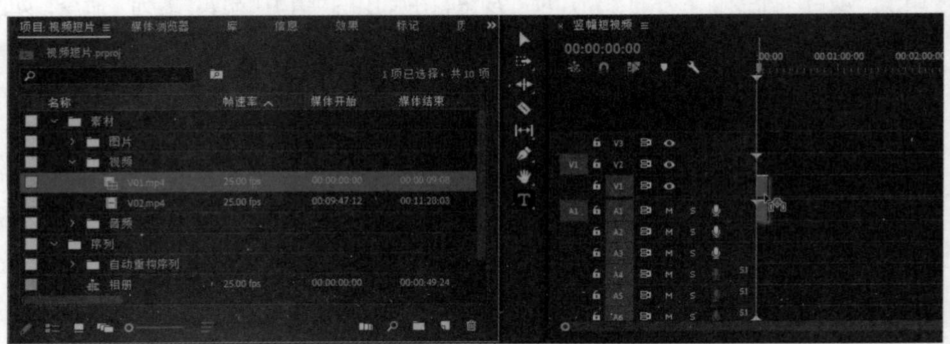

图5-67　将素材添加到视频轨道上

（5）此时会弹出“剪辑不匹配警告”对话框，如图5-68所示。出现这个警告的原因是素材的属性和序列的设置不一致。处理这个警告有两种方法，一是“更改序列设置”，二是“保持现有设置”。“更改序列设置”的含义是修改序列的属性，使其与素材保持一致。“保持现有设置”的含义是保留序列现有的属性参数，不做任何修改。因为前面新建序列时已经根据需要设定好了序列的参数，所以这里单击“保持现有设置”按钮。

图 5-68　剪辑不匹配警告

（6）在“时间轴”面板中拖动播放头，可以在“节目”面板中预览素材的效果。

（7）选择选择工具，在“时间轴”面板中单击素材“V01.mp4”，单击“效果控件”面板中的“运动”按钮，可以在“节目”面板中看到素材上出现了控制手柄，如图 5-69 所示。

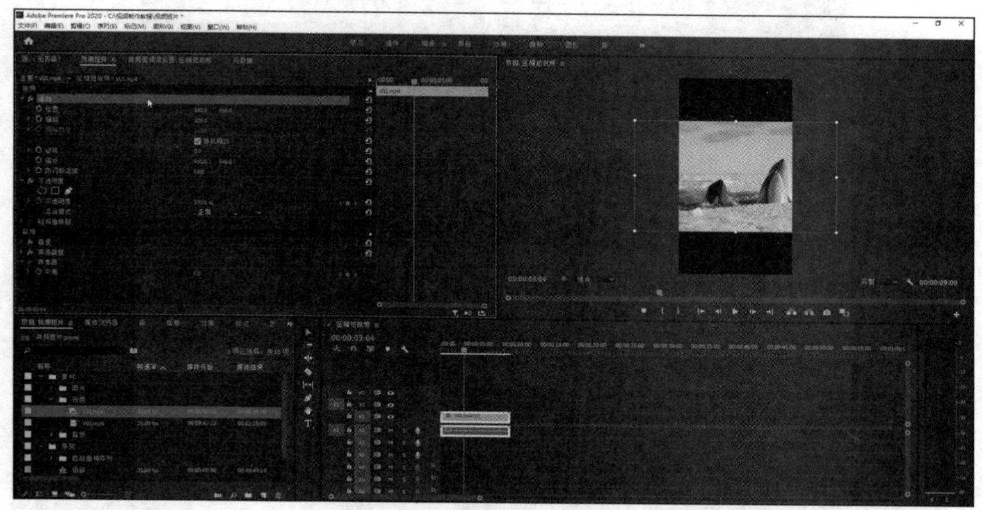

图 5-69　调整素材画面大小

（8）在“节目”面板中拖动素材周围的控制手柄，调节素材的大小。也可以在“效果控件”面板的“缩放”属性栏中设置缩放的比例，可以用鼠标指针拖动数字改变数值，也可以直接输入想要显示的比例值，这里设置为“58”，如图 5-70 所示。

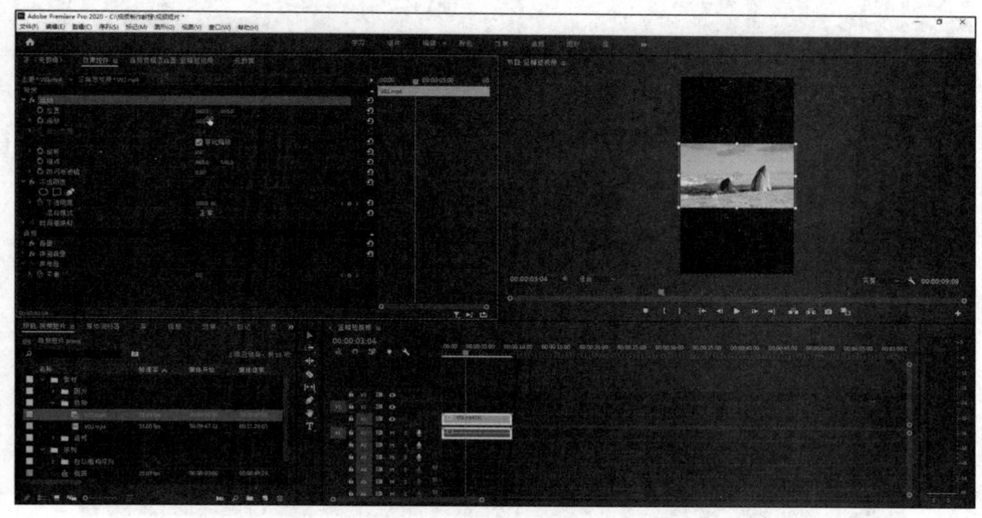

图 5-70　设置素材显示的大小

（9）在“时间轴”面板中选择“V01.mp4”素材，按“CTRL+C”组合键复制。单击“V1”“V2”轨道的“以此轨道为目标切换轨道”按钮，确保“V1”处于未选中状态，“V2”为已选中状态。将播放头移动到序列最左边的位置，按“Ctrl+V”组合键粘贴素材到“V2”视频轨道上，如图5-71所示。

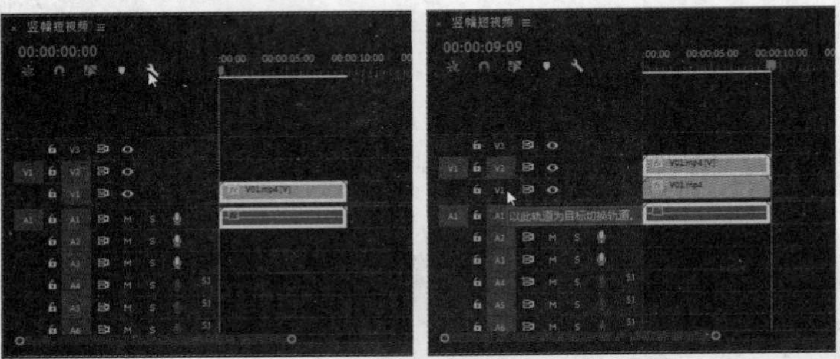

图5-71 将“V1”轨道上的素材复制到“V2”轨道上

（10）选择“V1”视频轨道上的“V01.mp4”素材，设置“效果控件”面板中“缩放”属性栏的参数，让“V01.mp4”素材充满整个画面，如图5-72所示。

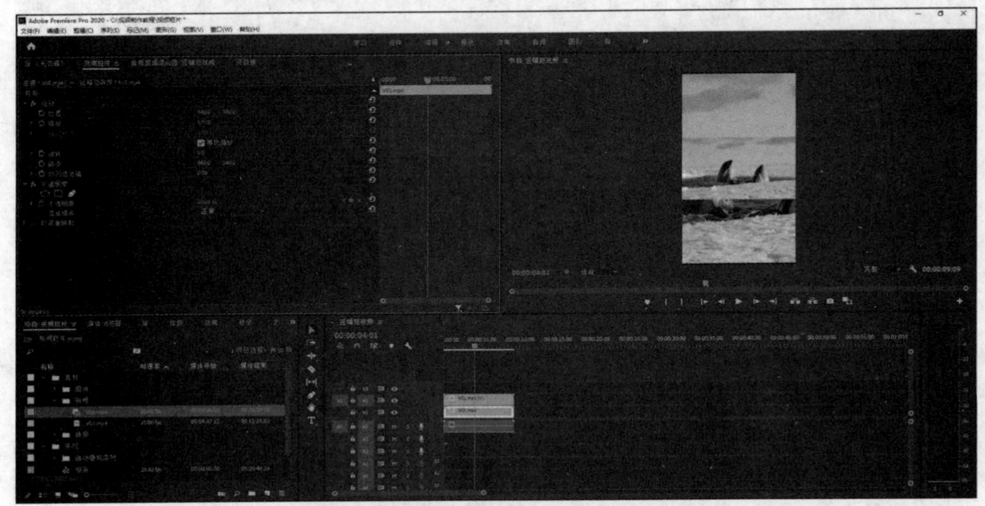

图5-72 调整底层素材的大小

（11）在“效果”面板中找到“视频效果”中“模糊与锐化”下的“高斯模糊”效果，将其拖动到“V1”视频轨道上的“V01.mp4”素材上，如图5-73所示。

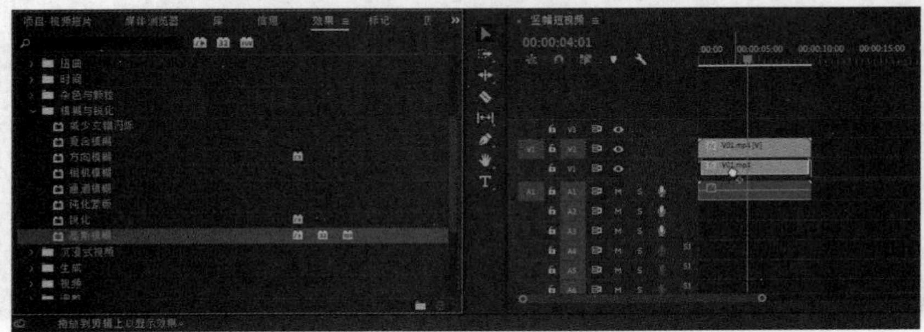

图5-73 为素材添加视频效果

（12）选择“效果控件”面板下刚刚添加好的“高斯模糊”效果，设置“模糊度”为“50”，此时可以在“节目”面板中看到背景层的视频已经变得模糊了，如图 5-74 所示。

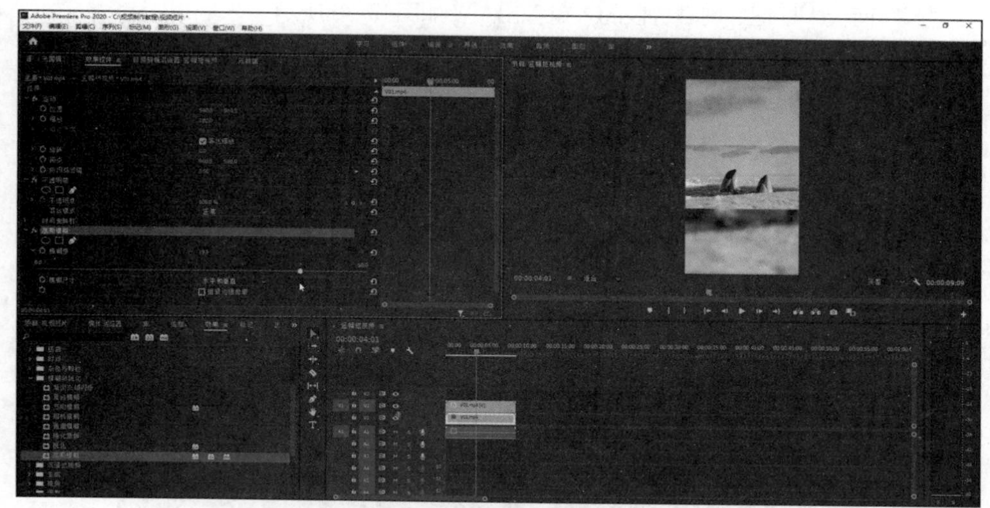

图 5-74　设置视频效果参数

（13）在“项目”面板中双击“V02.mp4”素材，在“源”面板中打开预览，在“源”面板中拖动播放头可以播放素材的内容，如图 5-75 所示。

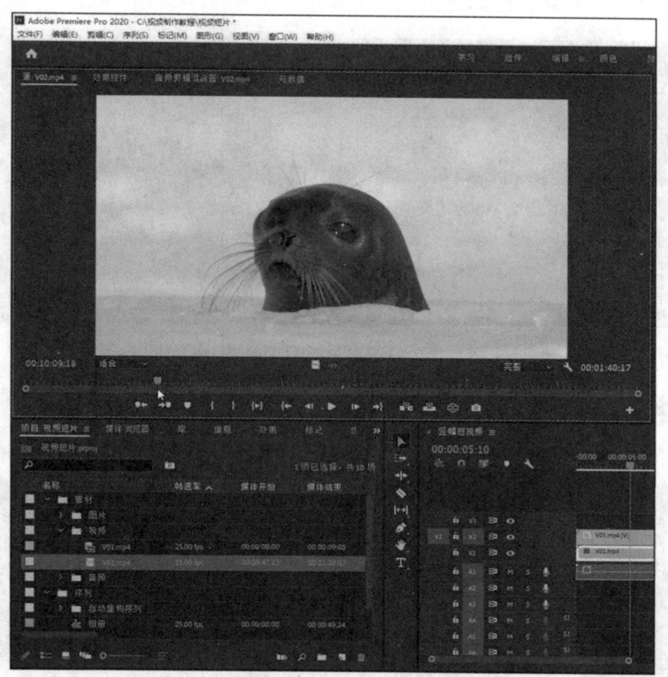

图 5-75　在“源”面板中预览素材

（14）整个“V02.mp4”视频素材的内容比较多，持续时间比较长，这里只需要其中的一小部分片段。剪辑内容开始的位置叫“入点”，结束的位置叫“出点”。找到需要使用的素材部分，为其设定入点及出点。拖动播放头到剪辑片段开始的位置，单击“标记入点”按钮（或按“I”键）可以设定剪辑片段的入点；找到画面结束的位置，单击“标记出点”按钮（或按“O”键）可以设定剪辑片段的出点。在“源”面板中标记好剪辑片段的入点和出点，如图5-76所示。

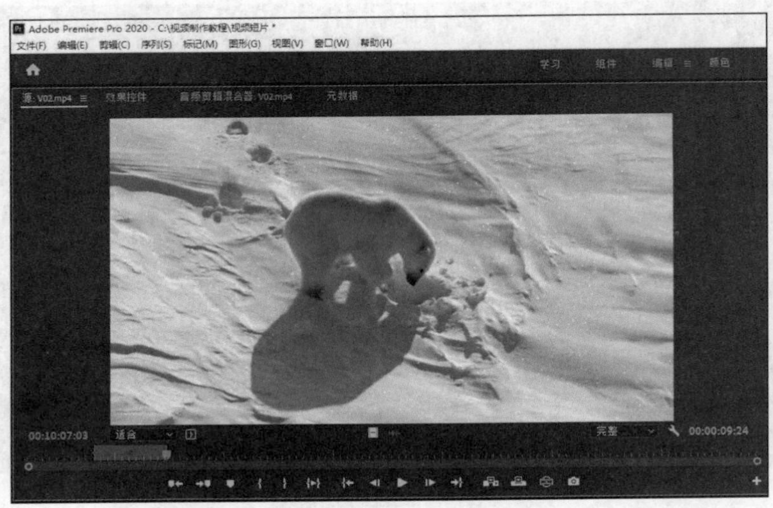

图5-76 标记剪辑片段的入点和出点

（15）将鼠标指针移动到“源”面板中的预览画面上，按住鼠标左键不放，将设定好入点和出点的剪辑片段拖到时间轴的“V1”视频轨道上，如图5-77所示。

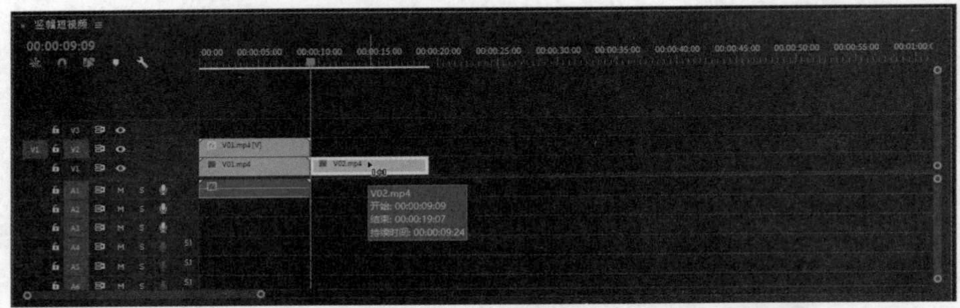

图5-77 将剪辑片段添加到时间轴上

（16）将“V1”视频轨道上的“V02.mp4”剪辑片段复制到“V2”“V3”视频轨道上，如图5-78所示。

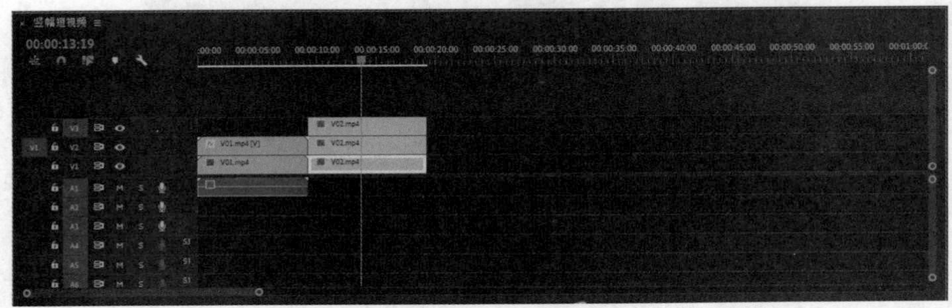

图5-78 复制剪辑片段

（17）将 3 个剪辑片段的画面大小都缩放为原来的 60%。具体操作方法为选择相应的剪辑片段，在“效果控件”面板中将“缩放”设置为“60”，如图 5-79 所示。

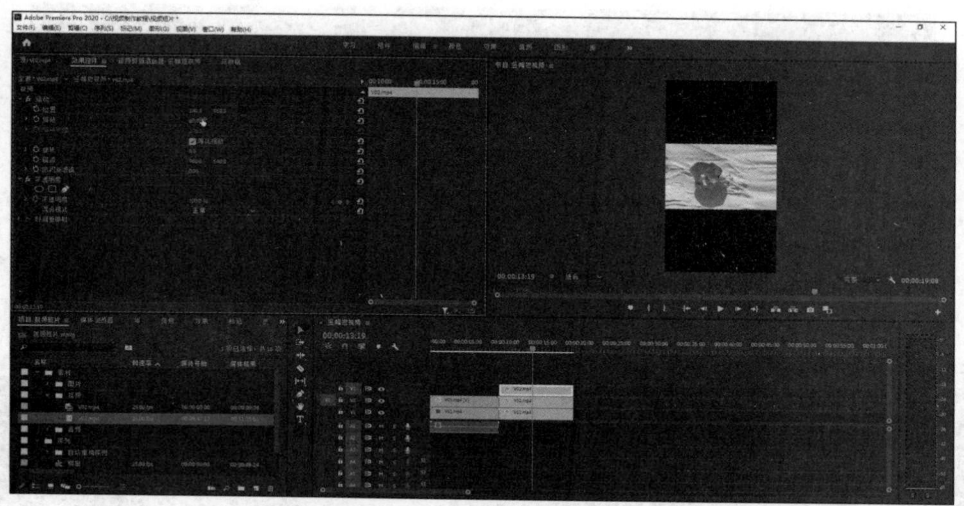

图 5-79　设置剪辑的“缩放”参数

（18）调整 3 个剪辑片段在屏幕上的位置，形成三屏同时放映的效果。具体操作方法为选择相应的剪辑，在“效果控件”面板中找到“位置”参数栏，设置“Y”参数到合适的值，如图 5-80 所示。

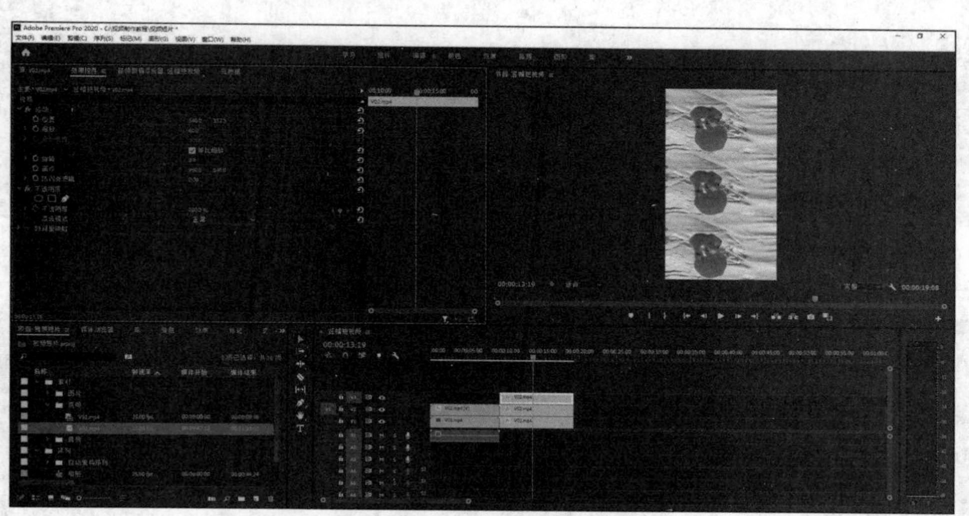

图 5-80　设置剪辑的“位置”参数

（19）在“时间轴”面板左边的空白位置右击，在弹出的快捷菜单（见图 5-81）中选择“添加单个轨道”命令，添加一个视频轨道“V4”，专门用于存放字幕。

（20）将“时间轴”面板中的播放头移动到最开始的位置，选择文字工具，在“节目”面板的画面中单击，输入字幕文字“模糊背景制作”。在“基本图形”面板中选择“编辑”选项卡下面的文字，设置好文字的外观，包括填充、描边、背景、字体、字号、对齐方式等参数，如图 5-82 所示。

（21）单击“节目”面板，确保其处于激活状态。选择“视图”→“显示标尺”命令，使标尺显示在“节目”面板中，如图5-83所示。

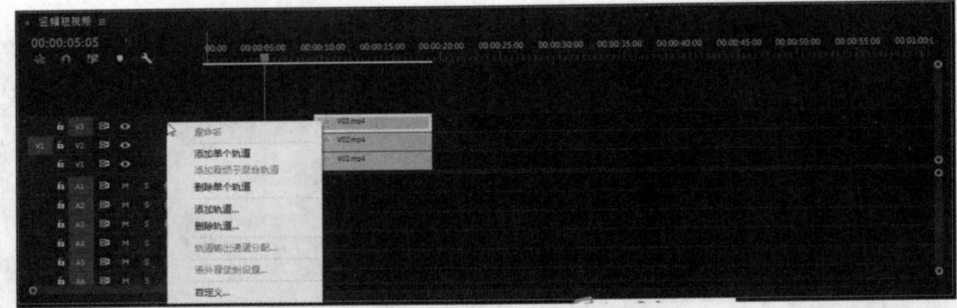

图5-81 添加视频轨道

图5-82 添加字幕

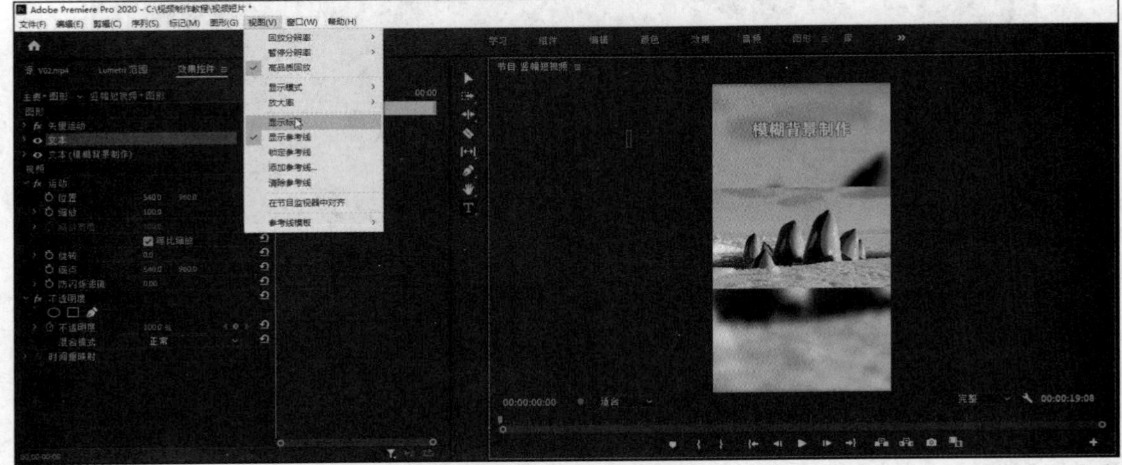

图5-83 显示标尺

（22）选择选择工具，将鼠标指针放在“节目”面板的标尺上，按住鼠标左键不放并向下拖动得到一条参考线，如图 5-84 所示。

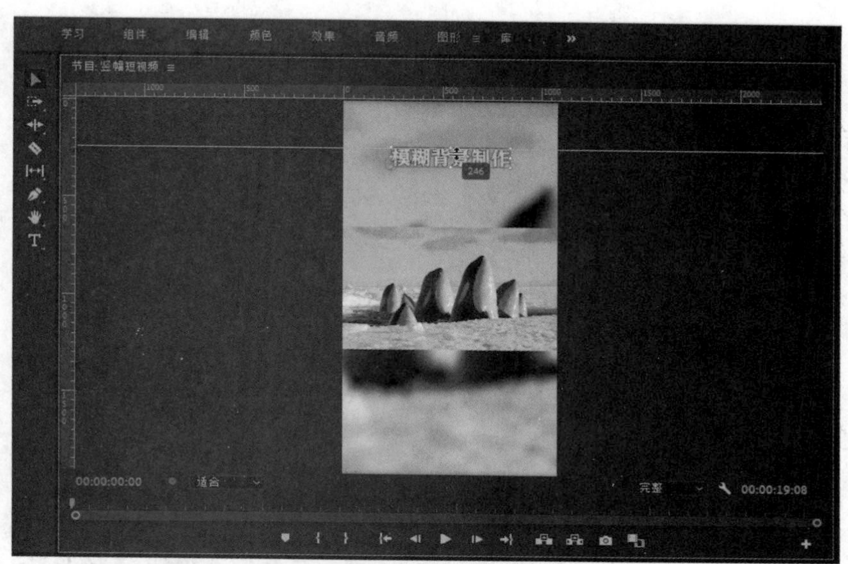

图 5-84　设置参考线

（23）拖动创建好的字幕，将其对齐到创建的参考线上，如图 5-85 所示。当字幕靠近参考线附近时，会被自动吸附到参考线上。

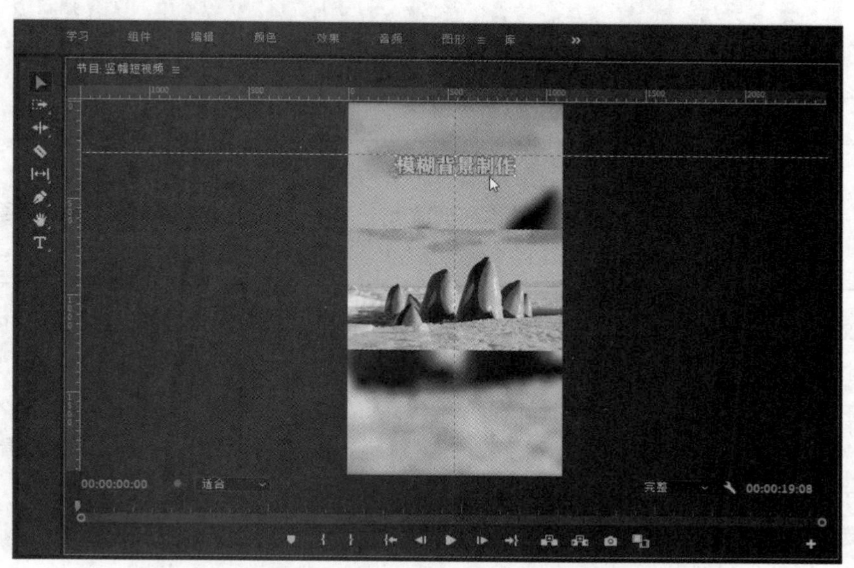

图 5-85　利用参考线调整字幕位置

（24）将“模糊背景制作”字幕剪辑片段移动到“V4”视频轨道上，调节其长度使其长度与下面的“V01.mp4”剪辑片段的长度保持一致。按“↓”键移动播放头到编辑点。选择文字工具在“节目”面板的预览画面上单击并输入文字“三屏同步播放”。按照前面的方法，利用参考线调整字幕的位置，如图 5-86 所示。

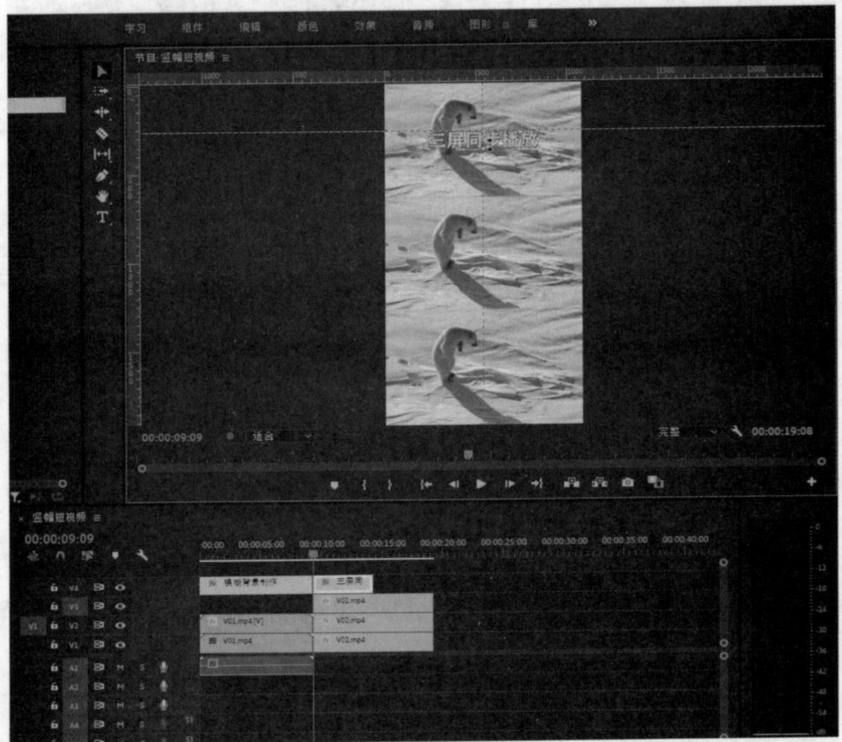

图 5-86 创建字幕

知识点

参考线

利用参考线可以快速对齐窗口中的图形、文本。在窗口中可以设置多条参考线，用于排版时的辅助定位。

（25）改变字幕的出点，使其和下方的视频长度保持一致。调整好了以后，可以按“Enter”键预览效果，如图 5-87 所示。

（26）在“项目”面板中找到“bgm.mp3”素材，将其拖动到“时间轴”面板的“A2”音频轨道上。按“↓”键将编辑点移动到视频的最末端，选择剃刀工具，在“A2”音频轨道编辑点所在的位置单击，将音频素材切开，如图 5-88 所示。

（27）选择选择工具，选择被切开的音乐的右半部分，按“Delete”键将其删除，如图 5-89 所示。拖动播放头可以对视频效果进行预览。

（28）在“效果”面板中找到“音频过渡”下的“恒定功率”，将其拖动到“A2”音频轨道素材的开始和结束的位置，为背景音乐创建淡入和淡出的效果，如图 5-90 所示。

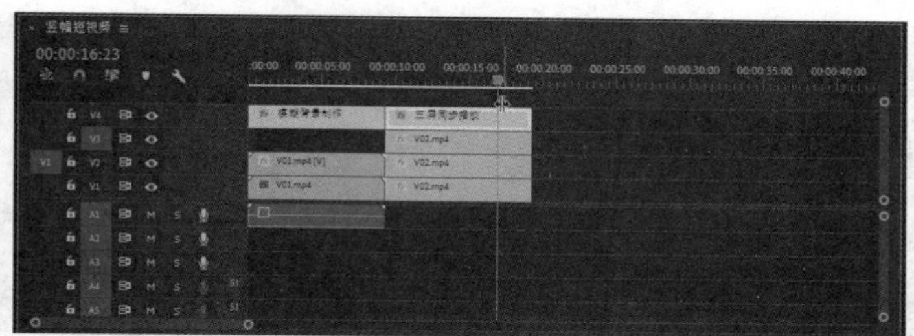

图 5-87　调整字幕出点

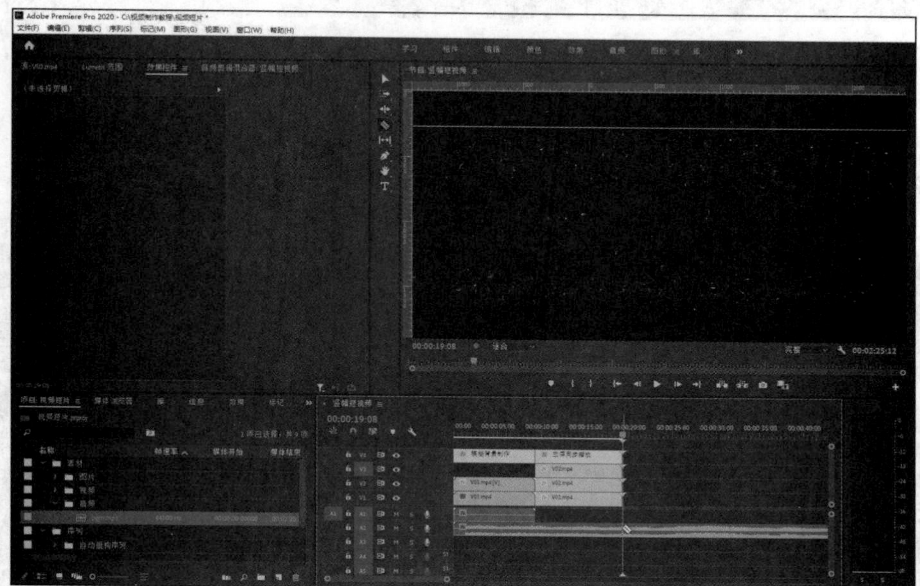

图 5-88　添加并切割背景音乐

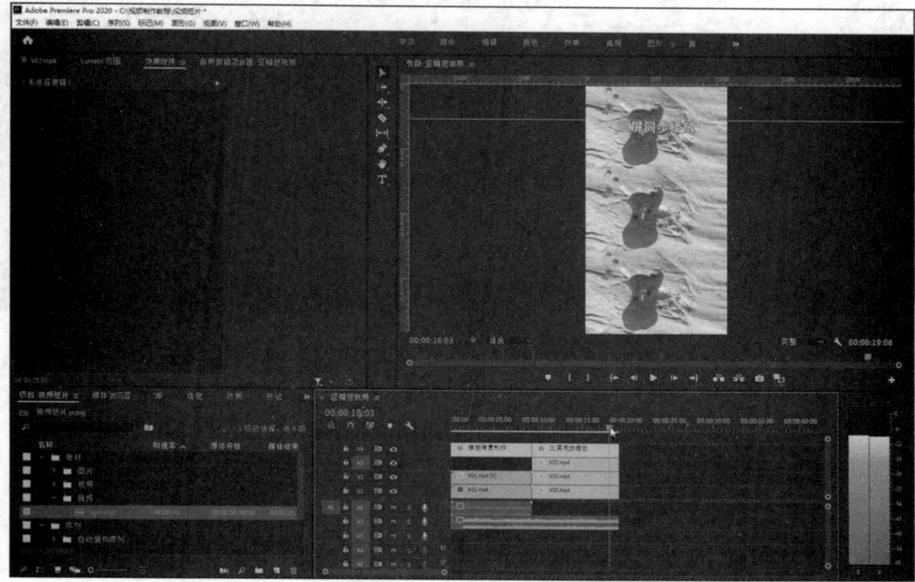

图 5-89　删除多余的背景音乐内容

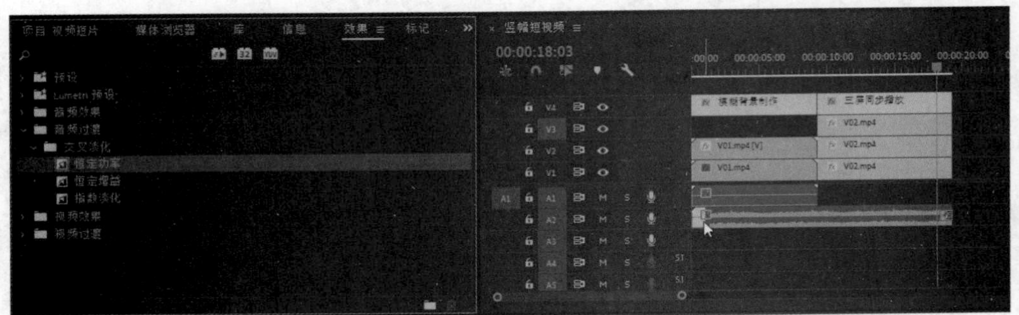

图 5-90　为背景音乐设置淡入、淡出效果

（29）到这里整个效果就制作完成了，可以按“Enter”键来预览整个影片。

（30）按“Ctrl+M”组合键打开“导出设置”对话框，设置好输出的格式、预设模板、输出的文件名称等参数以后，单击“导出”按钮即可输出影片，如图 5-91 所示。

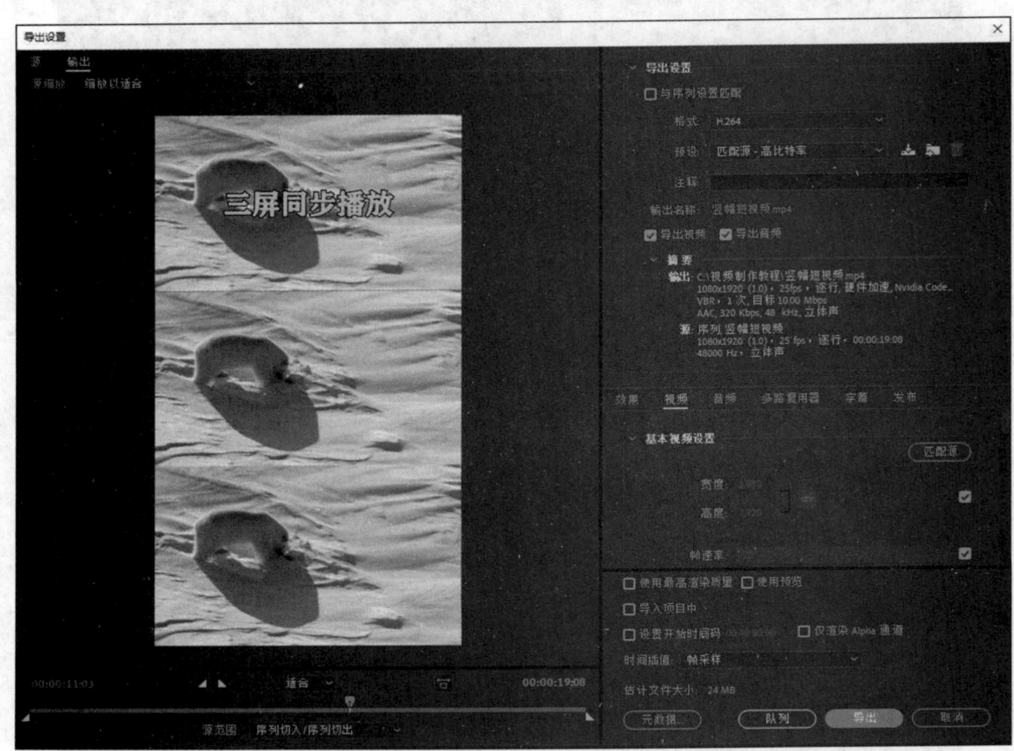

图 5-91　影片导出参数设置

本案例的技术要点如下。

（1）不同规格的序列创建方法。

（2）视频效果的添加与设置。

（3）入点和出点的设置。

（4）剃刀工具的使用。

（5）标尺及参考线的使用。

阅读材料

1. 常见视频接口

（1）射频

射频（Radio Frequency，RF）表示可以辐射到空间的电磁频率。作为最常见的视频连接方式，它可同时传输模拟视频及音频信号。RF 接口传输的是视频和音频混合编码后的信号，显示设备的电路将混合编码信号进行一系列的分离、解码再输出成像。由于需要进行视频、音频混合编码，信号会互相干扰，所以它的画质输出质量是所有接口中最差的。有线电视和卫星电视接收设备也常用 RF 连接，但这种情况下，它们传输的是数字信号。

（2）复合视频

复合视频，也叫作基带视频或 RCA 视频，是全国电视系统委员会（National Television Standards Committee，NTSC）规定的电视信号的传统图像数据传输方法，它以模拟波形来传输数据。不像 RF 接口那样包含了音频信号，复合视频通常采用黄色的 RCA（莲花插座）接头。"复合"是指同一信道中传输亮度和色度信号的模拟信号，但电视机如果不能很好地分离这两种信号，就会出现虚影。

（3）S 端子

S 端子是非常常见的端子，其全称是 Separate Video，也称为 SUPER VIDEO。它的连接采用 Y/C（亮度/色度）分离式输出，避免了混合视讯信号输出时亮度和色度的相互干扰，极大地提高了图像的清晰度。因为分别传送亮度和色度信号，所以 S 端子的画质输出质量要好于复合视频。不过 S 端子的抗干扰能力较弱，所以 S 端子线的长度最好不要超过 7 米。

（4）色差

色差（Component）通常标记为 Y/Pb/Pr，用红、绿、蓝 3 种颜色来标注每条线缆和接口。绿色线缆（Y）传输亮度信号，蓝色和红色线缆（Pb 和 Pr）传输的是颜色差别信号。色差的画质输出质量要好于 S 端子，因此不少 DVD 及高清播放设备上都采用该接口。如果使用优质线材和接口，即使采用 10 米长的线缆，色差线也能传输优秀的画面。

（5）VGA

视频图形阵列（Video Graphics Array，VGA）也被称为 D-Sub，是 IBM 于 1987 年提出的一个使用模拟信号的电脑显示标准。VGA 接口共有 15 针，分成 3 排，每排 5 个孔，是显卡上应用最为广泛的接口类型，绝大多数显卡都带有此种接口。它传输红、绿、蓝模拟信号及同步信号（水平和垂直信号）。VGA 仍然是大多制造商所共同支持的一个低标准，应用十分广泛。

（6）DVI

数字视频接口（Digital Visual Interface，DVI）是 1999 年由 Silicon Image、Intel（英特尔）、Compaq（康柏）、IBM、HP（惠普）等公司共同推出的接口标准。DVI 与 VGA 接口都是电脑中最常用的接口，与 VGA 不同的是，DVI 可以传输数字信号，不用经过数/模转换，所以画面质量非常高。DVI 有多种规范，常见的是 DVI-D 和 DVI-I。DVI-D 只能传输数字信号，DVI-I 接口可同时兼容模拟和数字信号，DVI-I 可以通过一个转换接头和 VGA 相互转换。

（7）HDMI

高清多媒体接口（High Definition Multimedia Interface，HDMI）能高品质地传输未经压缩的高清视频和多声道音频数据，最高数据传输速度为5Gbit/s。HDMI与DVI一样传输全数字信号，无须在信号传送前进行数/模或者模/数转换，可以保证最高质量的影音信号传送。HDMI不仅能传输高清数字视频信号，还可以同时传输高质量的音频信号。对于没有HDMI的用户，可以用适配器将HDMI转换为DVI，但是这样就失去了音频信号。与DVI相比，HDMI的体积更小，而且可同时传输音频及视频信号。DVI的线缆长度不能超过8m，否则将影响画面质量，而HDMI最远可传输15m。只要一条HDMI缆线，就可以取代最多13条模拟传输线，这能有效解决家庭娱乐系统背后连线杂乱的问题。

2. 视频文件的格式

（1）AVI视频格式

AVI（Audio Video Interleaved）即音频视频交错格式。Microsoft公司于1992年推出了AVI技术及其应用软件。在AVI文件中，运动图像和伴音数据是以交织的方式存储的，并独立于硬件设备。它将视频和音频交织在一起进行同步播放。这种交替组织视频和音频数据的方式可以在读取视频数据流时更有效地从存储媒体得到连续的信息。这种视频格式的优点是图像质量好，可以跨多个平台使用，缺点是体积过于庞大。AVI格式的另外一个特点就是开放性，它可以采用不同的压缩算法。也就是说扩展名同为avi的视频文件，其具体采用的压缩算法可能不同，因此也就需要相应的解压缩软件才能进行正确的回放。AVI一般采用帧内压缩，可以使用常用的视频编辑软件（如Premiere Pro等）进行编辑和处理。

（2）DV-AVI视频格式

DV的英文全称是Digital Video Format，是由索尼、松下、JVC等多家厂商联合提出的一种家用数字视频格式。目前非常流行的数码摄像机就是使用这种格式记录视频数据的。它可以通过计算机的IEEE 1394端口传输视频数据到计算机，也可以将计算机中编辑好的视频数据回录到数码摄像机中。这种视频格式文件的扩展名一般是avi，所以也叫DV-AVI格式。

（3）MPEG视频格式

动态图像专家组（Motion Picture Experts Group，MPEG）包括MPEG-1、MPEG-2和MPEG-4（注意，没有MPEG-3，大家熟悉的MP3是MPEG Layer 3）。

MPEG-1制定于1992年，它是针对1.5Mbit/s以下数据传输率的数字存储媒体运动图像及其伴音编码而设计的国际标准。使用MPEG-1的压缩算法可以把一部120分钟长的电影压缩到1.2GB左右的大小。这种视频格式文件的扩展名包括mpg、mpe、mpeg等。MPEG-1被广泛地应用在VCD的制作上。

MPEG-2的设计目标为高级工业标准的图像质量及更高的传输率。MPEG-2主要应用在DVD的制作（压缩）方面，同时在一些HDTV（高清晰电视广播）和一些高要求的视频编辑、处理上面也有应用。使用MPEG-2的压缩算法可以把一部120分钟长的电影压缩到4GB到8GB的大小。这种视频格式文件的扩展名包括mpg、mpe、mpeg、m2v、vob等。

MPEG-4是为了播放流式媒体的高质量视频而专门设计的，它可利用很窄的带宽，通过帧重建技术压缩和传输数据，以求使用最少的数据获得最佳的图像质量。目前MPEG-4最有吸引力的地方在于它能够保存接近于DVD画质的小体积视频文件，使用MPEG-4算法可以把一部120分钟长的电影压缩到 300MB 左右的大小。另外，这种文件格式还包含了以前 MPEG 压缩标准所不具备的比特率的可伸缩性、动画精灵、交互性甚至版权保护等一些特殊功能。

（4）DivX 格式

DivX 格式是由 MPEG-4 衍生出的另一种视频编码（压缩）标准，也是我们通常所说的 DVDrip 格式，它采用了 MPEG-4 的压缩算法，同时又综合了 MPEG-4 与 MP3 各方面的技术，也就是使用 DivX 压缩技术对 DVD 盘片的视频图像进行高质量压缩，同时用 MP3 或 AC3 对音频进行压缩，然后将视频与音频合成并加上相应的外挂字幕文件而形成的视频格式。其画质接近 DVD，并且体积只有 DVD 的几分之一。这种编码对机器的要求也不高，所以 DivX 视频编码技术可以说是一种对 DVD 的发展造成巨大威胁的新生视频压缩格式。

（5）MOV 格式

MOV 是 Apple 公司开发的用于保存音频和视频信息的一种格式，文件扩展名为 mov，默认的播放器是苹果的 QuickTimePlayer。它具有较高的压缩比率和较完美的视频清晰度等特点，但是其最大的特点还是跨平台性，它被包括 macOS、Windows 在内的绝大部分主流计算机系统支持。

（6）RM 格式

RM（Real Media）格式是 RealNetworks 公司制定的音频视频压缩规范，用户可以使用 RealPlayer 或 RealONE Player 播放器对符合 RealMedia 技术规范的网络音频/视频资源进行实况转播，并且 RealMedia 可以根据不同的网络传输速率制定出不同的压缩比率，从而在低速率的网络上进行影像数据实时传送和播放。这种格式的另一个特点是用户使用 RealPlayer 或 RealONE Player 播放器可以在不下载音频/视频内容的条件下实现在线播放。另外，RealServer 服务器可以将其他格式的视频转换成 RM 视频并由 RealServer 服务器对外发布。RM 格式一开始就定位在视频流媒体的应用方面，也可以说是视频流技术的创始者。它可以在用 56k Modem 拨号上网的条件下实现不间断的视频播放。

（7）RMVB 格式

RMVB 格式是在流媒体的 RM 格式上升级延伸而来的。VB 即 VBR，是 Variable BitRate（动态比特率）的缩写。RMVB 打破了原先 RM 格式的平均压缩采样的方式，在保证平均压缩比的基础上，合理利用比特率资源，即复杂的动态画面使用较高的比特率，而静态画面和动作场面少的画面场景使用较低的比特率，这样合理地利用了带宽资源，在牺牲少部分察觉不到的影片质量的情况下最大限度地压缩了影片的大小。

（8）ASF 格式

高级串流格式（Advanced Streaming Format，ASF）是 Microsoft 公司为了和 RealPlayer 竞争而推出的一种视频格式，用户可以直接使用 Windows 自带的 Windows Media Player 对其进行播放。

（9）WMV 格式

Windows 媒体视频（Windows Media Video，WMV）是微软推出的一种采用独立编码方式并且可以直接在网上实时观看视频节目的文件压缩格式。WMV 格式的主要优点包括：本地或网络回放、可扩充的媒体类型、部件下载、可伸缩的媒体类型、流的优先级化、多语言支持、环境独立性及扩展性等。

（10）FLV 格式

流媒体（Flash Video，FLV）格式是一种新的视频格式。目前 FLV 格式被众多新一代视频分享网站所采用，是目前增长最快、应用最为广泛的视频传播格式。其主要特点是文件体积小、加载速度极快，使网络观看视频文件成为可能。FlV 格式有效地解决了视频文件导入 Flash 后，导出的 SWF 文件体积庞大、不能在网络中流畅地播放等问题。

（11）Matroska 格式

Matroska 是一种新的多媒体封装格式，文件扩展名为 mkv。它可把多种不同编码的视频、16 条及以上的不同格式的音频和语言不同的字幕封装到一个 Matroska Media 文件当中。它是一种开放源代码的多媒体封装格式。Matroska 同时还可以提供非常好的交互功能，而且比 MPEG 格式的文件传播更方便、功能更强大。

本章习题

一、简答题

1. 常见视/音频格式有哪些？
2. 常见视频传输接口有哪些？
3. 简述视频制作的基本方法。

二、实战题

1. 搜集并浏览各种格式的视频文件，了解其编码格式、文件大小、画面质量、播放软件，通过不同的方式获取视频素材。

2. 制作一个短视频，例如一个简单的口播节目或一件产品的宣传片等。制作完成以后，尝试将其输出为不同格式的文件，比较其大小和质量。

06

第 6 章 虚拟现实技术

学习导航

虚拟现实（Virtual Reality，VR）技术是囊括计算机、电子信息、仿真技术于一体，在 20 世纪发展起来的一项全新的实用技术。本章主要介绍虚拟现实技术的基础知识、特征、应用领域及相关软件。本章内容与多媒体制作技术其他内容的逻辑关系如图 6-1 所示。

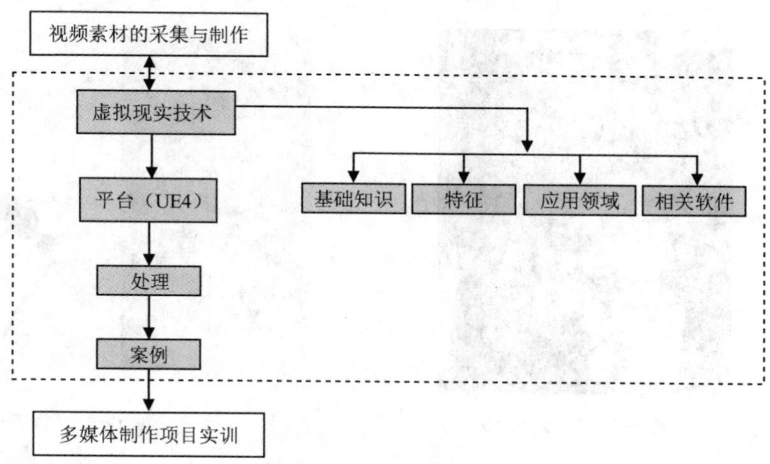

图 6-1　本章内容与多媒体制作技术其他内容的逻辑关系

6.1 虚拟现实技术的基础知识

6.1.1 虚拟现实技术的发展史

虚拟技术的发展大致分为3个阶段：20世纪50年代到70年代是虚拟技术的探索阶段；20世纪80年代初期到80年代中期是虚拟技术系统化、从实验室走向实用的阶段；20世纪80年代末期到21世纪初是虚拟技术高速发展的阶段。第一套具有虚拟思想的装置是莫顿·海利希在1962年研制的Sensorama，如图6-2所示。该装置具有多种感官刺激的立体电影系统，它是一套只能供个人观看立体电影的设备，采用模拟电子技术与娱乐技术相结合的全新技术，能产生立体声音效果，并有不同的气味，座位也能根据剧情的变化摇摆或振动，观看时还能感觉到有风在吹动。在当时，这套设备非常先进，但观众只能观看，而不能改变所看到的和所感受到的世界，也就是说无交互操作功能。

1965年，计算机图形学的奠基者——美国科学家艾凡·萨瑟兰在一篇名为《终极的显示》的论文中，首次提出了一种假设，观察者不是通过屏幕窗口来观看计算机生成的虚拟世界，而是生成一种直接使观察者沉浸并能互动的环境。这一理论后来被公认为在虚拟技术中起着里程碑的作用，所以我们称他既是“计算机图形学”之父，也是“虚拟现实技术”之父。

在随后几年中，艾凡·萨瑟兰在麻省理工学院开始研制头盔式显示器，人们戴上头盔式显示器，就会有身临其境的感觉。在1968年，艾凡·萨瑟兰使用两个可以戴在眼睛上的阴极射线管（Cathode Ray Tube，CRT）研制出了第一个头盔式显示器（Helmet Mounted Display，HMD），如图6-3所示。

图6-2 Sensorama

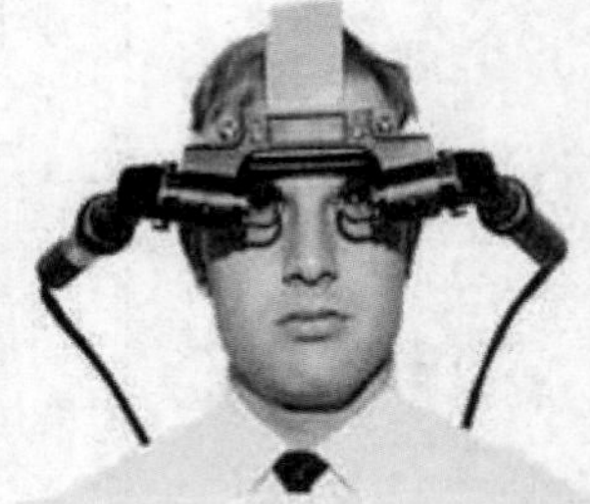

图6-3 人类第一个HMD

他对头盔式显示器装置的设计要求、构造原理进行了深入的分析，并描绘出这个装置的设计原型，该原型成为三维立体显示技术的奠基性成果。在第一个HMD的样机完成后不久，研制者们又反复研究，在此基础上把能够模拟力量和触觉的力反馈装置加入这个系统，并于1970年研制出了第一个功能较齐全的HMD系统。

基于20世纪60年代以来所取得的一系列成就，美国的杰伦·拉尼尔在20世纪80年代初正式提出了“Virtual Reality”一词，即虚拟现实。

20世纪80年代，美国国家航空航天局（National Aeronautics and Space Administration，

NASA）及美国国防部组织了一系列有关虚拟现实技术的研究，并取得了令人瞩目的研究成果，从而引起了人们对虚拟现实技术的广泛关注。1984 年，NASA Ames 研究中心虚拟行星探测实验室组织开发了用于火星探测的虚拟世界视觉显示器，将火星探测器发回的数据输入计算机，为地面研究人员构造了火星表面的三维虚拟世界。虚拟现实技术是一种综合计算机图形技术、多媒体技术、传感器技术、人机交互技术、网络技术、立体显示技术，以及仿真技术等多种科学技术发展起来的计算机领域的新技术。在随后的虚拟交互世界工作站项目中，他们又开发了通用多传感个人仿真器和遥控设备。

进入 20 世纪 90 年代后，迅速发展的计算机硬件技术与不断改进的计算机软件系统相匹配，使得基于大型数据集合的声音和图像的实时动画制作成为可能，人机交互系统的设计不断创新，新颖、实用的输入/输出设备不断地涌入市场，这些都为虚拟现实技术的发展打下了良好的基础。

6.1.2 虚拟现实技术的概念

虚拟现实（VR）技术是指利用计算机生成一种模拟环境，并通过多种专用设备使用户“投入”该环境中，实现用户与该环境直接进行自然交互的技术。

一个典型的 VR 系统主要由计算机、应用软件系统、输入/输出设备、用户和数据库等组成，其中，计算机是 VR 系统的“心脏”，负责构建虚拟世界和实现人机交互。具体来说，计算机是 VR 系统的载体，提供输入和输出的通道，接收和识别用户产生的各种信号，如用户头部、手部的位置及方向，并实时输出相应的图像、声音及触觉数据，而这些表述虚拟物体的数据将被存储到 VR 环境数据库中，在需要时进行加载从而生成可交互的虚拟世界。VR 软件负责提供友好的人机交互界面，使用户具备实时构建和参与虚拟世界的能力。VR 输入/输出设备包括头盔显示器、数据手套、三维跟踪器、三维鼠标、耳机、力反馈装置及触觉设备等，用于观察和操纵虚拟世界。一个典型的 VR 系统结构如图 6-4 所示。

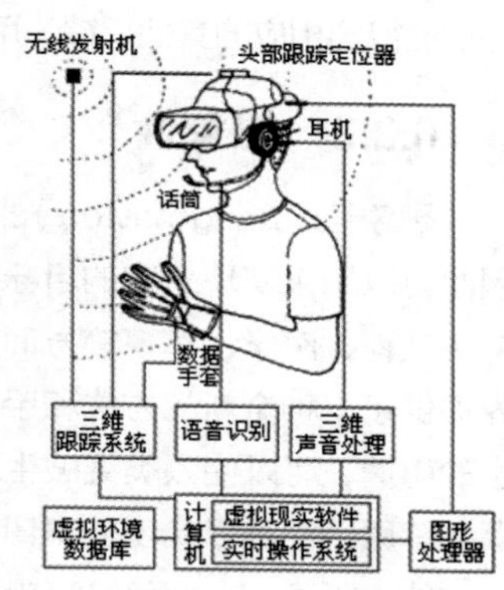

图 6-4 典型的 VR 系统结构

在上述系统中，用户与虚拟世界交互的过程大致是：用户先激活头盔、手套和话筒等输入设备，为计算机提供输入信号，VR 软件对收到的由跟踪器和传感器送来的输入信号加以处理，然后对虚拟环境数据库做必要的更新，调整当前的虚拟环境场景，并将这一新视点下的三维视觉图像以及其他信息（如声音、触觉、力反馈等）立即传送给相应的输出设备（头盔显示器、耳机、数据手套等），以便用户及时获得感官上的虚拟效果，这一过程必须每秒钟发生多次才能使用户感受到实时、连续的效果。

6.2 虚拟现实技术的特征

6.2.1 沉浸性

沉浸性（Immersion）是指用户感到被虚拟世界包围，好像完全置身于虚拟世界之中。VR 技术最主要的技术特征是让用户觉得自己是计算机系统所创建的虚拟世界中的一部分，使用户由观察者变成参与者，沉浸其中并参与虚拟世界的活动。理想的虚拟世界应该达到使用户难以分辨真假的效果，甚至超越现实，实现比现实更逼真的照明和音响效果。沉浸性来源于对虚拟世界的多感知性，除了常见的视觉感知外，还有听觉感知、力觉感知、触觉感知、运动感知、味觉感知、嗅觉感知等。

6.2.2 交互性

交互性（Interactivity）的产生主要借助于 VR 系统中的特殊硬件设备（如数据手套、力反馈装置等），其能使用户产生同在真实世界中一样的感觉。例如，用户可以用手直接抓取虚拟世界中的物体，这时手有触摸感，并可以感觉到物体的重量，能区分所拿的是石头还是海绵，并且场景中被抓的物体也能立刻随手的运动而移动。

VR 系统比较强调人与虚拟世界进行自然的交互，如通过人的走动、头的转动、手的移动等这些方式与虚拟世界进行交互。这与传统的多媒体交互方式有较大的区别：在传统的多媒体技术中，人机之间的交互工具从计算机发明直到现在，主要还是通过键盘与鼠标进行一维、二维的交互；而在 VR 系统中，人们可以通过肢体动作与虚拟世界进行交互。

交互性的另一个方面主要表现了交互的实时性。例如，头转动时所显示的场景能立即产生相应的变化，并且能得到相应的其他反馈；用手移动虚拟世界中的一个物体时，物体的位置会立即发生相应的变化。

6.2.3 想象性

想象性（Imagination）指虚拟环境是人想象出来的，同时这种想象能体现出设计者相应的思想，因此可以用来实现一定的目标。所以说 VR 系统不仅是一个媒体或一个高级用户界面，同时它还是为解决工程、医学、军事等方面的问题而由开发者设计出来的应用软件。VR 技术的应用为人类认识世界提供了一种全新的方法和手段，可以使人类跨越时间与空间去经历和体验世界上早已发生或尚未发生的事情，可以使人类突破生理上的限制，进入宏观或微观世界进行研究和探索，也可以模拟因条件限制等原因而难以实现的事情。

综上所述，VR 系统具有的沉浸性、交互性、想象性等特征，使参与者能沉浸于虚拟世界之中并能与虚拟世界进行交互。VR 系统是人们可以通过视、听、触觉等信息通道感受设计者思想的高级用户界面。

6.3 虚拟现实技术的应用领域

VR 技术问世以来，为人机交互界面开辟了广阔的天地。近十年来，国内外对此项技术的应用更加广泛，VR 技术在军事、航空航天、科技开发、商业、医疗、教育、娱乐等多个领域得到越来越广泛的应用，并取得了巨大的经济效益和社会效益。

6.3.1 军事与航天

模拟训练一直是军事与航天工业中的一个重要课题，这为 VR 技术提供了广阔的应用前景。美国国防部高级研究计划局自 20 世纪 80 年代起一直致力于研究名为 SIMNET 的虚拟战场系统，以提供坦克协同训练，该系统可联结 200 多台模拟器。另外，利用 VR 技术，可模拟建筑物、车辆、武器、服装和地形等军事训练环境。图 6-5 所示为训练基地内，士兵正在使用新型的 DSTS 可视化仿真训练系统进行战术训练。该系统可以让士兵在虚拟训练环境中有身临其境的感觉。

图6-5 虚拟军事训练环境

6.3.2 教育与训练

VR技术应用于教育领域使学习方法有了一个飞跃。它营造了“自主学习”的环境，由传统的“以教促学”的学习方式变为学习者通过自身与信息环境的相互作用来得到知识、技能的新型学习方式。

1. 虚拟校园

虚拟校园在很多高校都有成功的应用例子，浙江大学、上海交通大学、北京大学、中国人民大学、山东大学、杭州电子工业学院、西南交通大学等高校，都采用VR技术建设了虚拟校园，图6-6所示为北京物资学院的虚拟校园。大学校园的学习氛围、校园文化对人的教育有着巨大影响，教师、同学、教室、实验室等校园的一草一木无不潜移默化地影响着每一个人，人们从中受到的影响从某种程度来说，远远超出书本所给予的。网络的发展和VR技术的应用使人们可以仿真校园环境，因此虚拟校园成了VR技术与网络在教育领域最早的应用。目前，虚拟校园以实现浏览功能为主。随着多种灵活的浏览方式以崭新的形式出现，虚拟校园正以一种全新的姿态吸引着大家。

图6-6 北京物资学院虚拟校园

2. 远程教育系统

随着互联网技术的发展、网络教育的深入，远程教育有了新的发展，真实、互动、情节化、突破了物理时空的限制，并有效地利用了共享资源，可同时虚拟老师、实验设备等。这正是 VR 技术独特的魅力所在。基于国际互联网的远程教育系统具有巨大的发展前景，也必将引起教育方式的革命，如中央广播电视大学远程教育学院投入较大的人力和物力，采用基于 Internet 的游戏图形引擎，将网络学院具体的实际功能整合在图形引擎中，突破了目前大多 VR 技术的应用仅停留在一般性浏览层次上的限制。

6.3.3 医学领域

在医学领域，VR 技术和现代医学的飞速发展及两者之间的融合，使 VR 技术已开始对医学领域产生影响。目前正处于应用 VR 技术的初级阶段，其应用范围主要涉及建立合成药物的分子结构模型、各种医学模拟及进行解剖和外科手术等。在此领域，VR 技术的应用大致有两类：一类是虚拟人体的 VR 系统，也就是数字化人体，这样的人体模型使医生更容易了解人体的构造和功能；另一类是虚拟手术的 VR 系统，可用于指导手术的进行。

虚拟人体的 VR 系统在医学方面的应用具有十分重要的现实意义，它主要用于教学和科研。基于 VR 技术的解剖室环境如图 6-7 所示，学生和教师可以直接与三维模型交互，借助于空间位置跟踪定位设备、HMD、数据手套等虚拟的探索工具，可以达到常规方法（用真实标本）不可能达到的效果，学生可以很容易了解人体内部各器官的结构，这比现有的采用教科书的方式要有效得多。如虚拟模型的连接和拆分、透明度或大小的变化、产生任意的横切面视图、测量大小和距离（用虚拟尺）、结构的标记和标识、绘制线条和对象（用空间绘图工具）等。在医学教学中，VR 系统还可以利用可视人体数据集的全部或部分数据，经过三维可视化为学生展现人体器官和组织。不仅如此，VR 系统还可以进行功能性的演示，例如心脏的电生理学的多媒体教学，它基于可视人体数据集的解剖模型，通过电激励传播仿真的方法，计算出不同的时间和空间物理场的分布，并采用动画的形式进行可视化，学生可以与模型交互，观看不同的变换效果。

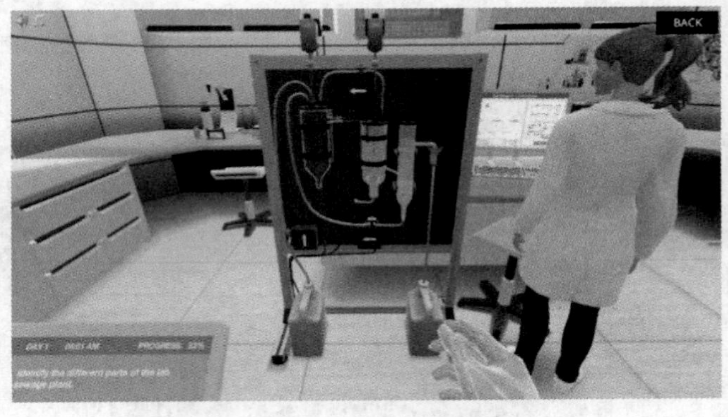

图 6-7　医学虚拟仿真实验室

6.3.4 商业领域

VR 技术在房产开发中的应用是其在商业领域最热门的应用方式。随着房地产业竞争的加剧，传统的展示手段，如平面图、表现图、沙盘、样板房等已经远远无法满足消费者的需要。采用 VR 技术的房地产营销方式，在国内的广州、上海、北京等大城市，国外的加拿大、美国等经济和科技发达的国家都非常热门，是当今房地产行业一个综合实力的象征和标志，其最主要的核心是房地产销售。同时在房地产开发中的其他重要环节，包括申报、审批、设计、宣传等方面都对 VR 技术有着非常迫切的需求。这一技术可对项目周边配套、内部业态分布等进行详细的剖析展示，由外而内表现项目的风格，并可通过鸟瞰、内部漫游、自动动画播放等形式对项目逐一表现，增强了讲解过程的完整性和趣味性。图 6-8 所示为电子楼盘示意图。

图 6-8　电子楼盘示意图

6.3.5　影视娱乐

娱乐是 VR 技术应用最广阔的领域，从早期的立体电影到现在高级的沉浸式游戏，都是 VR 技术应用较多的领域。丰富的感知能力与三维显示世界使 VR 技术成为理想的视频游戏工具。由于在娱乐方面对 VR 的真实感要求较高，所以近几年来 VR 技术在该方面发展较为迅猛。VR 所具有的临场参与感与交互能力可以将静态的艺术（如油画、雕刻等）转化为动态的，可以使观赏者更好地欣赏作者的思想艺术，如虚拟博物馆。另外，VR 提高了艺术表现能力，例如一个虚拟的音乐家可以演奏各种各样的乐器，人们即使在家中，也可以在虚拟的音乐厅欣赏音乐会。

6.4　虚拟现实技术的相关软件

VR 系统是将各种硬件设备和软件技术集成在一起的复杂系统。从底层开发一个 VR 系统需要具备实时系统、面向对象语言、网络和造型等多方面的知识，显然难度较大，不利于 VR 技术的广泛应用。因此，提供使用方便、功能强大的系统开发支撑软件就变得尤为重要了。VR 开发工具集应包括三维建模软件、实时仿真软件及相应的函数库、工具箱等，它们用来创建和绘制虚拟世界，并实现与虚拟世界的接口。

目前已经开发出了很多种 VR 系统的软件工具，它们使用的机制各有不同，功能上差异较大，对用户的要求也有高低。VRP 是一款由中视典数字科技有限公司独立开发的具有完全自主知识产权的直接面向三维美工的一款 VR 软件，是目前我国 VR 领域市场占有率最高的一款 VR 软件。VRP 适用性强、操作简单、功能强大、高度可视化、所见即所得。VRP 所有的操作都是以美工可以理解的方式进行的，不需要程序员参与。不过VRP需要操作者有良好的3ds Max建模和渲染基础，只要对VRP稍加学习和研究就可以很快制作出自己的VR场景。VRP可广泛地应用于城市规划、室内设计、工业仿真、古迹复原、桥梁道路设计、房地产销售、旅游教学、水利电力、地质灾害等众多领域，提供切实可行的解决方案。

6.4.1 UE4界面简介

UE4（Unreal Engine）是美国Epic游戏公司研发的一款VR引擎。UE4中有着多种不同类型的编辑器窗口。下面介绍UE4的默认界面，如图6-9所示。

图6-9 UE4的默认界面

1. 菜单栏

菜单栏集成了UE4中处理关卡时所需要的通用工具及命令。UE4在默认情况下有4个菜单项，包含"文件""编辑""窗口""帮助"。文件：加载和保存项目及关卡。编辑：标准的复制和粘贴操作，以及编辑器首选项和项目设置。窗口：打开识图和其他面板。帮助：在线文档和教程等外部资源的链接会显示在这里。

2. 工具栏

工具栏中的每一个按钮都有重要的功能和意义，用户可以通过单击某一按钮快速地执行某一重要操作。

3. "模式"面板

"模式"面板中包含了编辑器的5种模式。这些模式会改变关卡编辑器的主要行为，以便执行特定的任务，如向世界中放置新资源、创建几何体画刷及体积、给网格物体着色、生成植被、塑造地貌等，如图6-10所示。

图6-10 "模式"面板

"模式"面板中从左到右的模式依次如下。

（1）放置模式：用来在场景中放置或调整Actor，快捷键为"Shift+1"。

（2）描画模式：在视图中直接在静态网格物体 Actor 上描画顶点颜色和贴图，快捷键为“Shift+2”。

（3）地貌模式：用来编辑地貌地形，快捷键为“Shift+3”。

（4）植被模式：用来描画实例化的植被，快捷键为“Shift+4”。

（5）几何体编辑模式：用来将画刷修改为几何体，快捷键为“Shift+5”。

4. 视图

视图是进入虚幻编辑器中创建的世界的窗口。UE4 视图包含了各种工具和可视查看器，以帮助用户精确地查看所需要的数据。默认情况下，通过单击视图左上角的“透视图”按钮可以进行视图切换，如图 6-11 所示。

图 6-11 UE4 视图切换

5. “内容浏览器”面板

“内容浏览器”面板是 UE4 的主要区域，用于在 UE4 中创建、导入、组织、查看和修改内容资源。它同时提供了管理内容文件夹及在资源上执行其他有用操作的功能，如重命名、移动、复制和查看引用等。“内容浏览器”面板可以进行搜索且可以和 VR 场景中的所有资源进行交互，如图 6-12 所示。

图 6-12 内容浏览器

“内容浏览器”面板包含以下功能。

（1）浏览 VR 场景中可找到的所有资源并进行交互处理。

（2）查找已保存或未保存的资源。

（3）通过名称、路径、标签或类型和在搜索资源框中输入文本来查找资源。在搜关键字前使用前缀“-”可以从搜索中排除一些资源。

（4）单击“过滤器”按钮可以根据资源类型和其他标准对资源进行筛选。

（5）不必再将包从源码控制中迁出即可管理资源。

（6）创建本地或私有收藏夹并在其中存储资源以备将来使用。

（7）创建共享收藏夹以便分享有趣的资源。

（8）获取开发助手。

（9）显示可能存在问题的资源。

6. “世界大纲视图”面板

“世界大纲视图”面板以层次化的树状图显示了场景中的所有 Actor，用户可以从“世界大纲视图”面板中直接选择及修改 Actor，也可以使用“Info”（信息）下拉列表来打开额外的竖栏以显示关卡、图层或者 ID 名称，如图 6-13 所示。

7. “细节”面板

“细节”面板包含了关于视图中当前选择的对象的信息、工具及功能。它包含了用于移动、旋转及缩放 Actor 的变换编辑框，显示了选择的 Actor 的所有可编辑属性，并提供了和视图中选择的 Actor 类型相关的其他编辑功能的快速访问方式，如图 6-14 所示。

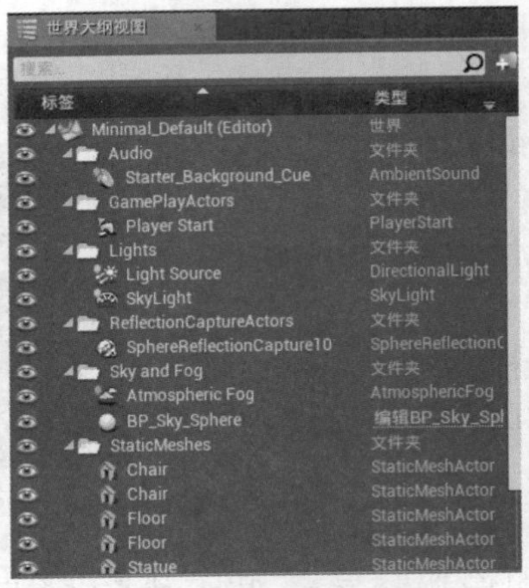

图 6-13 “世界大纲视图”面板

图 6-14 “细节”面板

6.4.2 UE4 的安装

UE4 支持 Windows 和 macOS 两个主流平台系统，用户可以根据自己的计算机系统进行选择，本书以 Windows 系统环境为例对其安装进行说明。

（1）进入 UNREAL ENGINE 网站，单击“下载”按钮，如图 6-15 所示。

（2）创建 Epic Games 账户。在弹出的页面中按提示填写个人信息，选中“我已经阅读并同意服务协议”复选框，单击“继续”按钮，如图 6-16 所示。

图 6-15 UE4 中文官网

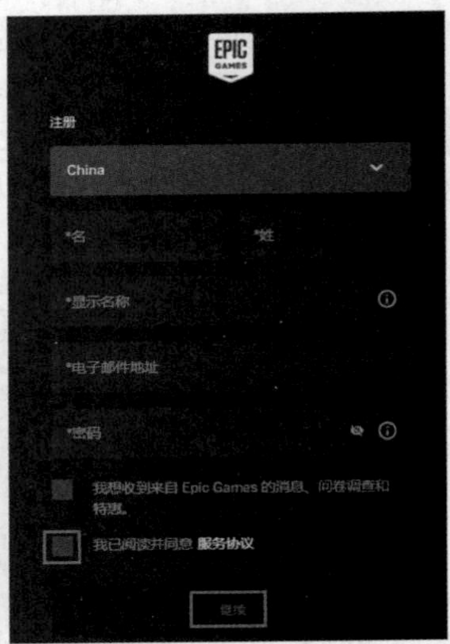

图 6-16 创建账户

（3）创建好账户后，下载相应的版本，如选择 Windows 版，下载 Epic Games Launcher，如图 6-17 所示。

（4）Epic Games Launcher 下载完毕后运行安装程序，单击“更改”按钮，设置安装路径，然后单击“安装”按钮，如图 6-18 所示。

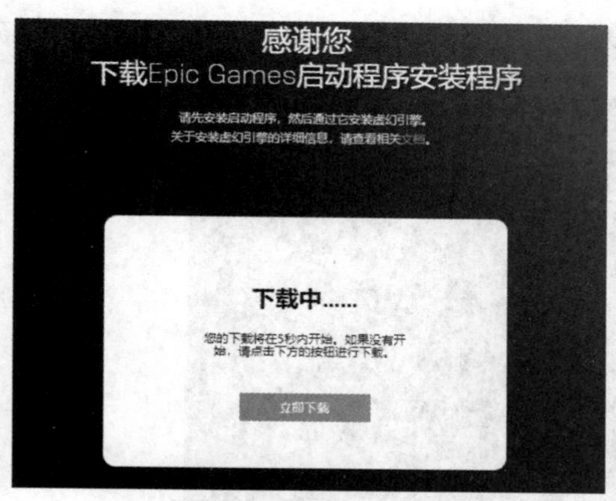

图 6–17　下载 Epic Games Launcher

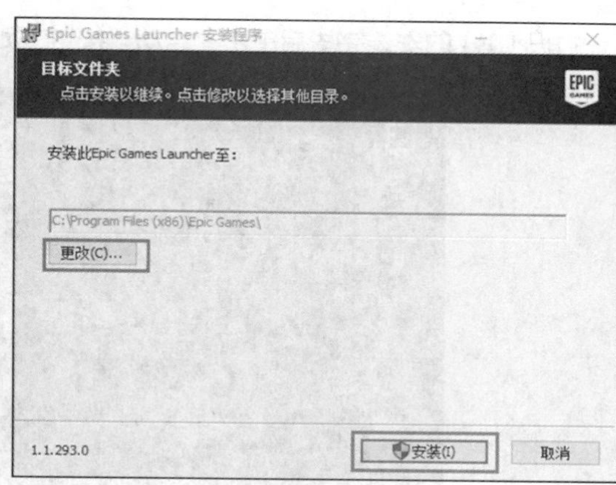

图 6–18　安装 Epic Games Launcher

（5）输入账户信息，单击“现在登陆”按钮，如图 6–19 所示。

（6）Epic Games Launcher 登录成功后，单击“库”选项卡，然后单击“引擎版本”右侧的“添加版本”按钮，选择 4.25.3 版，单击“安装”按钮，如图 6–20 所示。

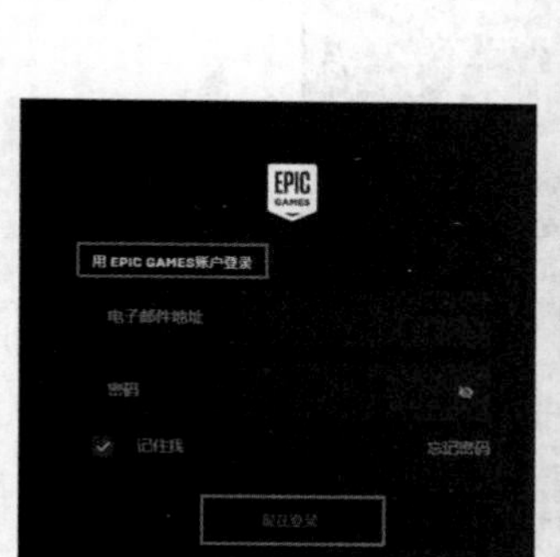

图 6–19　Epic Games Launcher 登录

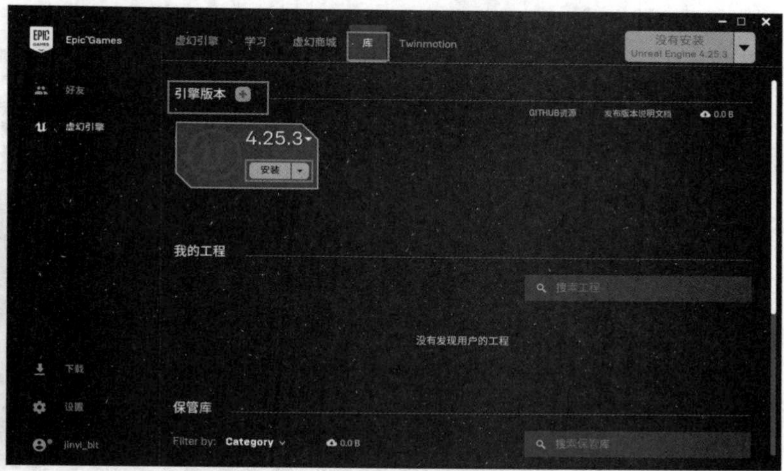

图 6–20　选择 Unreal Engine 版本

（7）在弹出的界面中单击“浏览”按钮，选择 UE4 的安装位置。单击“选项”按钮，选择要安装的选项。然后单击“安装”按钮，如图 6–21 所示。

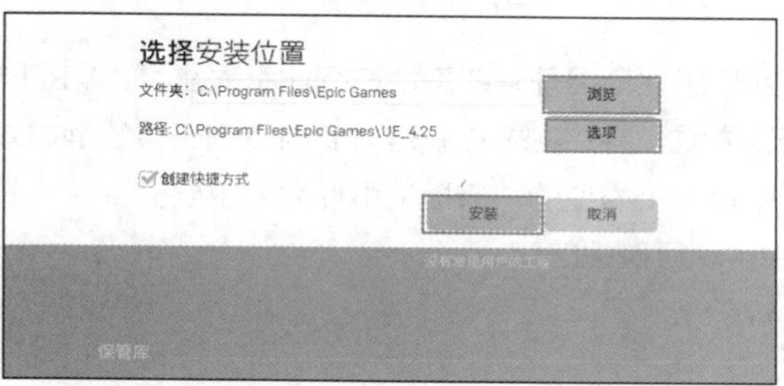

图 6–21　安装

（8）UE4的安装完毕后单击“启动“按钮，如图6-22所示。

图6-22　启动UE4

（9）为了以后启动UE4更加方便，不必每次都从Epic Games Launcher中启动，可以为UE4创建桌面快捷方式。在Epic Games Launcher中，单击“启动”按钮右侧的下拉箭头，在弹出的菜单中选择“创建快捷方式”命令，如图6-23所示，即可为其创建桌面快捷方式。

图6-23　创建快捷方式

6.5　案例　用UE4实现可碰撞的门

VR技术在国内的商业应用逐渐展开，在房地产行业引人注目，VR样板间受到诸多品牌开发商的青睐，这是一种新型表现方式。客户在VR看房体验时有别于传统静态效果图，能够与场景互动，优势不言而喻，这个过程中每一个模型的“碰撞”事件尤为重要。

本案例要求在UE4中实现可碰撞的门。

6.5.1　分析思路

本案例的编辑过程主要包括以下操作环节。

（1）对象的放置与调整。

（2）触发器的使用。

（3）在蓝图中创建碰撞事件。

6.5.2 操作步骤

（1）启动 UE4，单击“新建项目”选项卡，单击“蓝图”选项卡中的“ThirdPerson”选项，然后为项目选择合适的存储位置，最后单击“创建项目”按钮，如图 6-24 所示。UE4 中的蓝图是一个完整的脚本系统，和其他一些常见的脚本语言一样，使用蓝图也是通过定义在引擎中的面向对象的类或者对象。“ThirdPerson”的作用是创建一个第三人称视角下的环境。

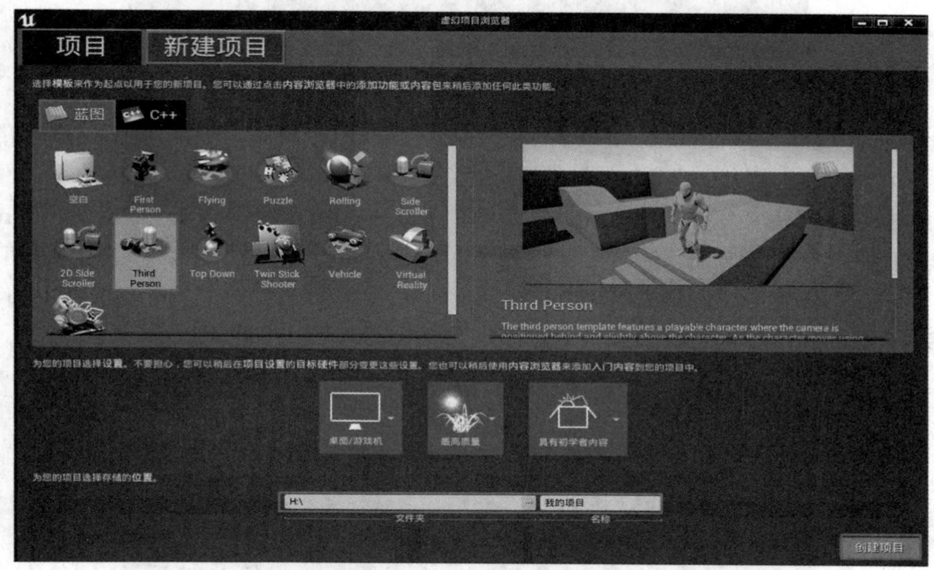

图 6-24　新建项目

（2）制作移动门的模型。

① 选择“文件”→“新建关卡”命令，如图 6-25 所示，弹出“新建关卡”对话框，选择“default”模板创建新的关卡，如图 6-26 所示。

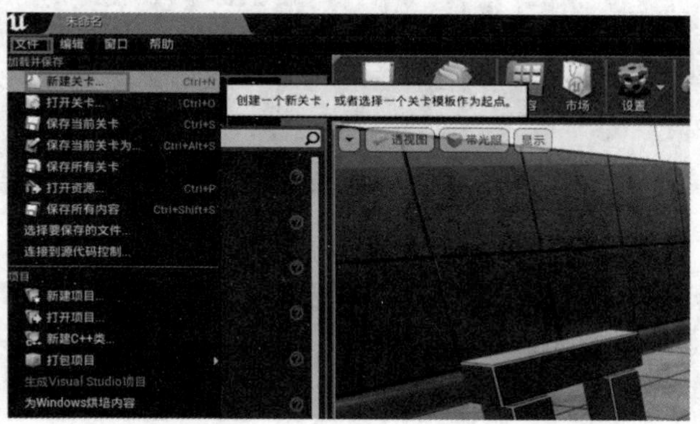

图 6-25　“新建关卡”命令

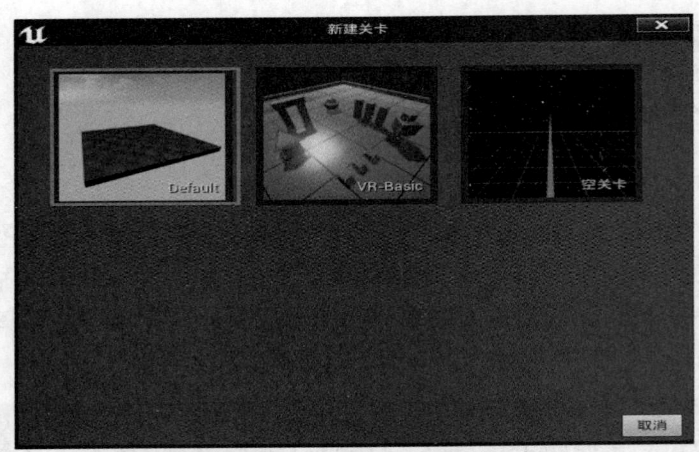

图 6-26 选择“Default”模板

UE4 在默认的情况下，为用户提供了 3 个模板：Default（默认）模板具有非常简单的场景，VR-Basic 模板用于连接 VR 头盔等外部设备，空关卡模板完全是空白的。

② 放置对象。单击“内容浏览器”面板的“内容”选项卡，选择“Starter Content”→“Props”→命令，找到门框“SM_Door Frame”和门“SM_Door”的模型，拖入 Default 模板中，如图 6-27～图 6-30 所示。“Starter Content”为初学者内容文件夹，“Props”为道具文件夹，打开文件夹可以看到许多静态网格物体。

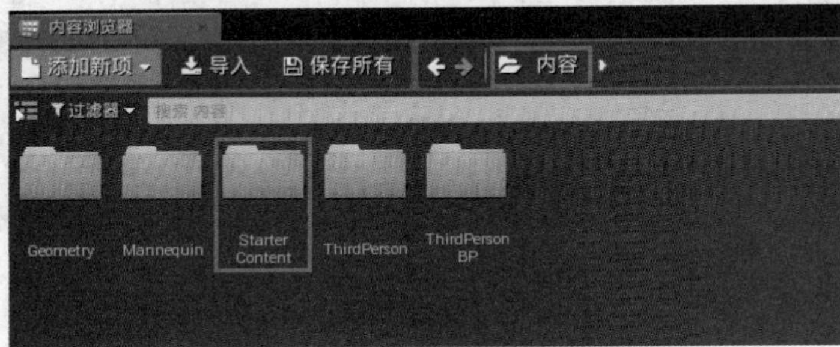

图 6-27 选择“Starter Content”文件夹

图 6-28 选择“Props”文件夹

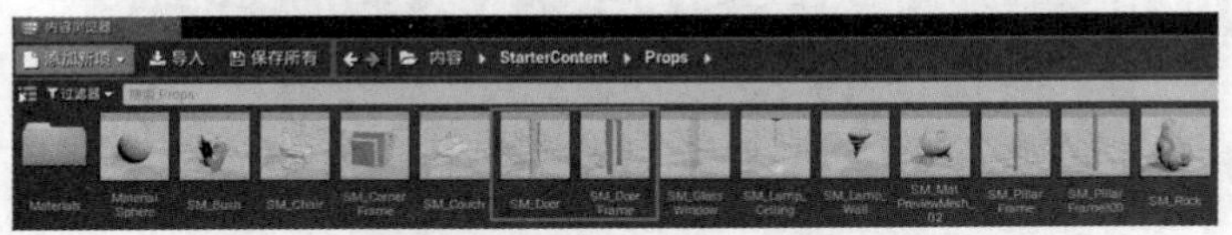

图 6-29 选择“SM_Door”和“SM_Door Frame”

图6-30　门与门框

（3）变换工具，调整门框与门的位置。UE4 中的变换工具位于视口右上方，用来对物体进行平移、旋转和缩放的操作，如图 6-31 所示。3 种变换工具的功能如下。

图6-31　变换工具

① 平移工具：单击此按钮，或者按“W”键均可进入平移模式，也可以直接在“细节”面板的“变换”属性中的“位置”参数中调整。

操作技巧：

- 将鼠标指针悬停在某个坐标轴上，按住鼠标左键沿该轴拖动可使物体在这个轴上移动；
- 在两条轴线交汇的直角区域按住鼠标左键，相应的两条轴线会变成高亮显示，拖动对象，可以使其在两条轴线形成的平面上平滑移动；
- 按“End”键可以使物体落地（平贴在下面的地面之上）；
- 在平移模式下，鼠标指针悬停在某个坐标轴上，按住“Alt”键，按住鼠标左键并沿该轴拖动对象，可实现在该轴向位置复制对象。

在 UE4 中，X 轴代表前后方向，Y 轴代表左右方向，Z 轴代表上下方向。X 轴、Y 轴、Z 轴分别用红、绿、蓝 3 种颜色表示，在“细节”面板中，对模型变换属性的颜色也同样是红、绿、蓝 3 种颜色。平移工具如图 6-32 所示。

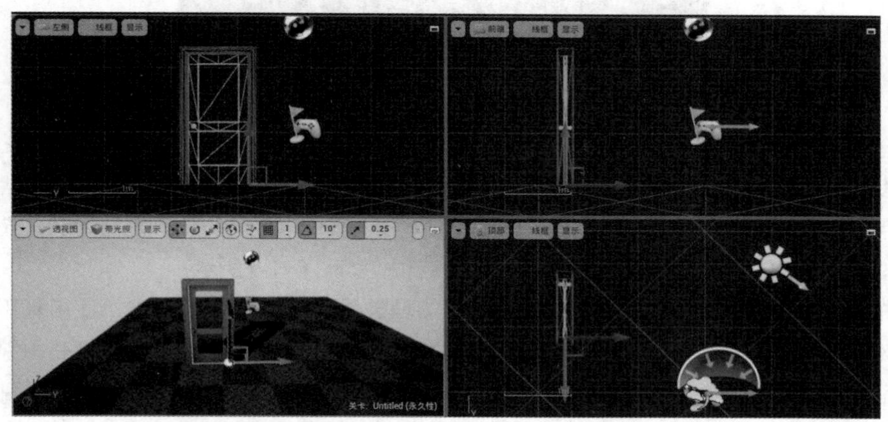

图6-32　平移工具

② 旋转工具：单击此按钮，或者按“E”键均可进入旋转模式，也可以直接在“细节”面板的“变换”属性中的“旋转”参数中调整。UE4 中旋转工具的使用和其他三维制作软件中旋转功能的操作方法一样：使用旋转角度进行控制。

操作技巧：

将鼠标指针悬停在某种颜色的旋转弧线上，按住鼠标左键，弧线会变成一个圆环，沿该圆环拖动则可使物体进行旋转，旋转时会显示旋转的角度；360 度表示旋转一周，该度数可以出现在 X、Y 和 Z 任何一个轴上。

③ 缩放工具：单击此按钮，或者按“R”键均可进入缩放模式，也可以直接在“细节”面板的“变换”属性中的“缩放”参数中调整。

操作技巧：

- *将鼠标指针悬停在某个轴上，按住鼠标左键沿该轴拖动可使物体在这个轴上进行放大与缩小；*
- *按住鼠标左键拖动中心点，会使对象在三个轴上同步缩放；*
- *按住鼠标左键拖动两条轴线的交汇处，可以使对象在两条轴线形成的面上进行缩放。*

通过上述变换，将门框与门调整到合适位置，如图 6-33 所示。

图 6-33 调整门框与门

（4）创建触发器。UE4 为开发者提供了多种触发方式，以满足用户对触发事件的需求，最简单、常用的触发方式是使用 UE4 中提供的触发器。不同的触发器类型具有不同的交互区域，常见的形状触发器包括：盒体触发器、胶囊型触发器、球体型触发器。我们以创建盒体触发器为例，选择“模式”面板中的“基本”选项，然后选择“盒体触发器”选项，如图 6-34 所示。

（5）在蓝图中创建碰撞事件。UE4 中的蓝图的理念是：在虚幻编辑器中，使用基于节点的界面创建游戏的可玩性元素。和其他一些常见的脚本语言一样，蓝图也是通过定义在引擎中面向对象的类或者对象来实现的，这类对象通常会被直接称为“蓝图（Blueprint）”。下面以创建关卡蓝图为例。

① 选择“蓝图”→“打开关卡蓝图”命令，如图6-35所示。关卡蓝图中默认出现的节点可以删除，如图6-36所示。

图6-34　添加盒体触发器

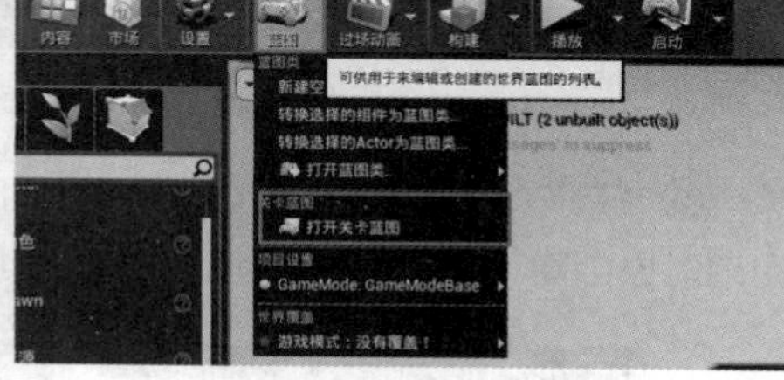

图6-35　创建关卡蓝图

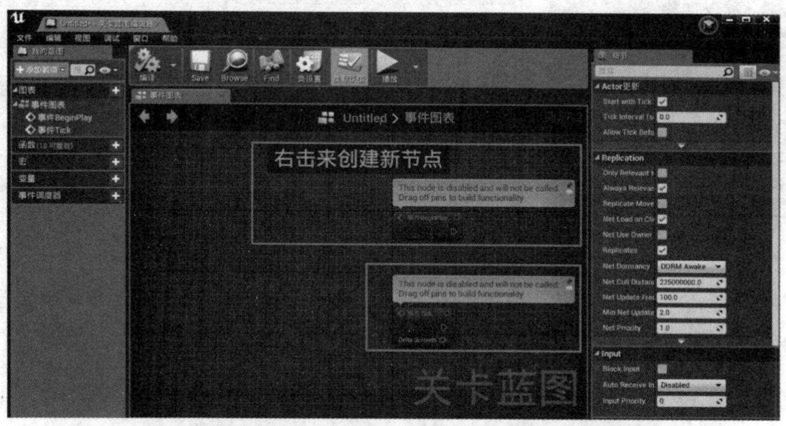

图6-36　可删除节点

② 在关卡编辑视图中选择盒体触发器，打开关卡蓝图，右击蓝图，在弹出的快捷菜单中选择“为Trigger Box 1添加事件”→“碰撞”→“添加On Actor begin Overlap”命令，为触发器创建一个引用，如图6-37所示。

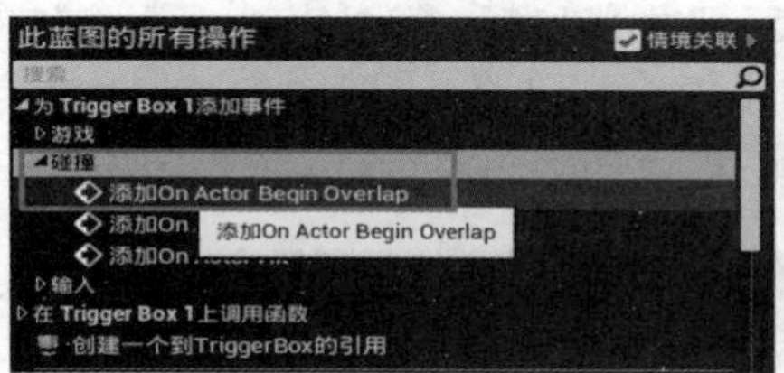

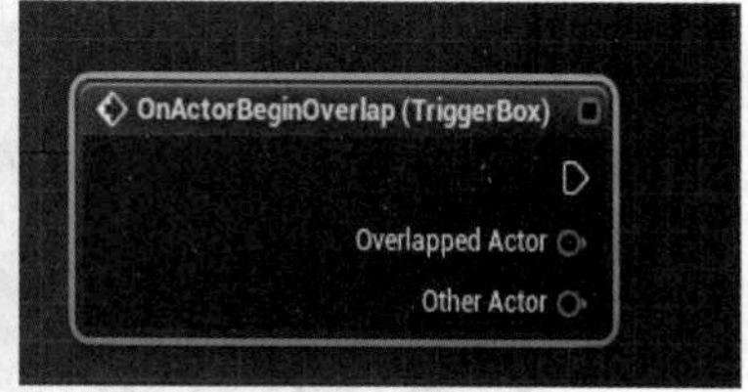

图6-37　创建触发器引用1

③ 在关卡编辑视图中选择盒体触发器，打开关卡蓝图，右击蓝图，在弹出的快捷菜单中选择“为 Trigger Box1 添加事件”→“碰撞”→“添加 On Actor End Overlap”命令，为触发器创建另一个引用，如图 6-38 所示。

④ 在关卡编辑视图中选择门对象（注意不是门框），打开关卡蓝图，右击蓝图，为门对象创建引用，如图 6-39 所示。

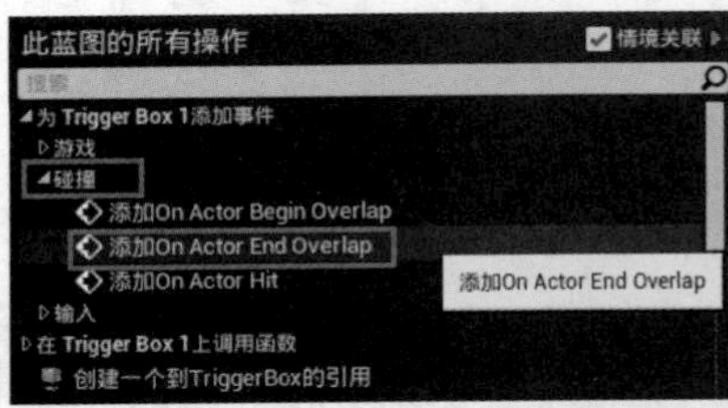

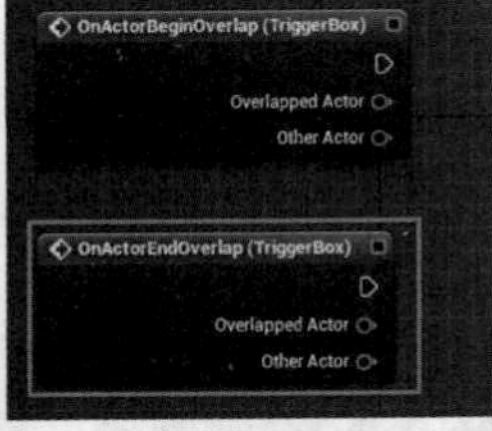

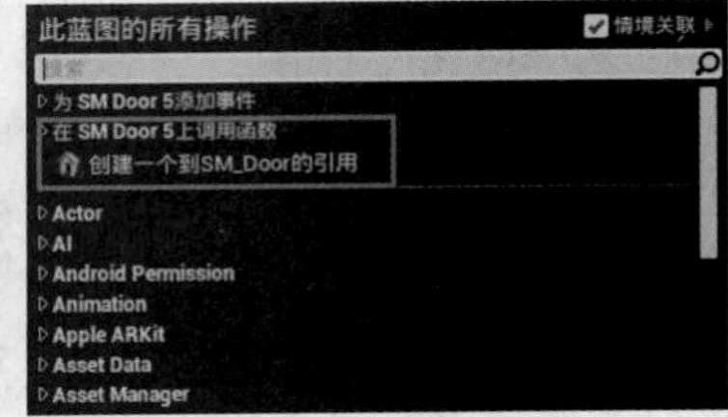

图 6-38 创建触发器引用 2　　图 6-39 创建门对象引用

⑤ 打开关卡蓝图，右击蓝图，在弹出的快捷菜单中选择“顶点描画”→“添加时间轴”命令，为门对象创建一个时间轴动画，如图 6-40 所示。

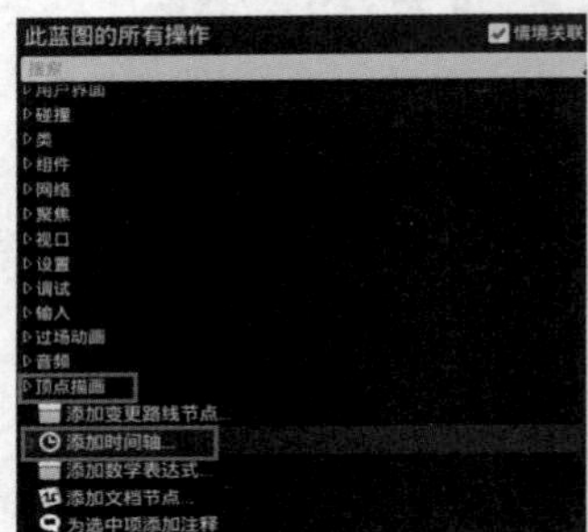

图 6-40 创建时间轴动画

⑥ 单击“新建浮点型运动轨迹”按钮，在 0.00 位置右击，在弹出的快捷菜单中选择“添加关键帧到 CurveFloat_0”命令，并将“时间”和“值”均改为“0.0”，如图 6-41 所示。

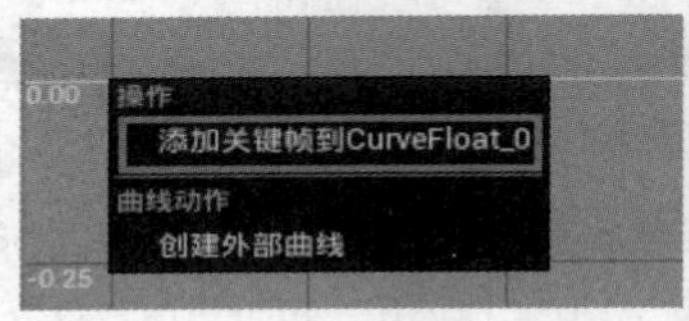

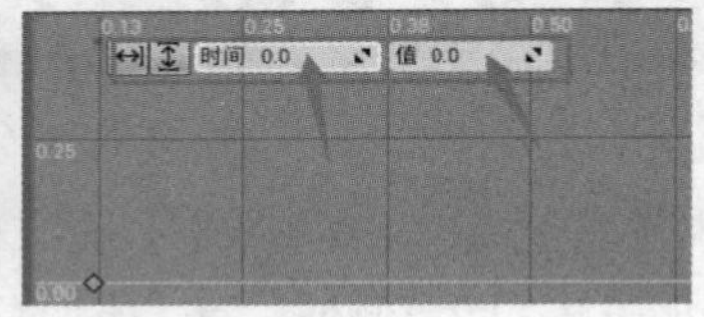

图 6-41 添加关键帧 1

⑦ 继续添加关键帧，现将运动轨迹的“长度”改为“2.00”，如图 6-42 所示。在 2.00 秒位置右击，在弹出的快捷菜单中选择“添加关键帧到 CurveFloat_1”命令，并将“时间”修改为“2.0”，“值”改为“80.0”，如图 6-43 所示。意味着门对象在 2 秒内完成打开 80 度转角的轨迹动画。

图 6-42 修改运动轨迹时间

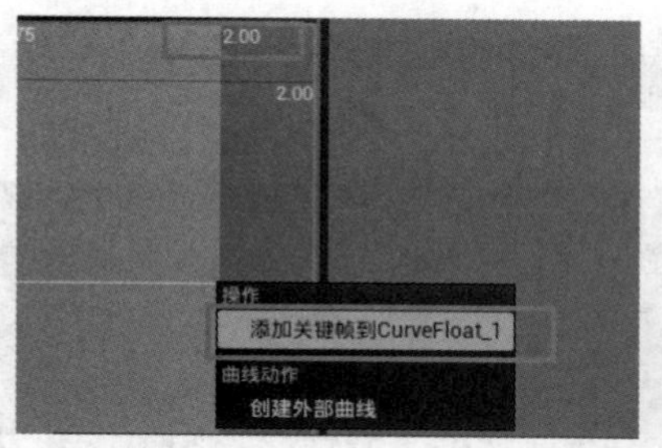

图 6-43　添加关键帧 2

⑧ 回到关卡蓝图，右击蓝图，输入关键词“set”，选择“SetActorRotation”函数，为门对象设置一个旋转函数，如图 6-44 所示。

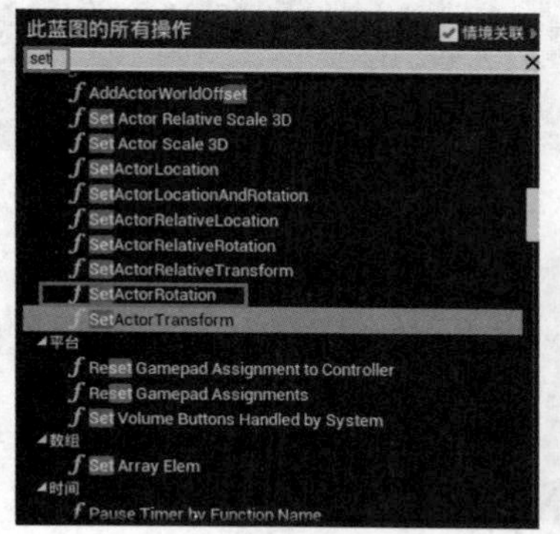

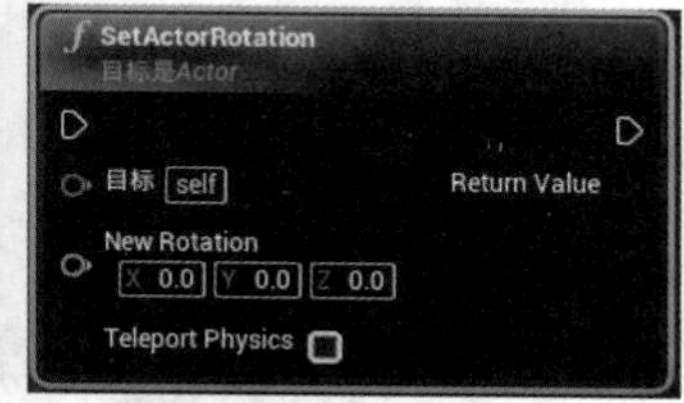

图 6-44　添加旋转函数

⑨ 在关卡蓝图中右击，输入关键词“make”，选择“旋转体”中的“Make Rotator”节点，如图 6-45 所示。

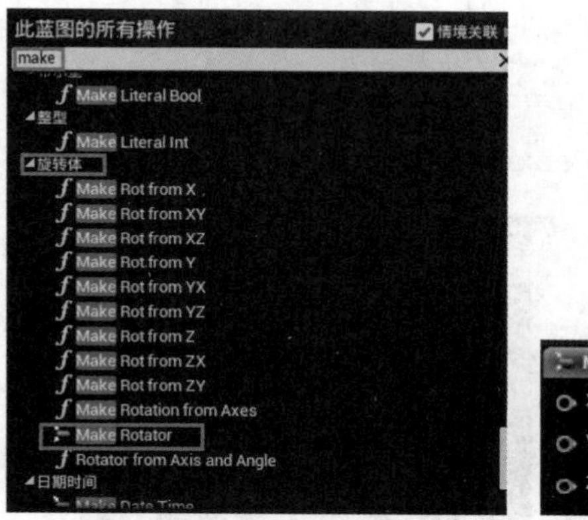

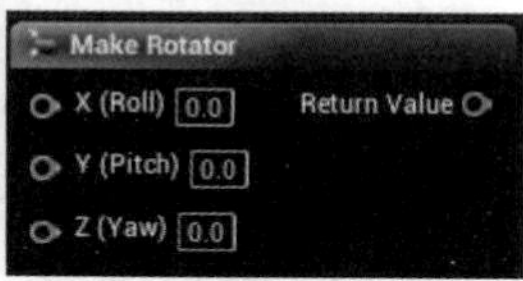

图 6-45　添加“Make Rotator”节点

⑩ 在蓝图编辑器中为各个节点进行逻辑连接，完成可视化脚本的处理，如图 6-46 所示。

⑪ 尽管蓝图是一个可视化环境，但蓝图脚本仍然需要被编译。制作好的事件图表会生成一段脚本代码，将这段代码通过虚拟机翻译，计算机就可以读懂蓝图了。在编辑器的左上角单击“编译”按钮，按钮从问号转变成绿色对钩就说明编译完成，如图 6-47 所示。

⑫ 回到关卡编辑视图，选择门对象，在“细节”面板中单击“移动性”的“可移动”按钮，门对象就可以完成动画轨迹了，如图 6–48 所示。

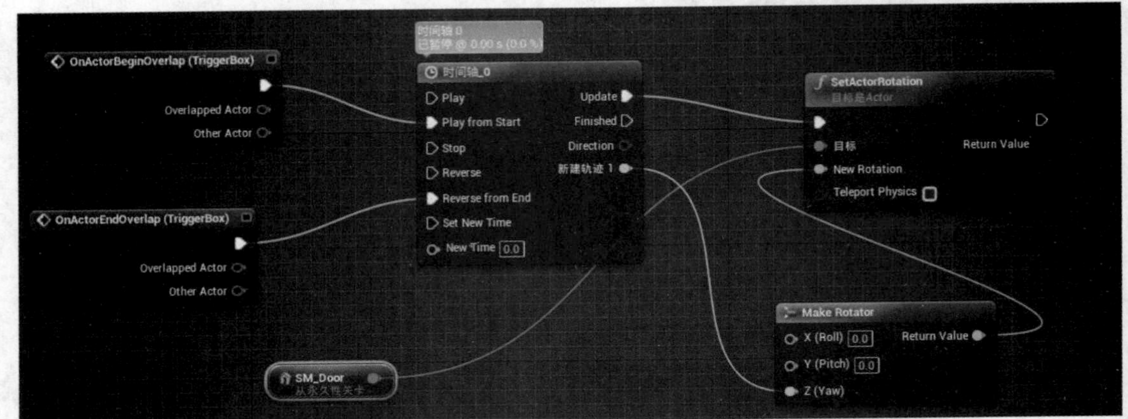

图 6–46　逻辑连接

图 6–47　编译

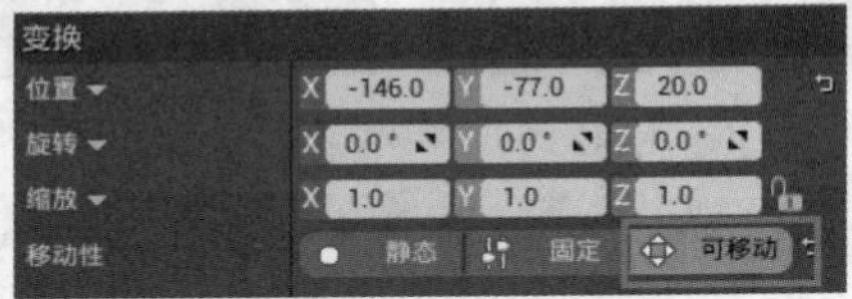

图 6–48　“可移动”按钮

（6）项目测试。

① 为了使测试的效果更加明显，采用第三人称的状态进行项目测试。选择“项目设置”→“世界设置”命令，选择游戏模式为“ThirdPersonGameMode”，如图 6–49 所示。

图 6–49　修改游戏模式

② 选择“工具栏”→“播放”命令，即可观察到第三人称模式下门在被角色触发后旋转了一定的角度，如图 6–50 所示。

图 6–50　播放项目

本 章 习 题

一、简答题

1. 试述典型的 VR 系统的工作原理。
2. 试举例说明 VR 技术三大基本特征的含义。
3. 试述在各类教育培训中引入 VR 技术的优势和必要性。

二、实战题

完成一个居室空间的 VR 效果表现。

07

第 7 章 多媒体制作项目实训

学习导航

制作优秀的多媒体作品不仅依赖于扎实的理论基础，还依赖于不断地实践，在实践中不断地探索、创新。本章以项目实训为出发点，介绍图像、动画、视频等多媒体技术应用的综合案例。本章的主要学习内容如图 7-1 所示。

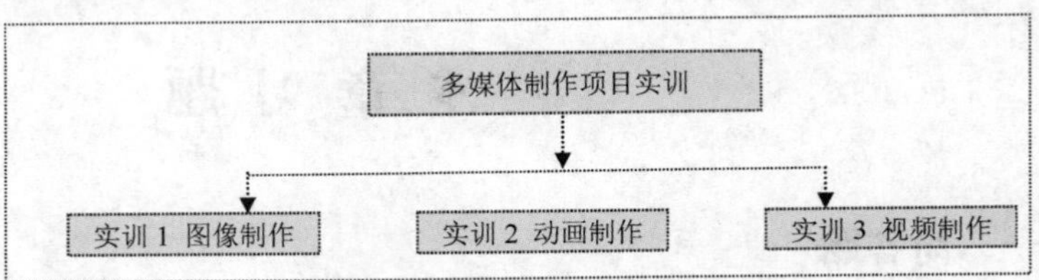

图 7-1　本章的主要学习内容

7.1 实训 1——制作旅游宣传海报

本实训制作江南古镇——乌镇的旅游宣传海报，效果如图 7-2 所示。

图 7-2　效果图

7.1.1　分析思路

本案例的编辑过程主要包括以下操作环节。

（1）利用钢笔工具绘制路径。

（2）描边。

（3）存储、载入选区。

（4）图层蒙版的应用。

（5）图层样式的应用。

7.1.2　操作步骤

（1）启动 Photoshop 2020，选择“文件”→“新建”命令，弹出“新建文档”对话框，设置名称为“宣传海报”，“宽度”为“10 厘米”，“高度”为“15 厘米”，“分辨率”为“300 像素/英寸”，“颜色模式”为“RGB 颜色”，“背景内容”为“白色”，设置完后单击“确定”按钮。

（2）打开素材文件（素材：\第 7 章\实训 1\素材\素材 7-1），如图 7-3 所示，将素材拖动到文件的适当位置，如图 7-4 所示。

图 7-3　素材文件

图 7-4　导入图像

（3）新建“图层 1”，选择工具栏中的钢笔工具，绘制图 7-5 左图所示的闭合路径。按“Ctrl+Enter”组合键将路径转换为选区，用白色填充选区，按“Ctrl+D”组合键取消选区，效果如图 7-5 所示。

图 7-5　绘制路径并填充选区

（4）调整“图层 1”的不透明度为“70%”，单击“图层”面板底部的“添加图层样式”按钮，弹出“图层样式”对话框，为“图层 1”添加投影，效果如图 7-6 所示。

（5）素材处理。

① 打开素材文件（素材：\第 7 章\实训 1\素材\素材 7-2），如图 7-7 所示，双击“背景”图层，将其变为普通图层。

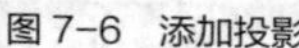
图 7-6　添加投影

图 7-7　素材文件

② 选择工具栏中的圆角矩形工具▢，在工具属性栏中设置圆角矩形的圆角半径为“15 像素”，在工作区中的适当位置绘制一个圆角矩形路径，如图 7-8 所示。

③ 单击“路径”面板底部的“将路径作为选区载入”按钮⬚，或按“Ctrl+Enter”组合键，将路径转换为选区。

④ 选择“选择”→“存储选区”命令，弹出“存储选区”对话框，将选区“名称”设为“边框”，如图 7-9 所示，单击“确定”按钮，将选区存储以备用。

图 7-8　绘制路径

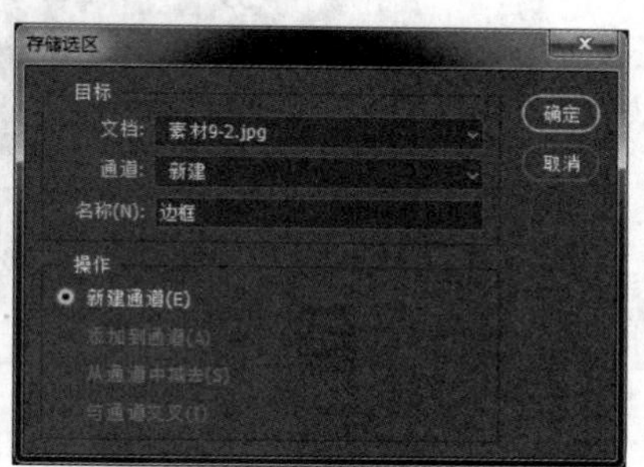

图 7-9　“存储选区”对话框

⑤ 按“Ctrl+Shift+I”组合键进行反选，按“Delete”键删除多余内容，按“Ctrl+D”组合键取消选区。

⑥ 选择“编辑”→“描边”命令，弹出“描边”对话框，参数设置如图 7-10 所示，单击“确定”按钮，效果如图 7-11 所示。

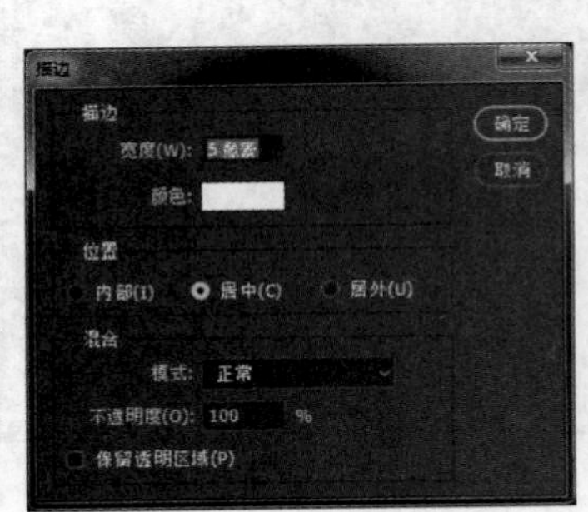

图 7-10 “描边”对话框

图 7-11 描边效果

⑦ 打开素材文件（素材：\第 7 章\实训 1\素材\素材 7-3），如图 7-12 所示。选择“选择”→“载入街区”命令，弹出“载入选区”对话框，“通道”选择“边框”，如图 7-13 所示，重复第⑤、第⑥步操作。

图 7-12 素材文件

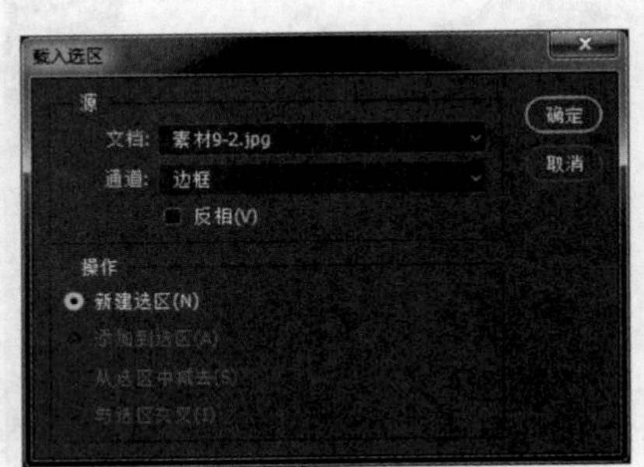

图 7-13 “载入选区”对话框

⑧ 依照第⑤步至第⑦步操作依次处理素材 7-4、素材 7-5。拖动 4 个素材文件到“宣传海报”

文件中，调整图像的大小和位置，效果如图 7-14 所示。

图 7-14　处理素材

⑨ 合并素材 7-3、素材 7-4、素材 7-5 所在的 3 个图层，单击“图层”面板底部的“添加图层蒙版”按钮，为新合成的图层添加一个图层蒙版，为蒙版填充垂直的线性渐变，“图层”面板如图 7-15 所示，效果如图 7-16 所示。

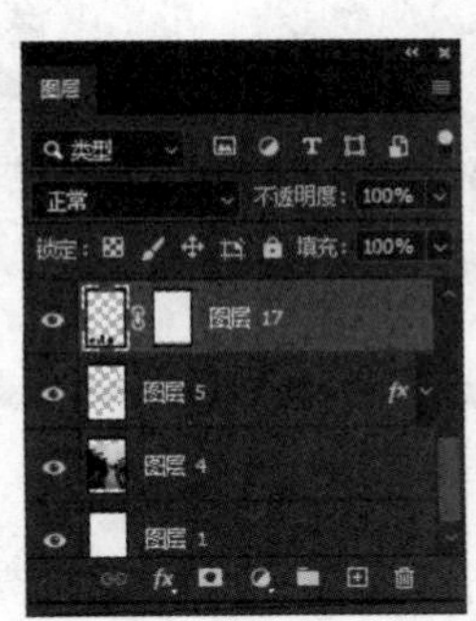

图 7-15　“图层”面板

图 7-16　添加蒙版后效果

⑩ 打开素材文件（素材：\第 8 章\实训 1\素材\素材 7-5），如图 7-17 所示。

图 7-17　素材文件

⑪ 为素材创建圆形选区，如图 7-18 所示，使用移动工具拖动选区内容至“宣传海报”文件中的适当位置，调整大小，效果如图 7-19 所示。

图 7-18　创建圆形选区

图 7-19　移动选区内容

⑫ 单击“图层”面板底部的“添加图层蒙版”按钮，为新的图层添加一个图层蒙版，为蒙版填充垂直的射线渐变，“图层”面板如图 7-20 所示，效果如图 7-21 所示。

（6）文字处理。

① 选择横排文字工具输入文字“绿水·乌镇”，自动生成文字图层，设置字体为“方正中倩繁体”，

字号为“30”，文字“加粗”。文字“绿水”颜色为“绿色”，文字“·乌镇”颜色为“黑色”。

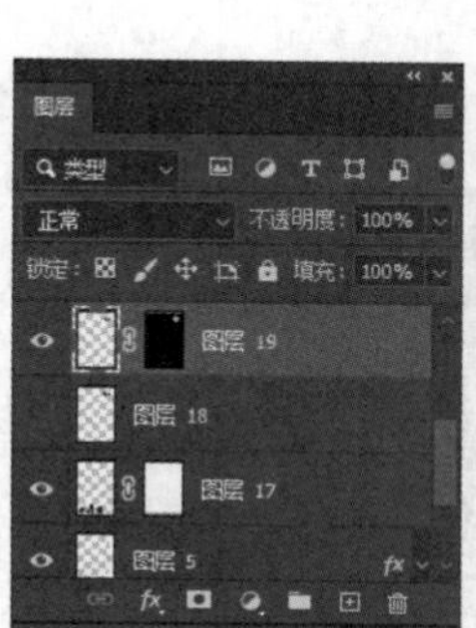

图 7-20 “图层”面板

图 7-21 添加蒙版后效果

② 单击“图层”面板底部的“添加图层样式”按钮 fx ，弹出“图层样式”对话框，为该文字图层添加投影，效果如图 7-22 所示。

③ 输入文字“乌镇欢迎您……”，自动生成文字图层，设置字体为“方正粗倩简体”，字号为“11”，文字“加粗”，颜色为“黑色”，效果如图 7-23 所示。

图 7-22 文字效果 1

图 7-23 文字效果 2

④ 输入文字“旅游圣地”，自动生成文字图层，设置字体为“方正黄草简体”，字号为“36”，颜

色为“灰色”。调整图层的不透明度为“77%”。

宣传海报的最终效果如图 7-24 所示。

图 7-24　文字效果 3

7.2　实训 2——制作新年促销广告

在动画制作中，往往需要多种动画效果结合使用，才能更加生动地表现动画内容。本实训综合几种动画效果，以实现新年促销广告的动画，效果如图 7-25 所示。

图 7-25　“新年促销广告”作品预览效果

7.2.1 分析思路

1. 影片剪辑元件

本案例中我们通过选择“插入”→“新建元件”命令，在弹出的“创建新元件”对话框中选择“影片剪辑”选项来创建“鞭炮”影片剪辑元件。

2. 属性设置

选择元件才能设置元件属性，如果需要设置帧属性，则要选择帧。Alpha 是动画制作中经常用到的属性。缓动则是补间动画制作中经常用到的属性。

3. 声音

Animate 支持的声音文件格式是标准的 MP3 格式和 WAV 格式，对于 Animate 不支持的声音文件格式必须通过第三方声音编辑软件进行转化后才可使用。

本案例的编辑过程主要包括以下操作环节。

（1）创建动画文件。

（2）导入外部图片素材。

（3）创建以图片“背景 1”为背景的广告动画。

（4）创建以图片“背景 2”为背景的广告动画。

（5）创建以图片“背景 3”为背景的广告动画。

（6）为动画添加声音。

（7）保存并发布动画。

7.2.2 操作步骤

（1）启动 Animate 2020，选择“文件”→“新建”命令，在弹出的“新建文档”对话框中选择“AIR for Desktop”选项，进入新建文档舞台界面。设置“尺寸”为“750 像素×450 像素”、“帧频”为“12”帧，背景色设置为淡红色，其他选项使用默认设置。

（2）导入外部图片素材：选择“文件”→“导入”→“导入到库”命令，在弹出的“导入”对话框中选择文件夹中的所有图片文件，单击“打开”按钮，完成导入。导入图片素材后的库文件如图 7-26 所示。

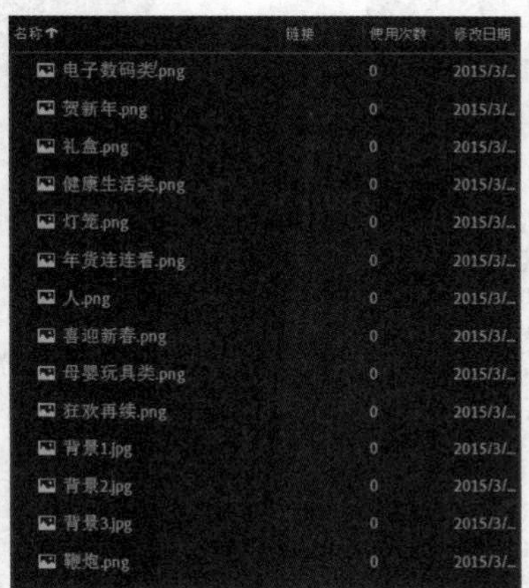

图 7-26 导入图片素材后的库文件

（3）为方便库文件管理，单击“库”面板下方的“新建文件夹”按钮，新建文件夹，将其命名为“图片”，并将导入的图片素材全部移入该文件夹中，如图7-27所示。

（4）创建基于“背景1”的动画：双击时间轴中的“图层1”文字，将图层名称修改为“背景1”，将库中的“背景1.jpg”图片拖入场景中，并将其与舞台对齐。选择图片，选择“修改”→“转换为元件”命令，将图片转换成图形元件“bg1”，如图7-28所示。

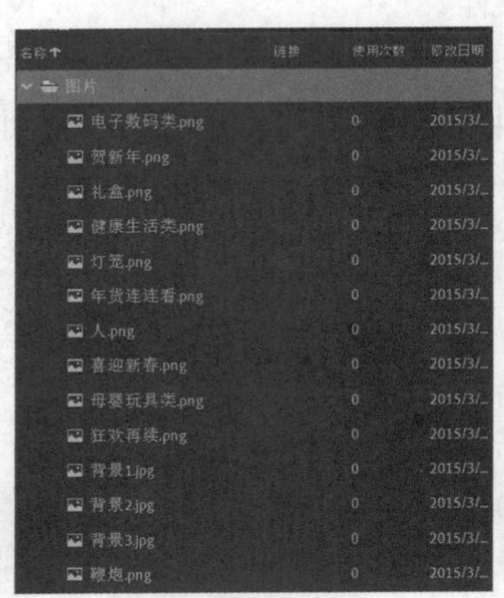

图7-27　新建库文件夹

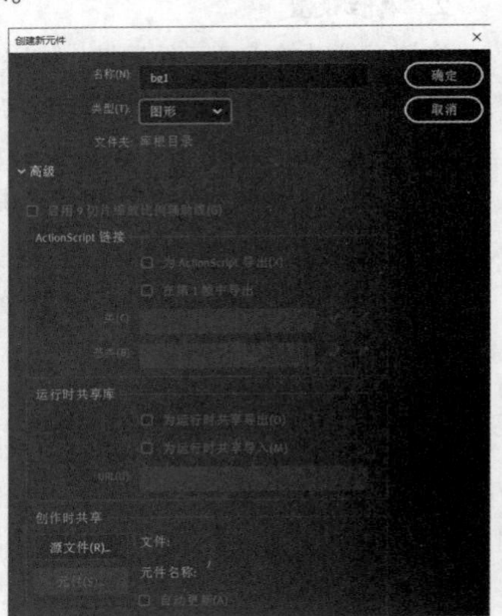

图7-28　将图片转换为图形元件

（5）在第10帧插入关键帧，在第1帧到第10帧中间插入传统补间动画。选择补间动画，将“属性”面板中的“效果”设置为“100”，如图7-29所示。（必须选择补间，才能设置缓动。）选择第1帧，单击场景中的图形元件“bg1”，在“属性”面板中设置“bg1”的“Alpha”值为“0%”，如图7-30所示。

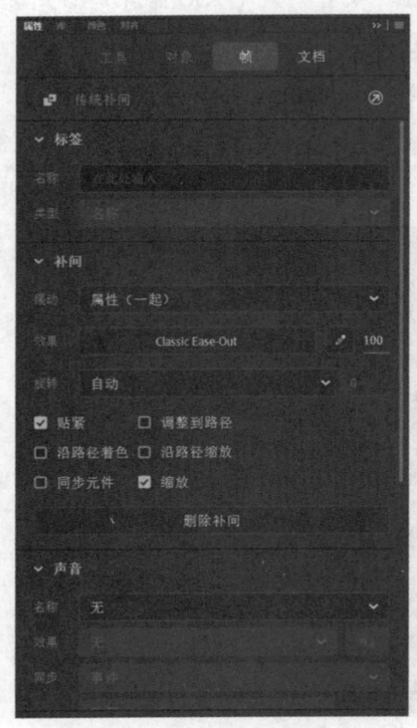

图7-29　设置补间缓动

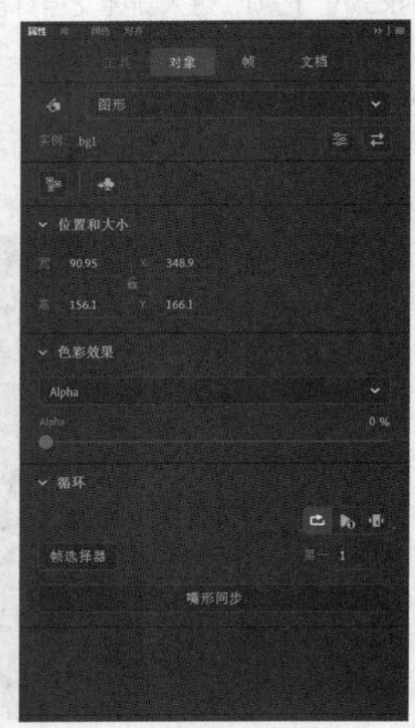

图7-30　设置图形元件透明度为0

（6）新建图层“礼盒”，在第 10 帧右击插入关键帧，将库中的图片“礼盒.jpg”拖入场景中，并将它转换为图形元件“lihe”。右击第 30 帧，插入关键帧。

（7）单击图层“礼盒”的第 10 帧，用任意变形工具改变礼盒的大小和位置，将部分礼盒移动到舞台外部，如图 7-31 所示，并将礼盒的“Alpha”值设置为“0%”。

（8）右击第 10 帧到第 30 帧中的任意一帧，创建传统补间动画，并设置“缓动”为“100”。在本项目的所有动画中，为了让动画效果更好，都要进行补间缓动设置。

图 7-31　改变礼盒的大小和位置

（9）新建图层“贺新年”，在第 22 帧插入关键帧，从库中拖动“贺新年.png”图片到场景中，并将其转换为图形元件“hexinnian”。在第 33 帧和第 44 帧都插入关键帧，在第 22～33 帧和第 33～44 帧创建传统补间动画，设置补间缓动。单击第 22 帧，将图形元件“hexinnian”设置为隐形。单击第 33 帧，用任意变形工具将“贺新年”文字略微调大。

（10）新建图层“狂欢再续”，在第 39 帧插入关键帧，从库中拖动“狂欢再续.png”图片到场景中，并将其转换为图形元件“khzx”。在第 39 帧和第 49 帧都插入关键帧，在第 39～49 帧和第 49～53 帧创建传统补间动画，设置补间缓动。单击第 39 帧，将图形元件“khzx”拖动到舞台外部，如图 7-32 所示。单击第 49 帧，将文字拖动到舞台内，如图 7-33 所示。单击第 53 帧，将文字略微向右拖动，如图 7-34 所示。

图 7-32　第 39 帧

图 7-33　第 49 帧

图7-34 第53帧

舞台与工作区

在 Animate 中设计动画时，往往要利用工作区做一些辅助性的工作，但主要内容都要在舞台中实现。这就像演员一样，在舞台之外可能要进行许多准备工作，但是观众能看到的只是在舞台上的表演。

（11）选择4个图层的第59帧，如图7-35所示，对其右击，在弹出的快捷菜单中选择“创建关键帧”命令。

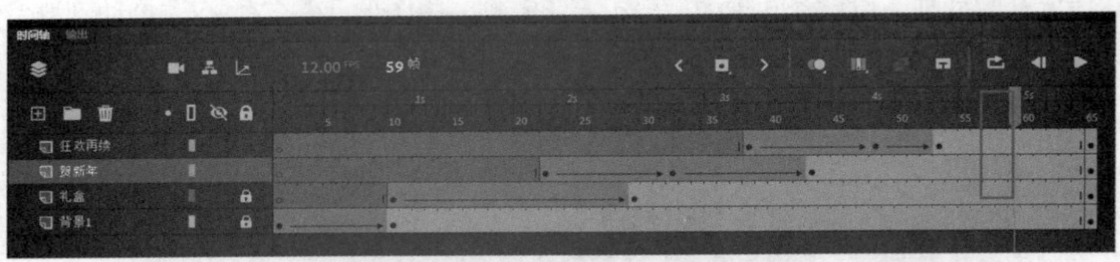

图7-35 选择4个图层的帧

（12）用同样方法选择第65帧，并创建关键帧，如图7-36所示。

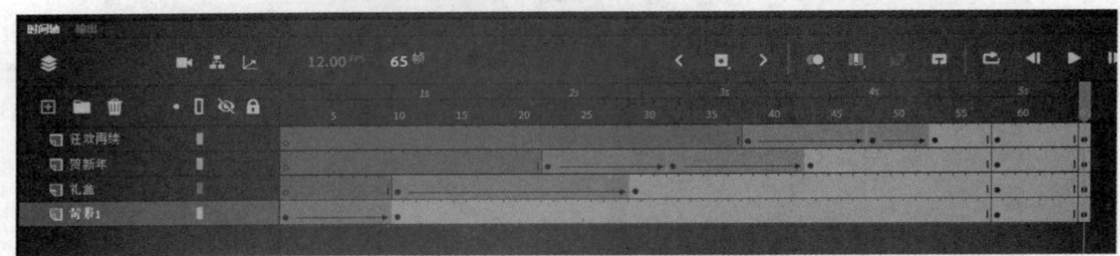

图7-36 第65帧

（13）单击场景中的任意元件，如图7-37所示，在“属性”面板中设置“Alpha”值为“0%”，使场景中所有元件都看不见。

（14）在“时间轴”面板中，单击“新建文件夹”按钮，如图7-38所示。将新建的文件夹命名为“1”。

图 7-37　将场景中所有元件的“Alpha”值设为“0%”

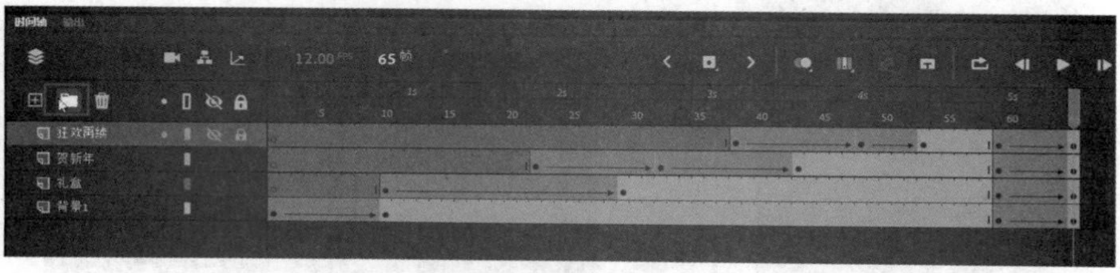

图 7-38　新建文件夹

（15）将 4 个图层全部拖入文件夹“1”中，如图 7-39 所示。

（16）创建基于“背景 2”的动画。新建图层“背景 2”，在第 63 帧插入关键帧，将库中图片“背景 2.jpg”拖入场景中，将其转换为图形元件“bg2”。在第 80 帧插入关键帧，创建第 63～80 帧的传统补间动画，并设置缓动。选择第 63 帧，单击图形元件“bg2”，设置其“Alpha”值为“0%”。

（17）制作鞭炮影片剪辑元件：选择“插入”→“新建元件”命令，创建影片剪辑元件“bianpao”，如图 7-40 所示。

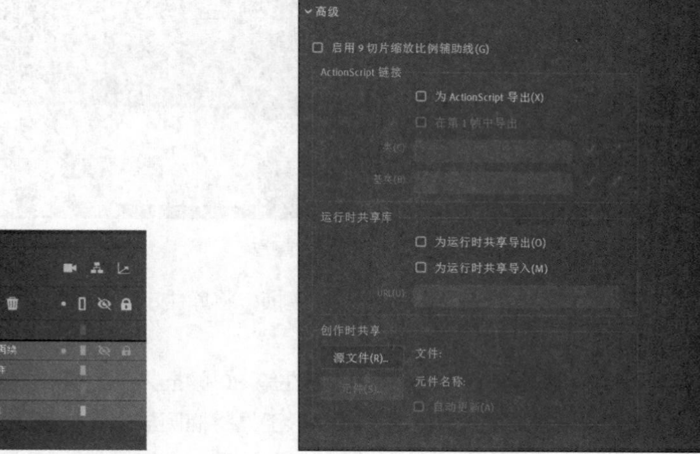

图 7-39　整理图层

图 7-40　创建影片剪辑元件

（18）编辑“bianpao”影片剪辑元件：将库中的“鞭炮.png”图片拖入舞台，将其转换为图形元件“bp”，使用任意变形工具将中心移动到鞭炮的右上角部位，如图 7-41 所示。

（19）用任意变形工具将鞭炮略微旋转，使其向右侧倾斜。在第 5 帧和第 10 帧插入关键帧。选择第 5 帧，将鞭炮向左侧倾斜。为第 1～5 帧和第 5～10 帧创建传统补间动画，并设置缓动。制作鞭炮左右摆动的动画，如图 7-42 所示。

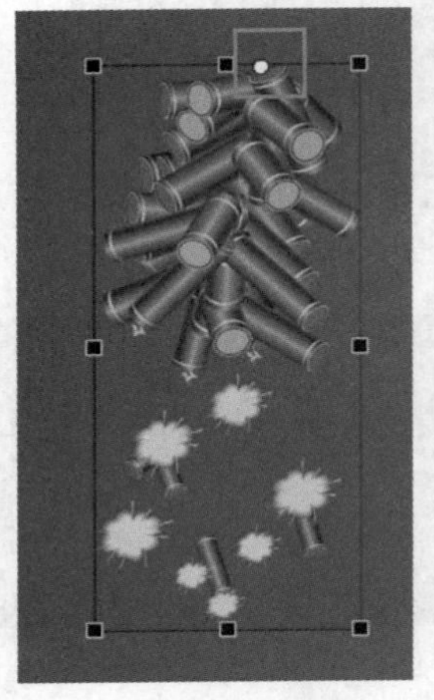

图 7-41　移动鞭炮的中心

图 7-42　制作鞭炮动画

（20）回到主场景，新建“鞭炮”图层，在第 80 帧插入关键帧，将影片剪辑元件“bianpao”拖入舞台左上角，并调整大小，如图 7-43 所示。

图 7-43　添加鞭炮

（21）新建图层“喜迎新春”，在第 80 帧插入关键帧，将库中的“喜迎新春.png”拖入舞台中，并将其转换为图形元件。

（22）在“喜迎新春”图层上新建图层“圆孔”。在第 80 帧插入关键帧，并用椭圆工具绘制一个无边框的小椭圆。在第 97 帧插入关键帧，用任意变形工具将椭圆放大，覆盖图层“喜迎新春”中的文字。为第 80～97 帧创建形状补间动画。右击“圆孔”图层，在弹出的快捷菜单中选择“遮罩层”

命令，将其变为图层“喜迎新春”的遮罩层。

（23）同时选择图层“背景 2”“鞭炮”“喜迎新春”的第 97 帧，对其插入关键帧。再同时选择第 107 帧，也插入关键帧，单击场景中任一元件，设置“Alpha”值为“0%”，并且为 3 个图层创建传统补间动画，设置缓动，使“背景 2”图层相关内容也逐渐消失。

（24）新建文件夹“2”，将基于“背景 2”的 4 个图层（背景 2、鞭炮、喜迎新春和圆孔）都放入文件夹“2”，“时间轴”面板如图 7-44 所示。

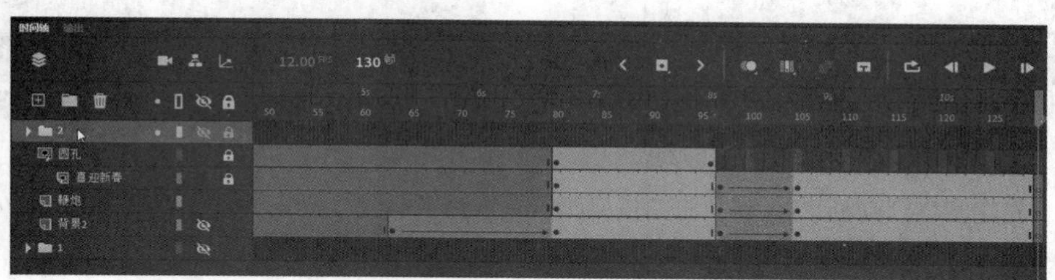

图 7-44 “时间轴”面板

（25）创建基于“背景 3”的动画：新建图层“背景 3”，在第 105 帧插入关键帧，将库中图片“背景 3.jpg”拖入场景中，将其转换为图形元件“bg3”。在第 117 帧插入关键帧，创建第 105～117 帧的传统补间动画，并设置缓动。选择第 105 帧，单击图形元件“bg3”，设置其“Alpha”值为“0%”。

（26）新建图层“灯笼”，在第 113～128 帧创建类似“礼盒”的动画，让灯笼从右上角逐渐显示并进入舞台。

（27）新建图层“年货”，在第 126 帧插入关键帧，将库中“年货连连看.png”放入舞台合适的位置，并将其转换为图形元件“nianhuo”。在第 128 帧、130 帧、132 帧、134 帧、136 帧和 138 帧插入关键帧，并将第 128 帧、132 帧和 136 帧的“nianhuo”元件的“Alpha”值设置为“0%”。完成文字闪动效果制作，如图 7-45 所示。

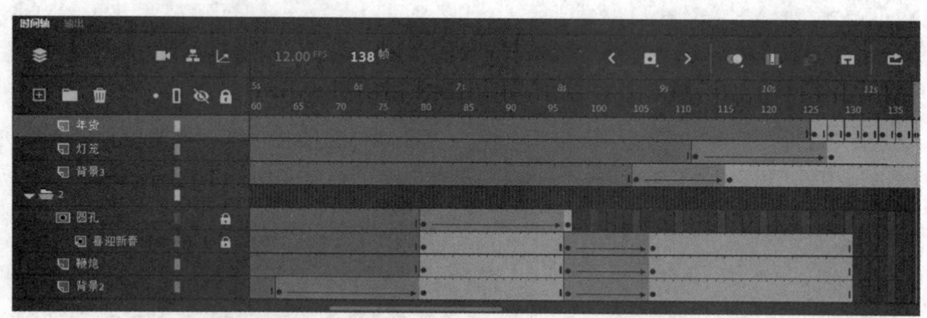

图 7-45 “年货”图层

（28）新建图层“人”，在第 140 帧插入关键帧，将库中“人.png”放入舞台中央位置，并将其转换为图形元件“ren”。用任意变形工具将其变小，如图 7-46 所示。在第 154 帧插入关键帧，用任意变形工具将其变大，如图 7-47 所示。在第 140～154 帧创建传统补间动画，并设置缓动，制作出动画小人从里向外走的效果。

（29）在第 155 帧插入空白关键帧，让动画小人消失。

（30）新建图层“商品 1”，将“电子数码类.png”图片转换为图形元件，在第 155～166 帧制作

“电子数码类”图片渐渐显现的动画。

图 7-46 第 140 帧

图 7-47 第 154 帧

（31）新建图层“商品 2”，将“母婴玩具类.png”图片转换为图形元件，在第 166～176 帧制作“母婴玩具类”图片渐渐显现的动画。

（32）新建图层“商品 3”，将“健康生活类.png”图片转换为图形元件，在第 176～186 帧制作“健康生活类”图片渐渐显现的动画。

（33）选择从“背景 3”到“商品 3”的所有图层的第 205 帧，对其右击，在弹出的快捷菜单中选择“插入帧”命令。使动画可以停留一段时间，再开始重新播放。

（34）新建文件夹“3”，将基于“背景 3”的图层（背景 3、灯笼、年货、人、商品 1、商品 2、商品 3）放入文件夹“3”，“时间轴”面板如图 7-48 所示。

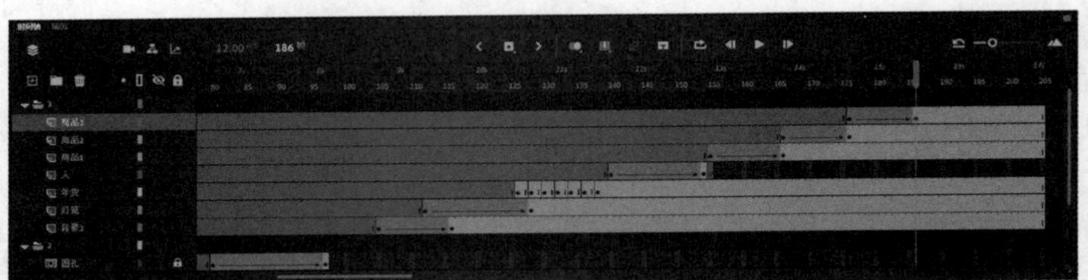
图 7-48 “时间轴”面板

（35）选择“文件”→导入→“导入到库”命令，在素材文件夹中选择声音文件“恭喜你.mp3”。

（36）新建图层“声音”，将库中的“恭喜你.mp3”拖入舞台，如图 7-49 所示。

图 7-49 添加声音

Animate支持的音频格式

Animate 支持以下几种声音格式：WAV（仅限 Windows）、AIFF（仅限 macOS）、MP3（Windows 或 macOS）。

（37）选择“文件”→“保存”命令，将动画保存为“新年促销广告”，选择“控制”→“测试影片”命令或按“Ctrl+Enter”组合键进行影片测试。

（38）选择“文件”→“发布设置”命令，打开“发布设置”对话框，进行发布设置。设置完成后，单击“发布”按钮，完成发布，如图 7-50 所示。

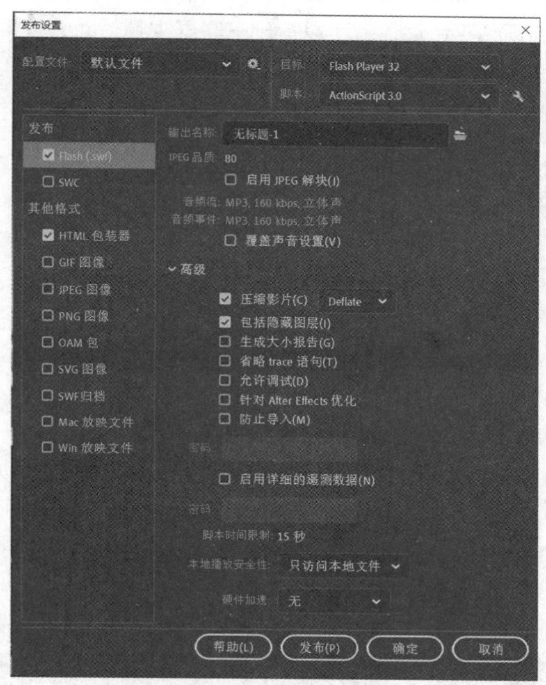

图 7-50 “发布设置”对话框

7.3 实训 3——制作三联屏视频封面

本实训要求制作三联屏视频封面，效果如图 7-51 所示。

图 7-51 “三联屏视频封面”作品预览效果

7.3.1 分析思路

手机等移动端在视频播放前，通常会显示视频的缩略图预览，如果多个相关的视频同时显示预览封面，并呈现出统一的风格，或者同一张图片切分成不同视频的封面，则能够给视频观看者带来良好的体验。本实训就是将一张图片切分为 3 张，分别作为 3 个系列视频的封面。按照视频 3、视频 2、视频 1 的顺序将视频上传到视频平台后，就可以得到三联屏视频封面的效果。

本案例的编辑过程主要包括以下操作环节。

（1）视频封面图片的制作。

（2）切片工具的使用。

（3）自定义序列预设模板。

（4）使用素材插入工具。

（5）“效果控件”面板中属性及参数的复制。

（6）自定义视频导出预设模板。

7.3.2 操作步骤

（1）将素材中的“实训 3”文件夹复制到 C 盘根目录。

（2）启动 Photoshop 2020，选择“文件”→“新建”命令或按“Ctrl+N”组合键，打开“新建文档”对话框。单击“胶片和视频”选项卡，设置名称为“封面”。“宽度”为“3240 像素”、“高度”为“1920 像素”，单击“创建”按钮，创建一个新的图片，如图 7-52 所示。

图 7-52 “新建文档”对话框

（3）将素材中的“封面.jpg”文件拖动到新创建好的文档中，如图 7-53 所示。

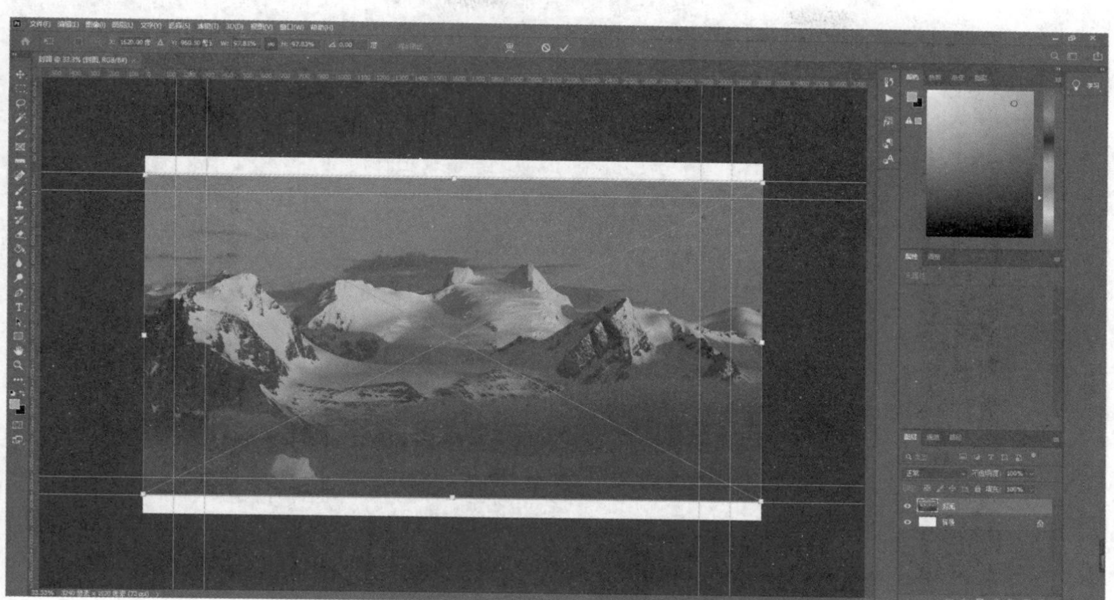

图 7-53　添加素材到新建文档

（4）可以看到图片素材的大小和新创建的文档的大小不完全一致，调整素材的大小及位置，如图 7-54 所示。

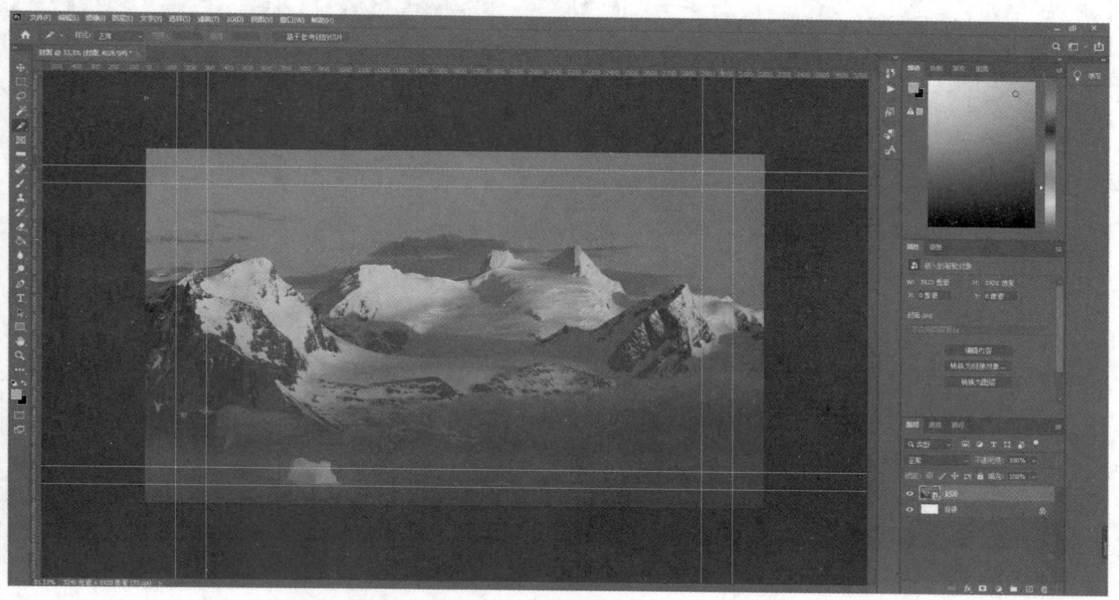

图 7-54　调整素材的大小

（5）选择“切片工具”，在图像上右击，弹出快捷菜单，选择“划分切片”命令，如图 7-55 所示。

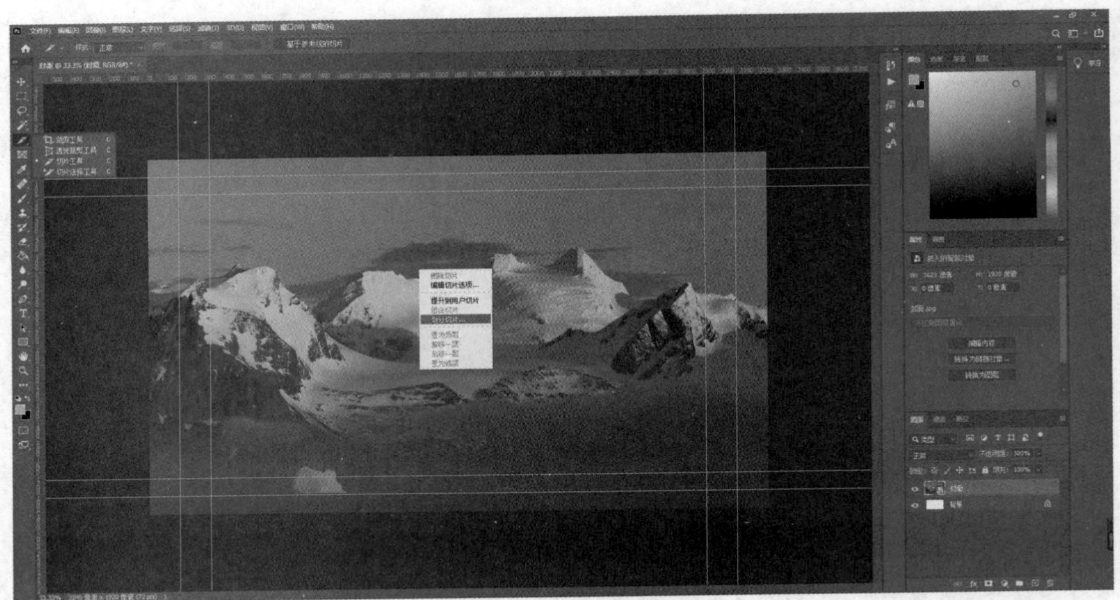

图 7-55　切片工具

（6）在弹出的“划分切片”对话框中设置水平划分的参数为“1”，垂直划分的参数为“3”，如图 7-56 所示。

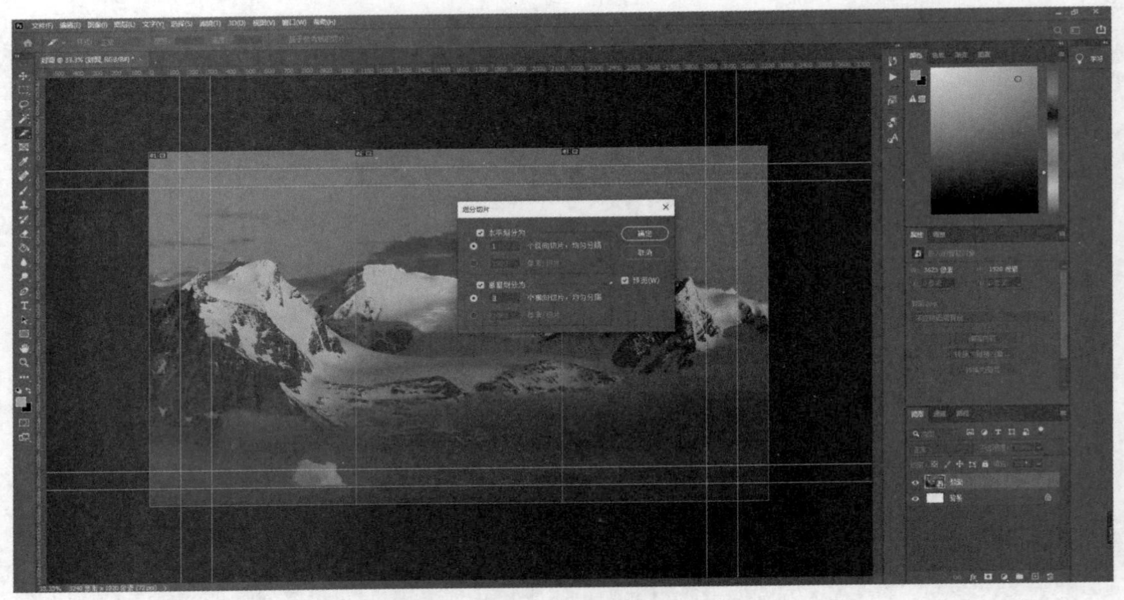

图 7-56　“划分切片”对话框

（7）选择横排文字工具，在图像上单击，在出现的文本框中输入想要在封面上显示的文字，如图 7-57 所示。

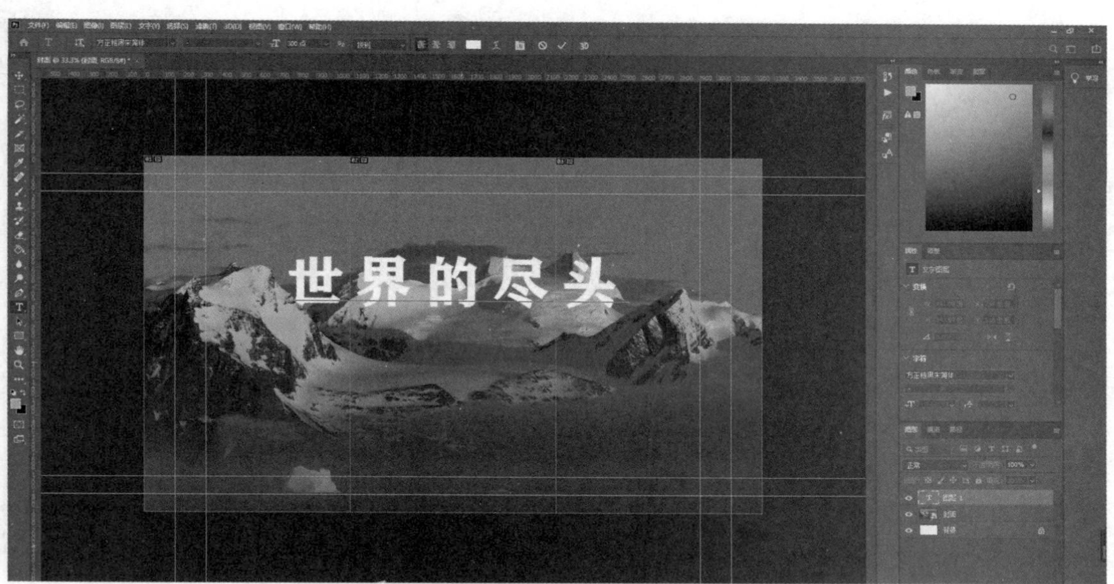

图 7-57　输入文字

（8）为文字添加描边效果。在右下方的“图层”面板中选择刚才输入的文字所在的图层，单击“添加图层样式”按钮，在弹出的菜单中选择“描边”命令。在弹出的对话框中，设置描边的大小和颜色参数。在切分好的 3 部分图片中间分别输入（1/3）、（2/3）、（3/3），如图 7-58 所示。

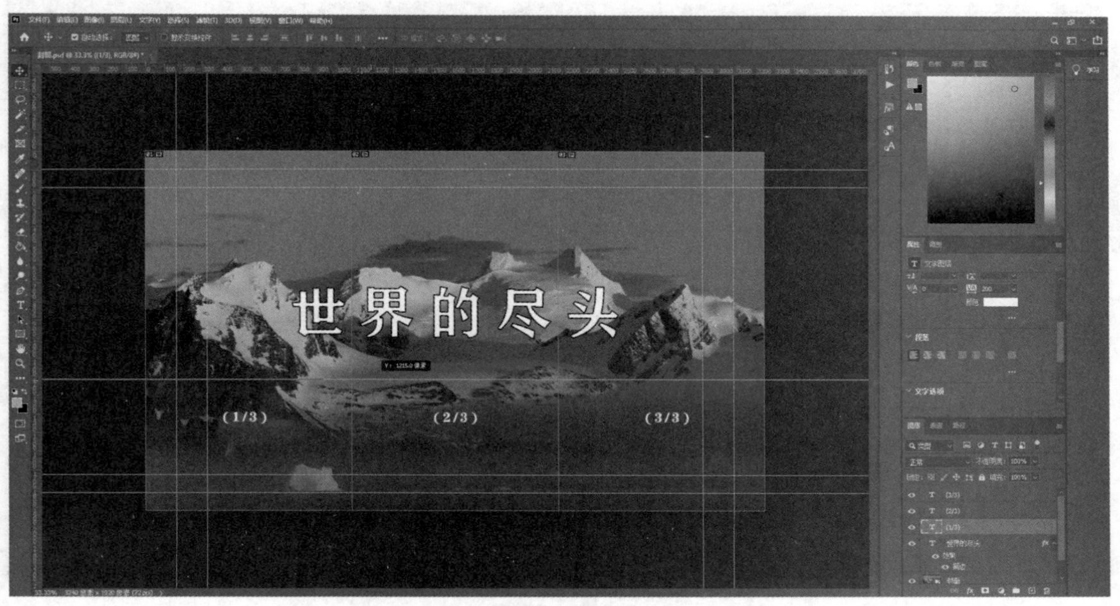

图 7-58　设置文字的描边效果

（9）在屏幕的上方添加一条参考线到画面中，然后将（1/3）、（2/3）、（3/3）3 部分文字根据参考线的位置进行对齐，如图 7-59 所示。

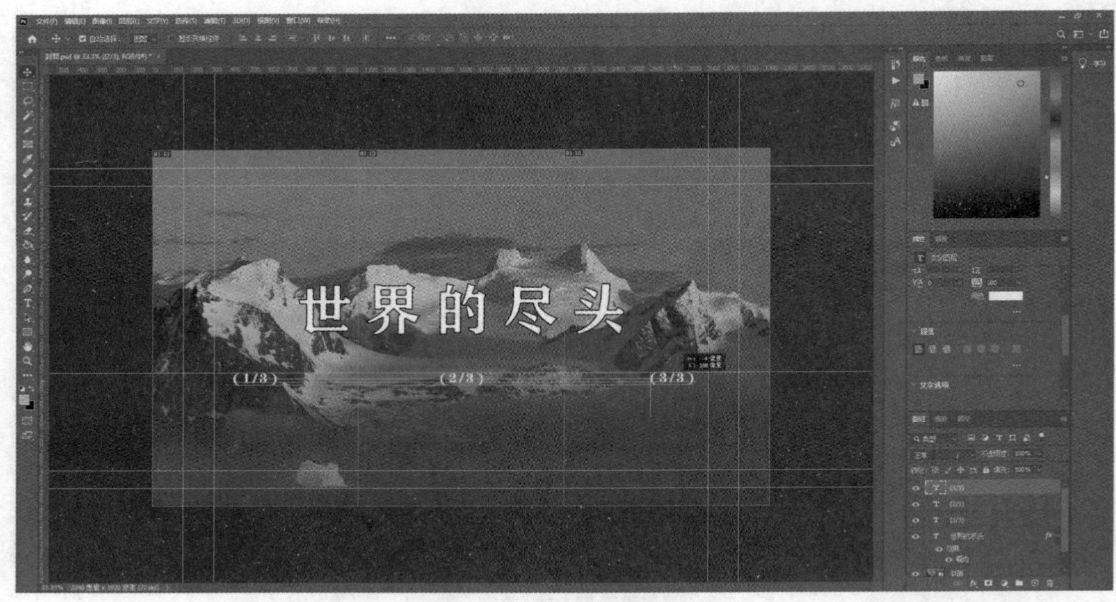

图 7-59　调整文字位置

（10）选择“文件”→“导出”→“存储为 Web 所用格式（旧版）”命令或按“Alt+Shift+Ctrl+S”组合键，将图片进行保存，如图 7-60 所示。

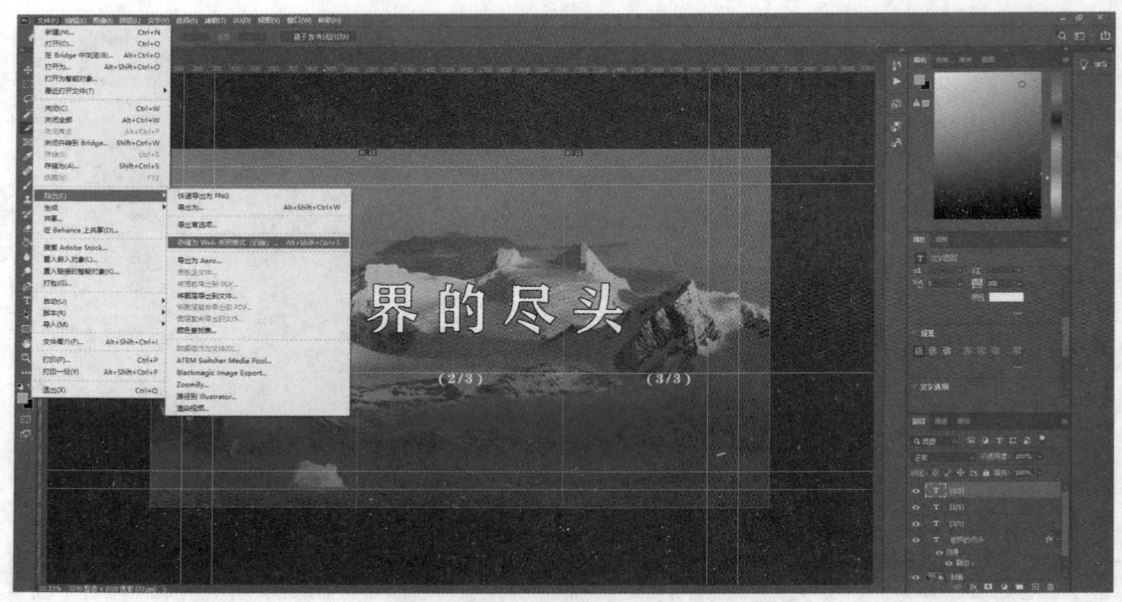

图 7-60　存储图片

（11）在“存储为 Web 所用格式 100%”对话框中，设置文件格式为“JPEG”，“品质”为“最佳”。单击“存储”按钮，如图 7-61 所示。

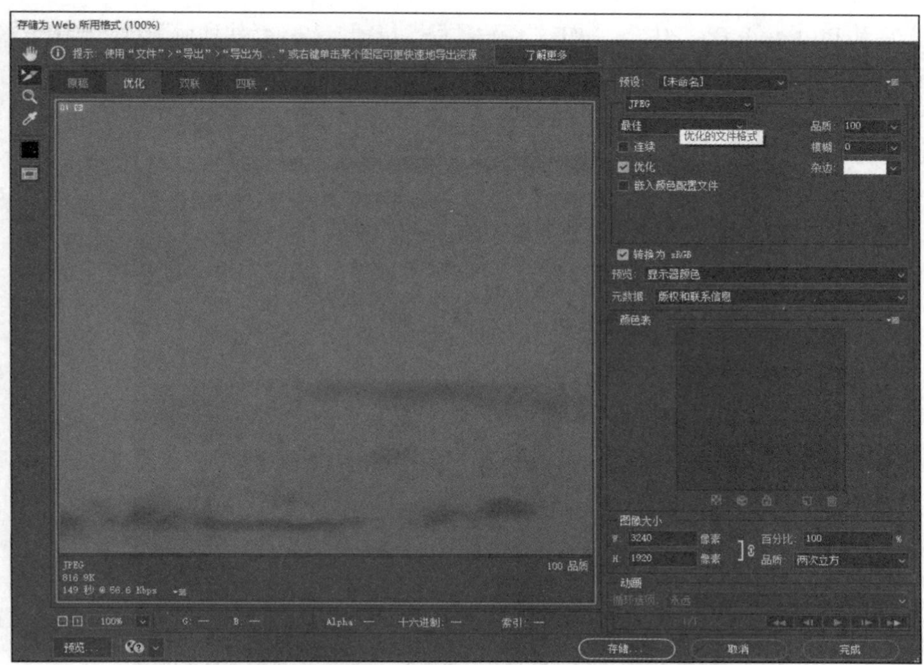

图 7-61 “存储为 Web 所用格式（100%）”对话框

（12）在弹出的“‘Adobe 存储为 Web 所用格式’警告”对话框中，单击“确定”按钮，如图 7-62 所示，将图片存储到“实训 3“文件夹下。软件会自动生成文件名为“images”的文件夹，在文件夹里面可以看到切分好的 3 张图片。

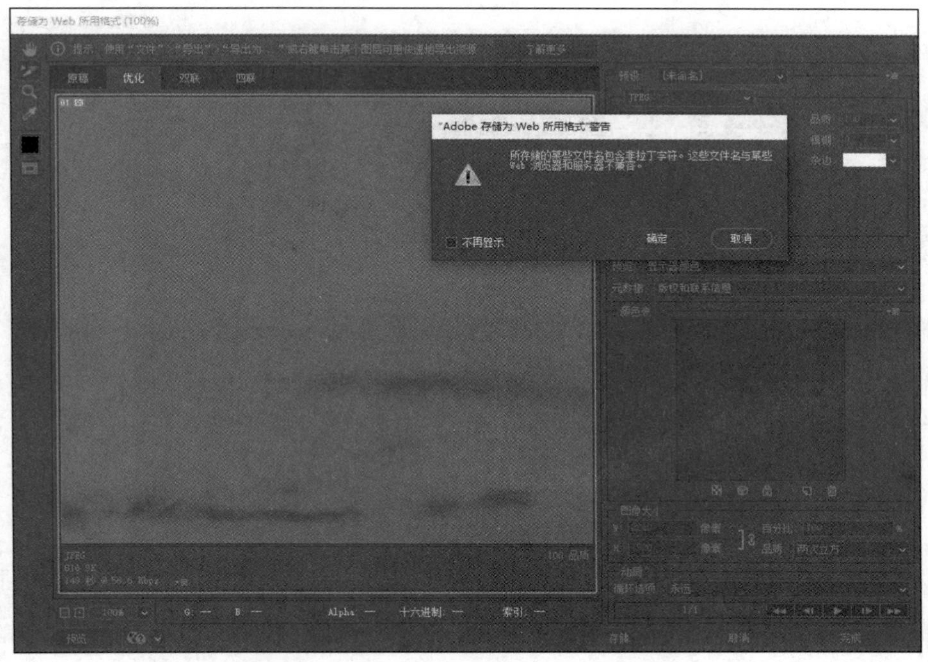

图 7-62 “‘Adobe 存储为Web 所用格式’警告”对话框

（13）启动 Premiere Pro 2020，单击“新建项目”按钮。在“新建项目”对话框中设置“名称”为“三联屏视频封面”，“位置”为“C：\08 项目实训\实训 3”，如图 7-63 所示。

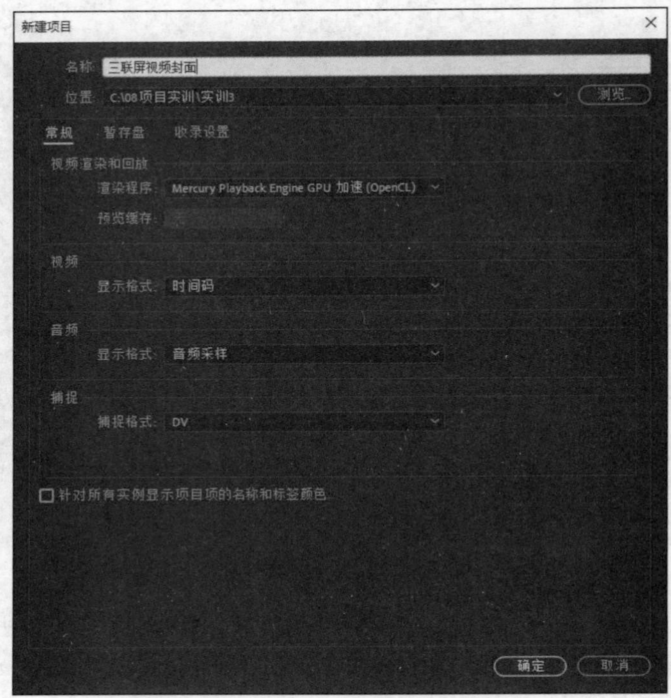

图 7-63　新建项目

（14）将前面创建好的 3 张封面图片和其他的影片制作素材导入项目中，如图 7-64 所示。

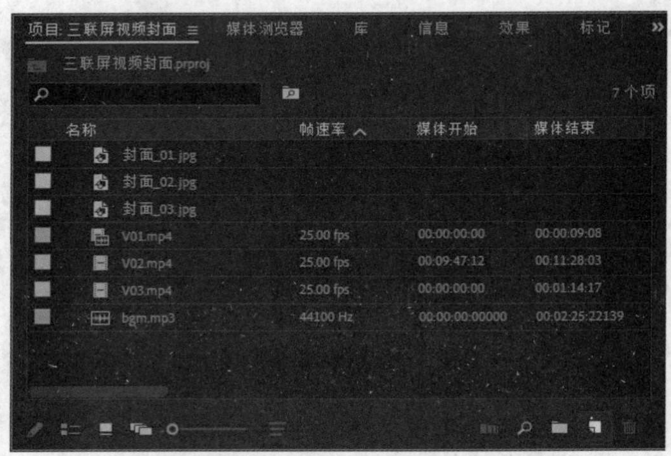

图 7-64　导入素材

（15）单击“新建序列”按钮，在“新建序列”对话框中单击“设置”选项卡，设置“编辑模式”为“自定义”，“帧大小”为“1080”，水平为“1920”，“垂直”为“9：16”。单击“保存预设”按钮，在打开的“保存序列预设”对话框中设置好“名称”和“描述”，单击“确定”按钮，如图 7-65 所示。

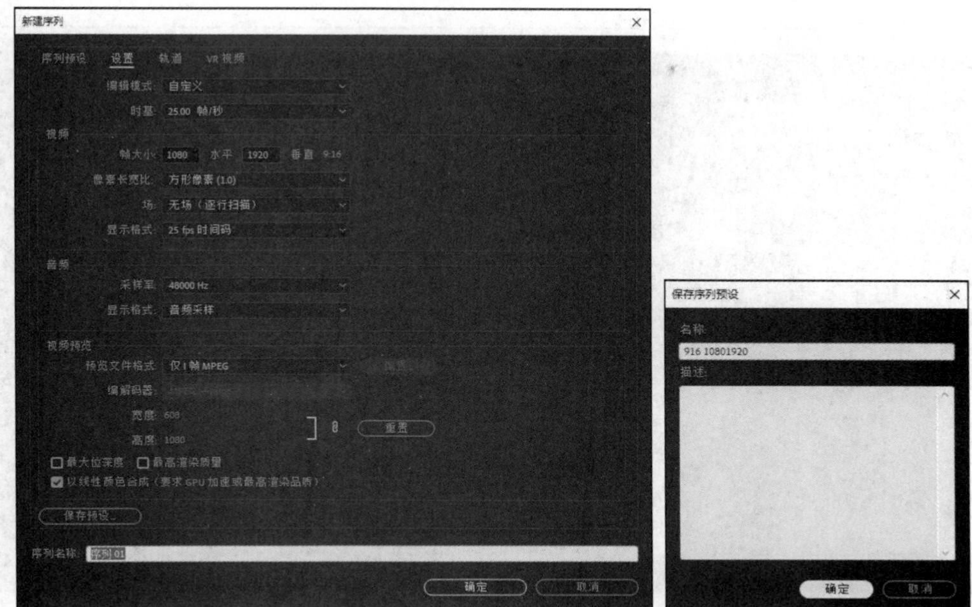

图 7-65　创建序列预设

（16）在“新建序列”对话框中设置好序列的名称，单击“确定”按钮，创建第 1 个视频所需的序列，如图 7-66 所示。

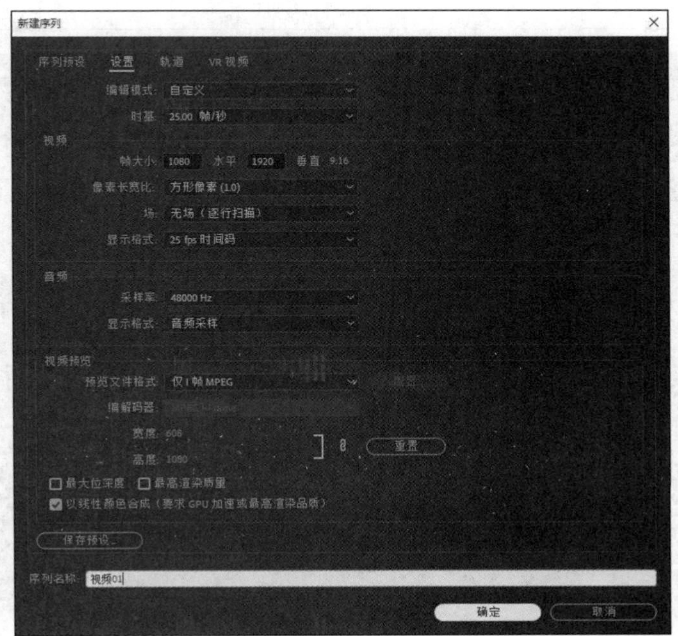

图 7-66　新建序列

（17）双击"封面_01"素材，将其在"源"面板中打开，设置素材的入点为 00:00:00:00，出点为 00:00:00:10。将其添加到"视频 01"序列上，如图 7-67 所示。

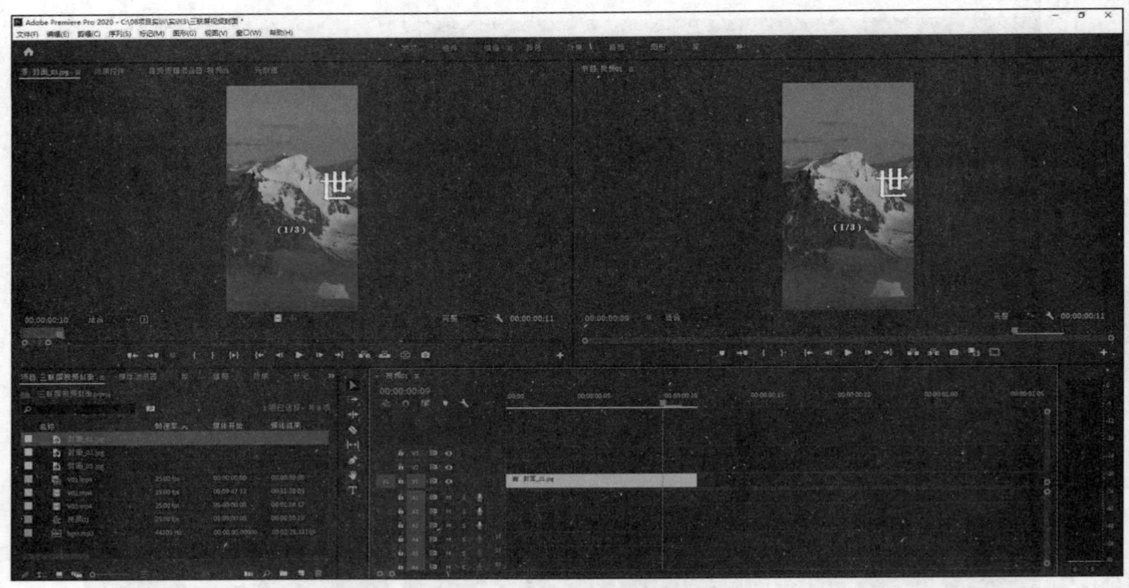

图 7-67 添加第一个封面素材

（18）将"V01.mp4"视频素材添加到视频轨道"V1"上。按住"Alt"键拖动视频轨道"V1"上的"V01.mp4"到视频轨道"V2"上，复制出另一份，如图 7-68 所示。

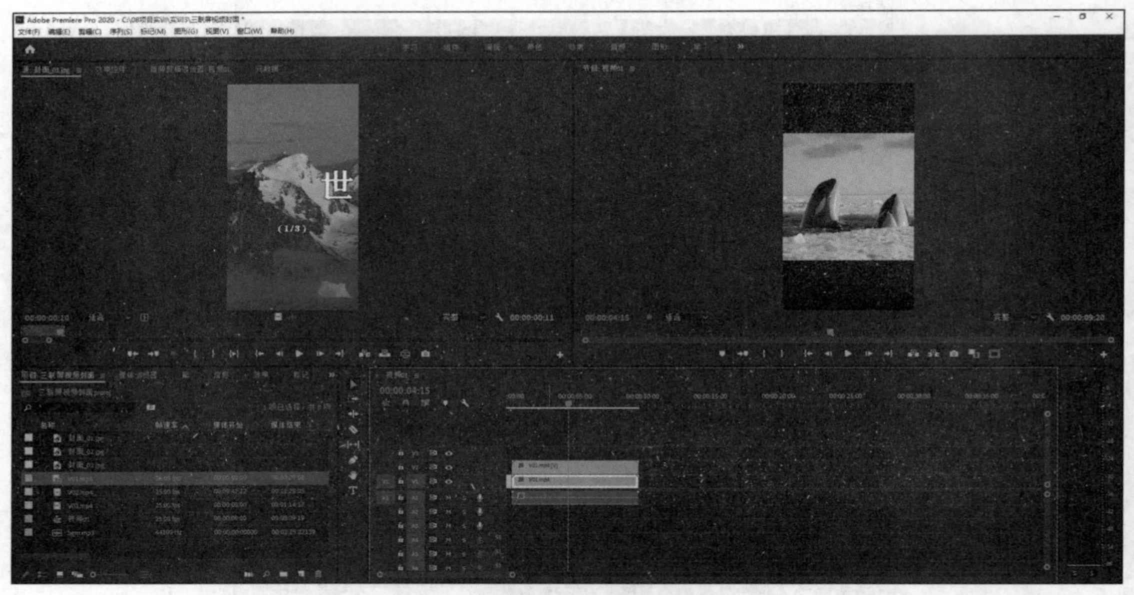

图 7-68 添加视频素材

（19）在视频轨道“V2”的“V01.mp4”素材上右击，在弹出的快捷菜单中选择“缩放为帧大小”命令，将素材的画面大小调整至符合序列设置，如图 7–69 所示。

图 7–69　“缩放为帧大小”命令

（20）选择视频轨道“V1”上的“V01.mp4”素材。打开“效果控制”面板，设置“缩放”参数为“180”。打开“效果”面板，找到“视频效果”里面的“高斯模糊”，将其拖动到“效果控件”面板中，设置“模糊度”参数值为“50”，如图 7–70 所示。

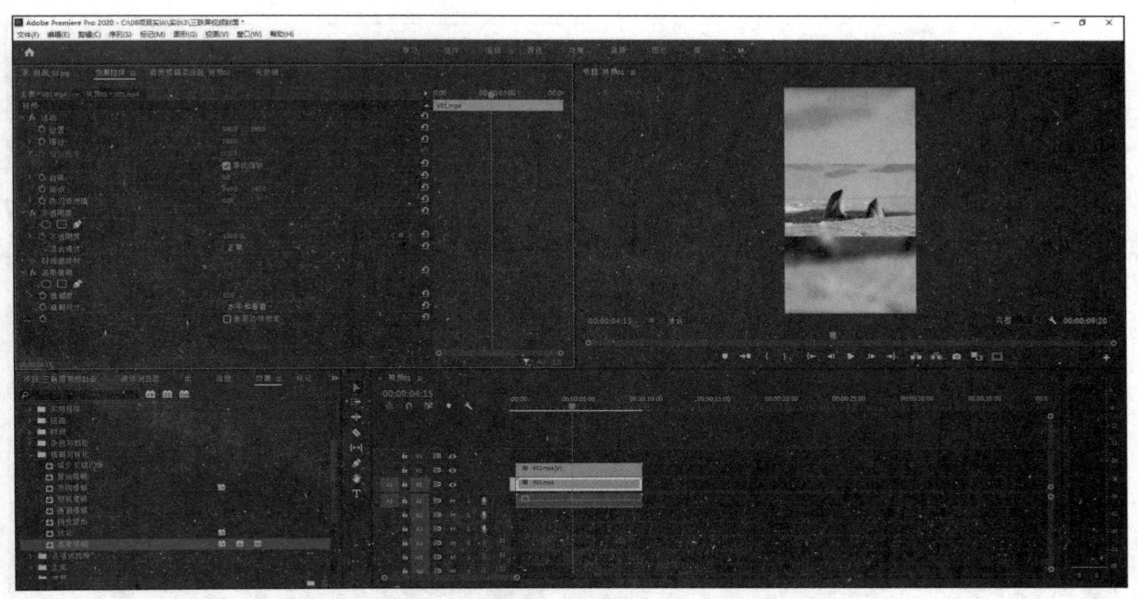

图 7–70　添加视频特效

（21）创建第 2 个视频所需要的序列。单击“新建序列”按钮，在打开的“新建序列”对话框中选择“自定义”，找到之前创建好的自定义序列。在“序列名称”文本框中输入“视频 02”。单击“确定”按钮创建新的序列，如图 7–71 所示。

图 7-71　根据自定义预设创建序列

（22）利用相同的方法添加第 2 条视频所需要的封面及素材，如图 7-72 所示。

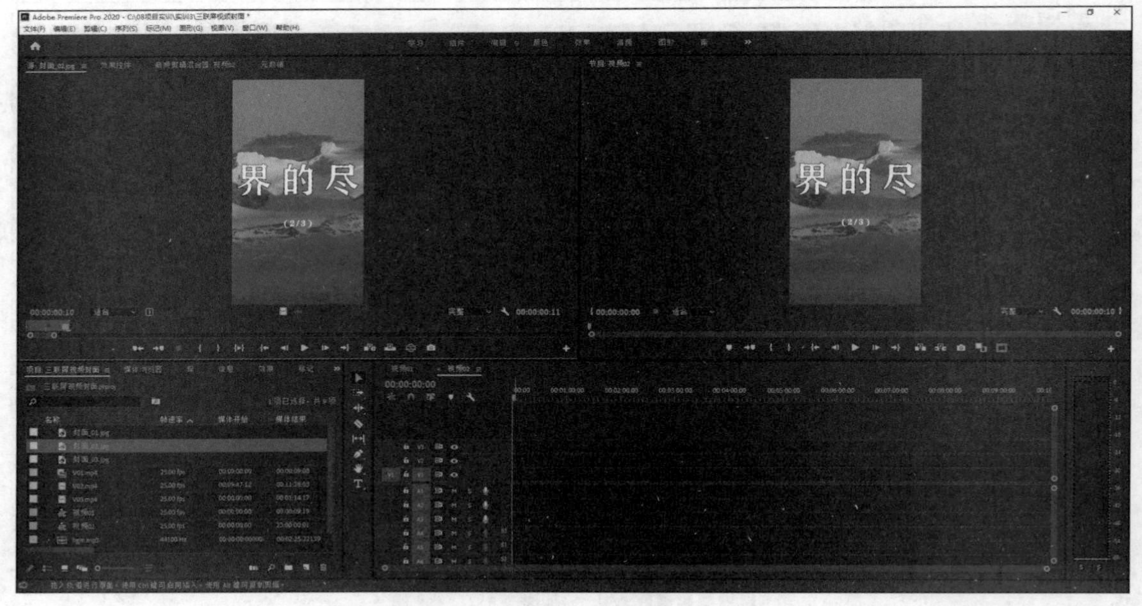

图 7-72　添加素材

（23）这里的素材同样需要添加视频效果，并且还需对视频进行适当的缩放。为了提高工作效率，可以用复制粘贴的方法。打开“视频 01”序列，选择视频轨道“V1”上的“V01.mp4”素材。在“效果”面板的“高斯模糊”效果上右击，在弹出的快捷菜单中选择“复制”命令，如图 7-73 所示。

图 7-73　复制视频效果

（24）打开“视频 02”序列，选择视频轨道“V1”上的“V02.mp4”素材。在“效果”面板中的空白区域右击，在弹出的快捷菜单中选择“粘贴”命令，如图 7-74 所示。

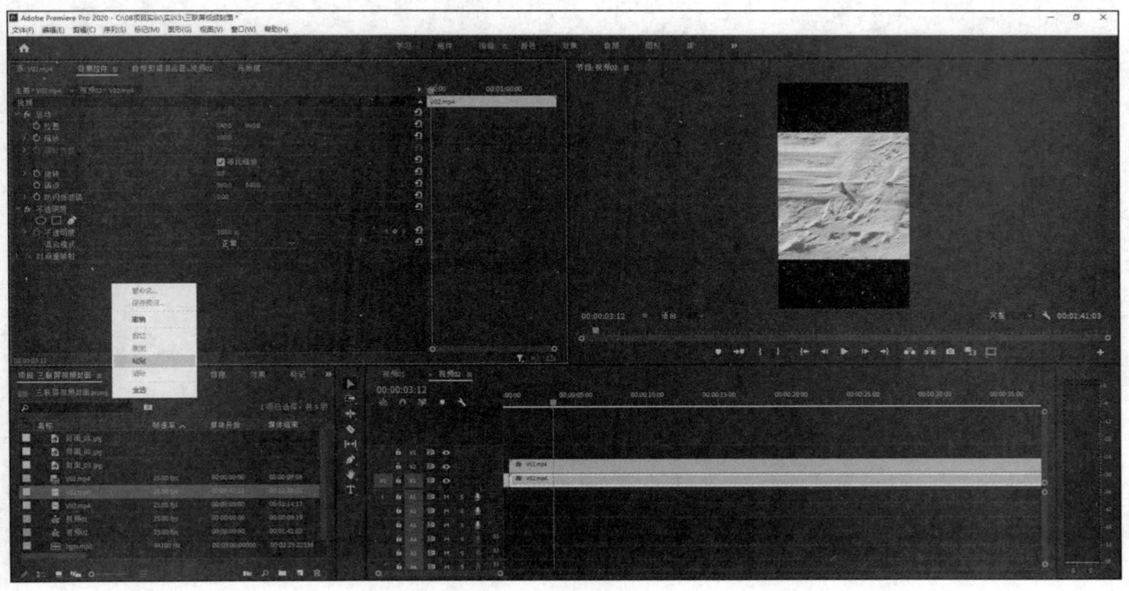

图 7-74　粘贴视频效果

（25）设置好视频轨道“V1”上的“V02.mp4”素材的缩放大小，如图 7-75 所示。

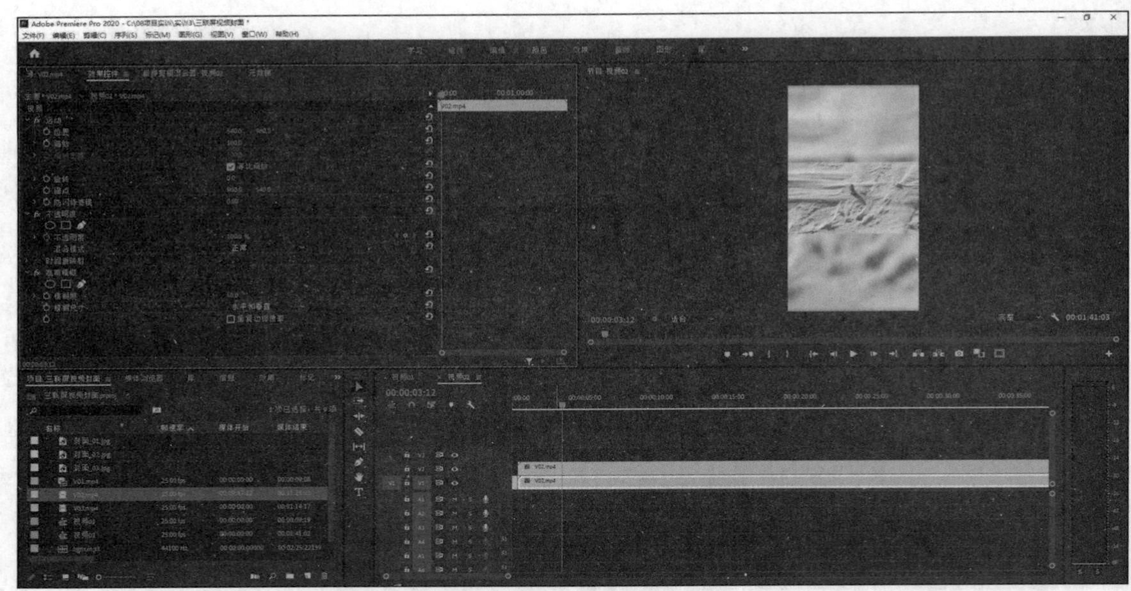

图 7-75 “缩放”属性设置

（26）按照前面相同的方法完成“视频 03”的制作，如图 7-76 所示。

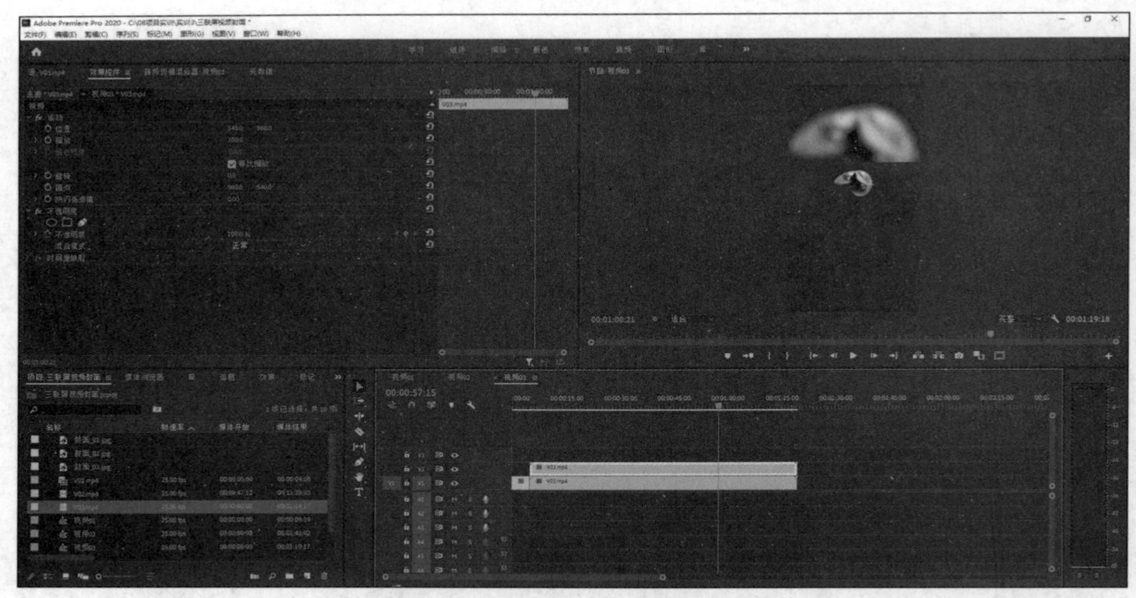

图 7-76 制作“视频 03”

（27）为视频添加背景音乐，如图 7-77 所示。

（28）在“时间轴”面板中选择“视频 01”序列，按“Ctrl+M”组合键，打开“导出设置”对话框，“格式”选择“H.264”，“预设”选择“匹配源-高比特率”。在此预设的基础上根据需要修改其他参数。单击下方的“视频”选项卡，将“目标比特率”设置为“1Mbps”。单击“音频”选项卡，将“比特率设置”设置为“128Kbps”。单击预设右侧的“保存预设”按钮，在打开的“选择名称”对话框中输入预设的名称，单击“确定”按钮，如图 7-78 所示。

图 7-77　为视频添加背景音乐

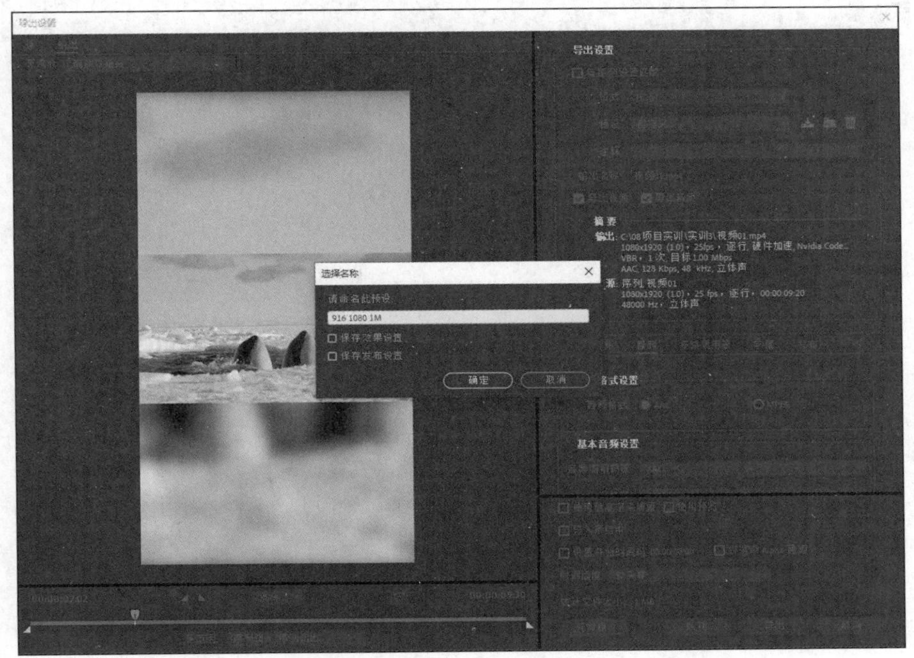

图 7-78　“选择名称”对话框

（29）在“输出名称”右侧单击，将“实训 3”文件夹设定为输出目录。单击“导出”按钮，开始视频的输出。

（30）要完成视频 02、视频 03 的编码输出就无须再次进行参数的设置了。选择要输出的时间线序列，按“Ctrl+M”组合键打开“导出设置”对话框“格式”选择“H.264”，“预设”选择刚才存储好的预设，单击“导出”按钮，就可以完成相同规格的视频的导出了，如图 7–79 所示。

图 7–79　使用自定义预设导出